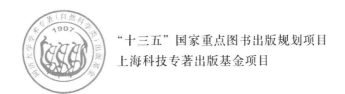

"十三五"国家重点图书出版规划项目

上海科技专著出版基金项目

城市地下空间出版工程·防灾与安全系列

隧道与地下工程结构火灾高温力学行为

闫治国　朱合华　著

同济大学 出版社

TONGJI UNIVERSITY PRESS

·上海·

内 容 提 要

本书围绕隧道与地下工程结构火灾安全问题,较为系统地阐述了火灾场景设计方法、结构材料、构件接头、体系火灾高温力学行为计算方法以及结构耐火方法等问题。全书内容丰富,反映了当前国内外隧道与地下工程结构火灾安全研究方面的新成果与新趋势,有助于人们加深对隧道与地下工程结构火灾响应的认识,推动学科研究的深化发展和新成果的工程应用。

本书可供从事隧道与地下工程结构抗火研究、设计、施工、运营管理与教学等科研人员、工程技术人员学习与参考。

图书在版编目(CIP)数据

隧道与地下工程结构火灾高温力学行为 / 闫治国,
朱合华著. --上海:同济大学出版社,2023.3
(城市地下空间出版工程)
"十三五"国家重点图书出版规划项目
ISBN 978-7-5765-0122-3

I. ①隧… II. ①闫… ②朱… III. ①隧道-火灾-
高温力学性能-研究 ②地下工程-火灾-高温力学性能-
研究 IV.①TU96

中国版本图书馆 CIP 数据核字(2022)第 014168 号

上海科技专著出版基金项目

隧道与地下工程结构火灾高温力学行为
闫治国 朱合华 著
责任编辑 马继兰 **责任校对** 徐春莲 **封面设计** 陈益平

出版发行 同济大学出版社 www.tongjipress.com.cn
(地址:上海市四平路 1239 号 邮编:200092 电话:021-65985622)
经 销 全国各地新华书店
印 刷 上海安枫印务有限公司
开 本 787mm×1092mm 1/16
印 张 18.5
字 数 462 000
版 次 2023 年 3 月第 1 版
印 次 2023 年 3 月第 1 次印刷
书 号 ISBN 978-7-5765-0122-3

定 价 128.00 元

前 言

PREFACE

火灾是威胁隧道与地下工程安全运营的主要灾害之一,如 1996 年英法海峡隧道火灾、2002 年巴黎 A86 双层盾构隧道施工现场火灾以及 2014 年山西晋济高速岩后隧道火灾等。由于温度高(1 000 ℃以上)、升温速度快(具有热冲击)、持续时间长,大火除了对人员和设施造成巨大伤害外,还会对隧道与地下工程结构产生严重的损伤和破坏,如混凝土高温爆裂、钢筋出露失效、混凝土耐久性降低以及力学性能劣化等,严重降低结构的安全性,甚至会由于与地层水土荷载的耦合作用而造成隧道与地下工程的垮塌。目前,随着城市地下空间开发利用及交通基础设施建设力度的加大,如何保证大量隧道与地下工程的安全至关重要。

本书全面系统地阐述了近 10 多年来作者在隧道与地下工程结构火灾安全方面的研究成果。希望本书的出版有助于加深人们对隧道与地下工程结构火灾高温力学行为的认识,推动学科研究的深入发展,提升工程结构的抗火技术水平。

本书主要内容包括:

(1)第 1 章绪论,总结分析火灾对隧道与地下工程结构的损伤情况及特征;同时,介绍国内外在隧道与地下工程结构防火与安全方面的研究现状与发展趋势。

(2)第 2 章隧道结构防火中火灾场景设计方法,通过对大量火灾案例和火灾试验成果的研究,给出确定隧道火灾场景的关键参数,并以这些参数为基础,建立了较全面反映隧道与地下工程火灾特点和影响因素的完整火灾场景及其设计方法。

(3)第 3 章隧道结构材料火灾高温力学行为,从材料层次阐述火灾高温后地下结构材料残余抗压强度、弹性模量、本构等物理力学性能的变化规律与机理。

(4)第 4 章隧道结构构件火灾高温力学行为,阐述隧道与地下工程结构构件(以盾构隧道管片为例)在火灾高温时及高温后的变形性能、承载力、刚度等变化规律,以及损伤破坏模式与机理。

(5)第 5 章隧道结构接头火灾高温力学行为,阐述隧道与地下工程结构接头(以盾构隧道接头为例)在火灾高温时及高温后的变形模式、刚度等变化规律,以及损伤破坏模式与机理。

（6）第6章隧道结构体系火灾高温力学行为,阐述隧道与地下工程结构(以盾构隧道整环为例)在火灾高温时及高温后的变形性能、承载力、刚度、内力重分布等变化规律,以及损伤破坏模式与机理。

（7）第7章隧道结构材料高温下力学行为计算方法,阐述隧道与地下工程结构混凝土材料高温下力学参数及损伤模型的计算方法。

（8）第8章隧道结构构件火灾高温力学行为计算方法,阐述隧道与地下工程结构构件高温力学行为的理论计算方法与模型。

（9）第9章隧道结构接头火灾高温力学行为计算方法,阐述隧道与地下工程结构接头高温力学行为的理论计算方法与模型。

（10）第10章隧道结构抗火措施及其耐火性能试验方法,系统阐述提高隧道结构耐火性能的方法,建立了隧道结构耐火性能试验方法。

本书涉及的研究成果是在国家自然科学基金（52078378,51578410,51478345,50978197,50808137）、国家重点基础研究发展计划（"973计划"）（2011CB013800）、国家重点研发计划（2018YFB2101000）、国家"十一五"科技支撑计划课题（2006BAJ27B04,2006BAJ27B05）、上海市科委科技项目（04dz12010）、上海市自然科学基金（15ZR1443600）、上海市浦江人才计划项目（14PJD034）、土木工程防灾国家重点实验室基金以及重大工程科研项目等资助下完成,限于篇幅,不一一列出,在此表示衷心感谢。

课题组沈奕、张耀、张通、唐正伟、强健、姚坚、常岐、曾令军、刘滔、杨成、梁利、郝朝印、陈正发、徐婕、于同生等各位研究生为本书研究成果的取得和书稿编排付出了辛勤的努力,在此一并深表谢意。

感谢同济大学学术专著（自然科学类）出版基金的资助。

感谢同济大学出版社对本书出版发行的大力支持以及所做的辛勤工作。

由于隧道与地下工程结构火灾力学行为问题的复杂性以及作者认识水平有限,书中难免存在不足之处,恳请读者批评指正。

著者
2022年12月于同济园

目 录

CONTENTS

3

1 绪 论

1.1 研究背景

自 20 世纪 80 年代后期,国际隧道协会(ITA)提出"大力发展地下空间,开始人类新的穴居时代"的倡议以来,地下空间开发利用作为解决人口、环境、资源三大难题的重大举措,在世界各国得到了积极响应,特别是作为主要利用形式的交通隧道得到了迅速发展,并在穿越障碍、解决城市交通压力、节约城市用地、加强城市防护等方面发挥了重要作用。

但是,在交通隧道给人们生产、生活带来便利的同时,作为主要灾害的火灾也频繁发生。例如公路隧道火灾方面,典型的案例有 1949 年美国霍兰公路隧道火灾,1977 年上海打浦路越江隧道火灾,1979 年日本大阪公路隧道火灾,1982 年美国卡尔德科特公路隧道火灾,1999 年法国—意大利的勃朗峰公路隧道火灾,1999 年奥地利托恩公路隧道火灾,2000 年瑞士圣哥达公路隧道火灾,2002 年法国巴黎在建的 A86 双层隧道火灾,2005 年法国—意大利的弗雷瑞斯公路隧道火灾,等等。近年来,国内也发生了多起严重的隧道火灾事故,如 1998 年盘陀岭第二公路隧道火灾,2002 年甬台温公路猫狸岭隧道火灾,2011 年兰州—临洮高速公路新七道梁隧道火灾,2014 年晋济高速岩后隧道火灾等。地铁火灾方面,典型的案例有 1983 年日本名古屋市东山地铁线荣车站火灾,1987 年英国伦敦国王五十字街地铁车站火灾,1995 年阿塞拜疆巴库地铁火灾以及 2003 年韩国大邱市中区地铁 1 号线中央路车站火灾等。

环境的封闭性和逃生救援的困难性使隧道一旦发生火灾,往往造成严重的人员伤亡、巨大的社会影响及经济损失(Mashimo,2002;Haack,2006)。同时,频繁发生的火灾事故也使得人们越来越关注隧道的火灾安全性,并对隧道心存恐惧,阻碍了对隧道的积极使用(Li 和 Chow,2003;Both,2003d)。此外,火灾预警、救援的困难性也阻碍了隧道技术的发展,使得长隧道方案由于火灾安全问题而难以进行。目前,随着隧道长度、交通密度的增加,隧道发生火灾的潜在威胁在增大。因此,在地下空间大规模开发的背景下,如何保证交通隧道的高可靠性和安全性至关重要,这也是目前设计、施工、运维、管理等面临的关键问题之一。

大量的火灾实例表明,一旦发生火灾,大火除了对隧道内的人员造成巨大伤害外,还会由于高温导致混凝土爆裂和力学性能劣化,对隧道衬砌结构产生不同程度的损坏,大大降低隧道结构的承载力和安全性(Guian,2004;Mashimo,2002;Schrefler 等,2002a)。例如,1979 年日本大阪公路隧道火灾中隧道 1 000 m 范围的拱部衬砌被烧损崩落;1998 年中国盘陀岭第二公路隧道火灾中 50 m 范围的拱部和边墙受到严重破坏,混凝土大面积剥落或者掉块,深度达到 0.1～0.18 m,衬砌出现纵向和环向裂缝,表面出现白色物质,并出现大面积漏水,防水层遭到完全破坏;1999 年法国—意大利的勃朗峰公路隧道火灾中隧道结构受到严重损坏，隧道拱顶局部沙化；2000 年瑞士圣哥达公路隧道火灾造成出事地段顶部塌陷，隧道内部分路段被烧毁；2002 年法国巴黎在建的 A86 双层隧道火灾中 80 m 范围的混凝土剥落，混凝土受损深度达 12 cm。2011 年，兰州—临洮高速公路新七道梁隧道火灾中，隧道上行线土建部分严重损毁（田世雄等，2012）。特别是 1996 年英法海峡隧道火灾中，大火对隧道衬砌造成了严重的损坏，损毁最严重的地方，原有的 45 cm 厚的混凝土衬砌只剩下了 4 cm 厚（Dorgarten 等，2004）。

首先，火灾对隧道衬砌结构的损害不仅影响人员疏散和灭火救援工作的开展，如爆裂的混凝土可能会炸伤消防救援队员和逃生人员，而且阻塞安全疏散线路（Mashimo，2002；Anon，2002，2004）；同时也会由于隧道衬砌结构的永久变形，对上部建筑以及邻近构筑物（隧道、管道等）产生极大的影响，甚至影响这些构筑物正常使用功能的发挥，如 2001 年美国霍华德城市隧道火灾造成隧道上方直径 1 m 的铸铁水管破裂。其次，火灾对隧道衬砌的损害也会降低衬砌结构的安全性，威胁隧道日后的安全运营，甚至造成隧道坍塌。特别是对于处于高水压、软弱地层等情况下的盾构隧道、沉管隧道，火灾可能导致隧道被密封，其防水失效，使得隧道发生涌水甚至坍塌（Lönnermark，2005b）。最后，火灾后隧道结构的修复和重新组织交通需要花费大量的人力和物力，特别是对于高水压条件下的受损衬砌（如管片、沉管隧道接头等），更换、修复非常困难，某些情况下甚至无法修复（Mashimo，2002；Anon，2002，2004）。

因此，考虑隧道火灾的实际场景，研究隧道衬砌结构在火灾中的损伤、力学行为和耐火方法对于提高隧道衬砌结构的火灾安全性具有重要的理论价值和实用意义。

1.2　现状与发展趋势

1.2.1　隧道火灾场景

隧道火灾场景的确定是结构防火研究的基础，不同的隧道火灾场景对应不同的温度分布形式。描述火灾场景的方法有两种：一种是通过火源点的热释放率（Heat Release Rate，HRR）进行模拟，另一种是通过特定的火灾升温曲线来描述。为了研究火灾时隧道内温度随时间、空间的变化，国内外开展了大量的研究。

在车辆燃烧试验方面，日本商业和教育研究所在多层停车库内进行了汽车火灾试验（AFAC，2001）。Shipp 和 Spearpoint（1995）对不同品牌的小汽车进行的燃烧试验表明车辆在 13～15 min 内达到峰值温度 1 250 ℃。Mangs 和 Keski-Rahkonen（1994）进行的小汽车燃烧试验表明在 15 min 时达到峰值温度 740 ℃。程远平和 John（2002）通过对真实小汽车的燃烧试验，得到火场中的最高温度为 1 190 ℃，最大热释放速度为 4.08 MW。法国 PIARC 和 CETU 的研究表明：一辆小汽车的热释放速度为 2.5 MW，一辆装满可燃货物的大型卡车热释放速度为 20～30 MW（何世家，2002）。1990—1992 年开展的欧洲尤里卡计划(EUREKA EU 499：FIRETUN)的研究成果表明：一般隧道火灾在 10～15 min 内快速发展。而对于大多数列车和公交车，火势在 15～20 min 迅速蔓延，火灾中达到的最高温度为 800～900 ℃(一次试验最高达到 1 000 ℃)，在重载货车的情况下，最高温度可达到 1 300 ℃(Haack，1992，1998)。

在隧道火灾试验方面，国内外通过缩尺、足尺火灾试验，对不同条件下隧道内的温度发展变化规律进行了大量的研究(Vauquelin 和 Mégret，2002；Kim 等，2003；Lamont 和 Bettis，2003；Takekuni 等，2003；El-Arabi 等，1992；曾巧玲 等，1997；涂文轩，1997；柴永模，2002；Lönnermark，2005b；张祉道，2003；Guo 等，2019，2020a，2020b)。其中较典型的有：1990—1992 年开展的欧洲尤里卡计划(EUREKA EU 499：FIRETUN)项目通过在挪威废弃 Repparfjord 隧道(2.3 km)内进行的 20 多次足尺火灾试验，研究了列车车厢、重型卡车、小汽车、地铁车辆、木垛以及庚烷火灾时隧道内的最高温度及温度纵向、横向分布规律(PIARC，1999；Lönnermark 等，2005a；Haack，1992，1998)。1965 年，瑞士公路隧道安全委员会在废弃的 Ofenegg 铁路隧道进行了油池火灾试验，研究了不同油池面积、不同通风速度时隧道纵向、横向温度分布以及烟雾分布。1976 年，奥地利在废弃的 Zwenberg 铁路隧道内进行了大规模油池火灾，研究了隧道内温度分布、放热速度以及烟气流动等问题(FHWA，1983；Lönnermark 等，2005a；Haack，1992)。1993—1995 年，美国 MTFVTP 项目在弗吉尼亚纪念隧道(Memorial Tunnel)进行了 92 次足尺火灾通风试验，研究了不同通风模型下，不同油池火灾的峰值温度、峰值热释放速度、不同通风系统的烟气控制效果以及泡沫喷淋对油池火灾的作用(PIARC，1999；Lönnermark 等，2005a)。2003 年，欧洲在挪威废弃的两车道 Runehamar 隧道内进行了 4 次足尺火灾试验，对重型卡车火灾中，火灾高温的发展、传播过程以及高温对隧道衬砌的作用进行了研究(ITA，2005；Lönnermark 等，2005a)。1970 年，英国火灾研究所在废弃的格拉斯隧道进行了 5 次火灾试验，研究了隧道内的烟雾分布和烟流温度；1974 年，日本铁路列车火灾对策技术委员会在宫古线某隧道内进行了运行列车的着火试验，研究了隧道内的温度分布和列车继续运行的安全时间(涂文轩，1997)。1985 年，德国在盖尔森—俾斯麦市地铁隧道内进行了火灾试验，对不同通风方式和火灾荷载下(电车及干柴、柴油)隧道内的温度与火灾持续时间进行了研究(Haack，1992；FHWA，1983；El-Arabi 等，1992)。闫治国等通过缩尺火灾模型(100 m)试验，系统研究了不同火灾规模、不同通风隧道、不同火灾位置、不同竖井通风模式下隧道内温度随时间的发展变化规律以及隧道内纵向、横向的温度分布规律(Yan 等，2006；闫治国 等，2006，2007)，并通过现场火灾试验，研究了高海拔隧道火灾特性(Yan 等，2017)。

基于开展的大量足尺火灾试验，国外建立了一系列反映隧道火灾中温度随时间变化规律的曲线(火灾曲线)，并建立了相应的耐火极限判定标准，在隧道结构耐火设计方面得到了广泛应用。典型的火灾曲线有：荷兰 RWS 曲线(Both 等，2003b)；HC 曲线和 HC_{inc}

1 绪 论 ■

曲线(Olst 和 Bosch，2003)；德国 RABT/ZTV 曲线(Richter，1994)以及 Runehamar 曲线(Lönnermark，2005b)；等等。

尽管国内外对火灾中隧道内温度场的发展变化规律进行了一系列研究，并在温度随时间的变化、温度横向与纵向的分布规律上取得了丰富的成果，但是由于不同的研究成果对应的研究条件不同，得到的成果没有系统地反映隧道火灾的规律。同时，在火灾场景方面，虽然已经建立了部分标准火灾曲线，但是这些曲线存在三个方面的问题：①大部分火灾曲线是基于少量(甚至单次)火灾试验得出的，不具有代表性；②没有考虑隧道火灾案例(实际火灾事故)所反映的信息；③只反映了火灾最高温度随时间的变化，没有给出隧道内温度的空间变化规律。因此，在综合隧道火灾案例和火灾试验成果的基础上，建立能反映火灾温度随时间、空间变化的完整火灾场景是一项非常必要的工作，这对于研究衬砌结构的火灾行为、耐火设计具有重要的意义。

1.2.2　结构材料高温时(高温后)的物理力学性能

国内外对火灾高温时(高温后)混凝土材料的物理力学性能开展了大量的试验研究工作，得到了大批定性、定量的研究成果。

在微观尺度方面，Hou 等(2016)利用反应力场分子动力学分析水化硅酸钙层间水在高温下的分解机制、动力特性及其对基底的影响，表明在高温下水会分解生成氢氧根离子，从而导致硅链断裂，削弱了水化硅酸钙的离子共价键的连接。Bonnaud 等(2013)利用巨正则蒙特卡洛模拟研究了水化硅酸钙颗粒层间和水化硅酸颗粒之间的水在 260～600 K 之间的蒸发；并研究了水分蒸发对水化硅酸钙颗粒以及水化硅酸钙颗粒之间相互作用的影响。Wang 等(2018)利用经典 Compass 力场研究 9Å Tobermorite、11Å Tobermorite、14Å Tobermorite 和 Jennite 晶体在高温下的力学性能退化，并假设水化硅酸钙凝胶是由这几种晶体按照某种比例组合而形成，研究了各组分比例对水化硅酸钙凝胶的影响。

在混凝土的高温热工性能方面，陆洲导(1989)用稳态保护热板试验法，根据傅里叶定律推出了普通混凝土的热传导系数与温度的关系，同时给出了简化的混凝土热膨胀系数计算表达式。Kodur 和 Sultan(2003)给出了硅质、钙质高强混凝土热工参数(热传导率、比热及热膨胀系数)与温度(0～1 000 ℃)的关系，指出骨料类型对热工参数具有明显的影响，而掺加的钢纤维对热工参数影响非常小。对于混凝土而言，骨料的体积分数在 60%～80%，表明骨料的热力学性质对混凝土材料的热损伤产生重要的影响，例如骨料的热传导率、热膨胀系数和比热。研究表明不同骨料类型混凝土材料的热、物理和力学性质随温度的演化也不相同。

在混凝土的高温力学性能方面，胡海涛和董毓利(2002)通过试验得出了高强混凝土(C60，C80)立方体抗压强度、峰值应力、峰值应变及弹性模量随温度的变化规律。陆洲导

(1989)取 $0.4f_c$ 处的割线模量反映弹性模量的变化规律,以三折线的形式给出了弹性模量与温度的关系。李卫和过镇海(1993)给出了高温中混凝土棱柱体抗压强度随温度的变化规律以及混凝土抗拉强度与温度的关系,同时以二折线的形式给出了弹性模量与温度的关系。张大长和吕志涛(1998)给出了不同温度下混凝土强度及弹性模量的计算公式。Carlos 和 Durrani(1990)研究了高温对高性能混凝土构件强度、弹性模量的影响,发现弹性模量随温度呈现持续衰减趋势,没有回升阶段。郭鹏等(2000)分析了高温加热循环下混凝土强度变化的机理,指出混凝土在加热循环过程中的破坏过程与常温下混凝土在荷载作用下的破坏过程本质是一致的,即破坏的过程就是混凝土内部裂缝缺陷的不断产生和发展过程。肖建庄等(2003)通过对国内外研究成果的综合,认为在高温中,混凝土棱柱体抗压强度在 400 ℃ 以下时与常温强度基本接近,当温度高于 400 ℃ 后,抗压强度明显下降,当温度达到 800 ℃ 时,抗压强度只剩下常温强度的 20% 左右。Phan 和 Carino(1998)研究了高温对高性能混凝土构件本构关系的影响,指出高温时高性能混凝土构件的本构关系与普通混凝土的本构关系大致是相近的。Shi 等(2002)给出了不同温度-应力路径下混凝土的本构模型。Luccioni 等(2003)建立了基于复合塑性损伤模型的热力耦合模型用来模拟火灾高温下混凝土结构的力学行为。Kang 和 Hong(2003)提出了承受高温时,考虑自由热应变、热蠕变以及瞬时应变的混凝土本构模型,并将其用于分析火灾时的梁和柱。Thienel 和 Rostáy(1996)给出了双向应力状态下混凝土瞬态热蠕变的计算公式。Schrefler 等(2002b)分析了普通混凝土、高强混凝土和超高强混凝土结构在高温下的热力耦合反应,并建立了非线性关系来预测火灾高温下混凝土结构的行为及其爆裂的可能性。Zhao 等(2017)利用随机骨料法建立二维有限元细观模型,研究了高性能混凝土火灾下的爆裂行为,并研究了高温速度对高性能混凝土高温爆裂的影响。Fu 等(2004,2006)采用单夹杂两相细观力学模型,定量分析了高温热应力产生于基体中裂纹的发展,结果表明水泥基体的开裂依赖于两相之间的热膨胀系数之差、材料的细观尺度的多相性。

在混凝土高温后的力学性能方面,Short 等(2001)建立了混凝土受火后颜色改变与强度损失的关系。李敏等(2002)对高强混凝土火灾后的抗压强度进行了试验研究,并讨论了火灾温度、强度等级、试件尺寸等对抗压强度的影响。Nassif 等(1999)研究了快速水淬冷却对混凝土高温后破碎状态、弹性模量的影响,认为水淬冷却与自然冷却相比,混凝土的弹性模量降低了约 10%。肖建庄等(2003)综合国内外研究成果,认为高温后,混凝土抗压强度随最高受火温度的升高而逐渐下降,且高温后经时残余抗压强度要比高温时的抗压强度低。吴波等(2000)对高温后 C70 和 C85 两种高强混凝土的应力-应变曲线、峰值应力、峰值应变、弹性模量、泊松比等进行了研究,认为随受火温度升高,高温后高强混凝土强度、弹性模量逐渐下降,峰值应变逐渐增大。同时,与普通混凝土相比,在常温至 500 ℃ 范围内,高强混凝土具有明显不同于普通混凝土的特点,其抗火性能低于普通混凝土。

在抗剪性能方面,张彦春(2001)通过试验研究了钢纤维对混凝土高温后抗剪强度的影响。结果表明,钢纤维混凝土具有较好的高温后抗剪性能。当最高温度不超过500 ℃时,抗剪强度下降很小;高于500 ℃后,抗剪强度损失加大;经900 ℃高温后,残余抗剪强度仍在40%以上。Hsu等(2008)总结了火后钢筋混凝土梁的残余力学性能,建议采用截面分区的方式进行各区抗剪承载力计算,然后相加。Khan等(2010)进行了不同配筋、不同加热周期次数、不同加热最高温度无腹筋梁试件的抗剪试验。廖杰洪等(2013)对1根常温和7根采用ISO 834标准升温曲线火灾后混凝土梁进行了抗剪试验,试验结果表明,火灾高温后混凝土梁抗剪承载力降低。

在钢筋的高温时(高温后)力学性能方面,陆洲导(1989)给出了高温中钢筋的屈服强度、极限强度与温度的试验回归关系,并给出了高温中Ⅱ级钢筋的二折线弹塑性应力-应变关系。钮宏等(1990)通过对40根钢筋的试验,得出了不同温度和荷载同时作用下的钢筋强度、变形、弹性模量和应力-应变关系的变化规律。吕彤光等(1996)研究了建筑结构常用的5种等级钢筋在不同温度下的强度和变形,探讨了不同应力-温度途径对钢筋高温性能的影响。El-Hawary和Hamoush(1996)研究了高温时钢筋的剪切弹性模量。张大长和吕志涛(1998)提出了钢筋及预应力钢筋不同高温下强度及弹性模量的计算公式。时旭东和过镇海(2000)给出了高温时钢筋强度及变形性能的劣化规律。王孔藩等(2005)进行了圆钢、螺纹钢、冷拔和冷轧扭4种钢筋高温下力学性能的试验研究,同时进行了螺纹钢筋高温冷却后力学性能的试验研究,并与室温下钢筋力学性能进行了对比分析。

在钢筋与混凝土的黏结性能方面,张大长和吕志涛(1998)提出了钢筋与混凝土间黏结性能的计算方法。周新刚和吴江龙(1995)对常温、高温时的试件进行中心拔出试验,测得了相应的黏结滑移关系曲线,并得到了黏结强度与保护层厚度及混凝土抗拉强度的关系。谢狄敏和钱在兹(1998)认为劈裂黏结应力在给定滑移量0.25 mm时与混凝土抗拉强度成正比。El-Hawary和Hamoush(1997)研究了不同直径钢筋、不同高温、不同高温持续时间及不同冷却方式下钢筋与混凝土间的黏结性能。Chiang和Tsai(2003)基于火灾后钢筋与混凝土间的黏结性能的试验成果,认为当温度超过200 ℃后,钢筋与混凝土间的黏结性能明显下降。

在混凝土爆裂、钢纤维及聚丙烯混凝土高温时(高温后)物理力学性能方面,Phan和Carino(1998)指出高性能混凝土当达到一定温度时,在没有任何先兆的情况下会突然发生爆裂,且爆裂深度最深可达75 mm。Kalifa等(2000),Sanjayan和Stocks(1993),肖建庄等(2001)研究了高强混凝土的爆裂和孔隙压力,并与普通混凝土进行了对比。结果表明,高强混凝土高温时的峰值孔隙压力明显高于普通混凝土;由于高性能混凝土的高致密性,高温下比普通混凝土更容易爆裂。Noumowe等(1996)研究了普通混凝土与高强混凝土在热传递、孔隙结构以及热稳定性方面的不同,认为高强混凝土密实的孔隙结构减慢了蒸汽的散发,在250~300 ℃间易发生爆裂。朋改非等(1999)对不同含湿量、强度等级的高性能硅灰混凝土在 ISO 标准升温条件下进行了试验研究,认为含湿量与强度等级是影响混凝土高温爆裂的两个主要因素。Hertz(2003)对爆裂的机理、爆裂的影响因素进行了研究,认为:在 250~420 ℃,混凝土爆裂的温度与升温速度、混凝土的特性有关。Yabuki 等(2002)研究了火灾高温时混凝土蒸汽压的集聚/爆发,认为聚丙烯纤维由于熔点低,熔化后的孔隙为蒸汽压的释放提供了通道,有利于避免火灾高温下混凝土的爆裂。Savov 等(2005)通过大比例火灾试验,研究了混凝土配合比、钢筋布置以及聚丙烯纤维的数量对爆裂的影响。Khaliq 和 Kodur(2018)发现钢纤维可以提高高温下混凝土的弹性模量和劈裂强度。同样,添加合成纤维,在高温(>170 ℃)下熔化,形成孔道,使得材料的渗透系数增大,有助于释放高温下混凝土内部的蒸汽压,降低混凝土爆裂的发生(Suhaendi 和 Horiguchi,2006)。Balázs 和 Lublóy(2012)发现 PP 纤维对混凝土压缩强度的高温损伤退化影响不大,钢纤维可改善 300 ℃ 以下的残余抗压强度,当温度较高(>400 ℃)时钢纤维混凝土压缩强度快速退化,甚至比素混凝土更为严重。钢纤维、碳纤维等耐高温纤维与PP,PE 等合成纤维可以混杂组合充分发挥钢纤维等耐高温纤维在高温下限制裂纹扩展的作用和合成纤维释放蒸汽压力的作用(Choumanidis 等,2016)。

从国内外的研究情况来看,普通混凝土的研究成果较多,高强混凝土、钢纤维混凝土及掺聚丙烯纤维混凝土高温时(高温后)物理力学性能的研究成果相对较少;同时,单向应力状态下的力学性能研究成果较多,而双向甚至三向应力状态下的研究成果较少。此外,由于研究试验条件(升温速度、恒温时间、降温方式)、混凝土材料(骨料、水泥等)、试验标准的不同,不同的研究成果离散性较大,甚至互相矛盾。而具体到隧道工程,由于隧道火灾的特殊性:①升温速度快,最高温度高,火灾持续时间长,混凝土更容易爆裂;②衬砌混凝土一般强度较高,且含湿量大,主要承受压应力。这些特点使得火灾对隧道衬砌结构的影响与地面建筑情况差别很大(Dorgarten 等,2004)。因此,针对隧道火灾的特点,研究混凝土材料高温时(高温后)的物理力学性能以及耐久性能(如抗渗性)仍是隧道结构防火的一个重要课题。

1.2.3 隧道衬砌结构高温时(高温后)的力学行为

火灾所引起的爆裂对结构承载能力和耐久性影响显著。大块的混凝土从结构构件上剥落,破坏了结构构件的整体性,使得构件刚度分布不均,引起应力集中,同时表层混凝土的脱落使得受力钢筋直面明火,钢筋温度快速上升,软化加快(Dwaikat 和 Kodur,2009;Yan 等,2015;Wu 和 Cervera,2016;Kale 和 Ostoja-Starzewski,2017;Park,Yang 和 Kim 等,2017;Ruano 等,2018;Sadrmomtazi 等,2020),因此,结构构件的承载力和抗火性能会进一步降低。部分研究表明,添加钢纤维可以阻止或避免混凝土爆裂(Kodur 等,2007);同时,钢纤维可以使混凝土有更好的热导率,减小温度梯度和热应力的强度(Yan 和 Zhu 等,2013;Yan 等,2015,2016)。Hou 和 Ren 等(2019)在含 2% 钢纤维钢筋混凝土柱的火灾(ISO 834)试验中也发现混凝土发生了严重的脱落现象,而含有 2% 钢纤维＋0.2% PP 纤维钢筋活性粉末混凝土梁只发现少量的爆裂(Zheng 和 Luo 等,2014),表明 PP 纤维可以抑制高温下混凝土的脱落。Kodur 课题组通过试验研究了火灾高温作用下纤维高强混凝土柱的力学响应,研究表明高强混凝土柱的耐火性能低于普通混凝土柱,而添加 PP 纤维可以减缓高强混凝土柱在火灾高温下的脱落,进而提高柱的抗火性能(Kodur 等,2003; Khaliq 和 Kodur,2011,2018;Kodur,2018;Solhmirzaei 和 Kodur,2017)。混杂纤维高强混凝土柱可以充分利用 PP 纤维释放蒸汽压力和钢纤维限制裂纹扩展的优点,因而混杂纤维高强混凝土柱具有更好的耐火性能。韩东(2017)建立了钢筋纤维混凝土柱的有限元模型,分析火灾作用下截面温度分布特征;同时,建立了单层双跨的钢筋纤维混凝土框架的有限元模型,分析梁、柱在不同工况下的变形行为和整个结构的温度场分布。张聪(2016)研究了混杂纤维自密实混凝土梁高温作用前后的受弯性能,研究发现纤维的引入使高温后梁出现明显的裂纹分叉现象、裂纹平均间距减小,表明钢纤维在高温后仍可起到限制裂纹发展的作用。

由于传统上人们认为衬砌结构是耐火的,因此,隧道防火的研究主要集中在隧道内火灾温度、烟流扩散、火灾通风、逃生救援以及火灾的监测预警上,而对衬砌结构的防火关注较少。后来,随着隧道衬砌结构火损事故(爆裂、开裂、渗漏水等)的不断发生,人们开始关注衬砌结构的防火,并开展了一系列的研究。但研究成果较少,且主要集中于如何避免衬砌结构在火灾中的爆裂、如何通过耐火隔热材料来降低混凝土的表面温度方面,而对于衬砌结构在火灾高温时(高温后)的承载力、变形特性涉及甚少。

在这些成果中,El-Arabi 等(1992)通过在废弃矿山坑道中对钢衬砌进行火灾试验,认为衬砌、地层的热特性,特别是当出现地下水时,将对衬砌中的实际温度分布产生很大的影响。试验结果表明,由于钢衬砌直接接触潮湿的土层,热量被传递,测得的钢衬砌的最高温度仅为 384 ℃。此外,Zeng 等(1996)和曾巧玲等(1997)采用三维半解析的方法,分析了火灾时单线铁路隧道衬砌内三维瞬态温度场,并与试验结果进行了对比。Modic(2003)采用计算机模拟了火灾时衬砌结构的温度分布。Majorana 等(2003)在对隧道火灾真实热输入评估的基础上,以该热输入为基础对衬砌混凝土(将混凝土看作多相孔隙材料)进行了热力耦合分析。PIARC(2002)给出了隧道结构都应满足的基本准则:任何构件的局部损坏不应将荷载转移到整体结构的其他部位,避免导致其他部位失效。Park 等(2006)通过现场检测、钻芯取样等方式获得了火灾后大邱地铁箱形衬砌结构材料的力学参数,并以此参数为基础,对衬砌结构进行了 2D 有限元分析,以分析结构的损伤程度和安全性。Savov 等(2005)为了评估浅埋隧道结构在火灾中的安全性,通过对梁-弹簧模型的扩展,建立了可以考虑爆裂的分层梁模型,并利用该模型对不同荷载工况下浅埋隧道结构的变形、安全性进行了数值分析。El-Arabi 等(1992)采用 2D 有限元模型,在考虑地层与结构相互作用和高温导致的结构刚度降低的条件下,分析了在地层压力以

及不均匀温度分布的作用下,浅埋隧道钢衬砌的内力、变形以及安全性。彭立敏等
(1998)采用可靠度理论中的复合并串联系统,探讨了铁路隧道在发生火灾后,衬砌结构
承载力的可靠性评估方法。

1.2.4 隧道衬砌结构火灾损伤及火灾防护

不断发生的火灾事故使得人们认识到:隧道火灾不仅会造成人员伤亡,而且还会导致
隧道衬砌结构的严重损伤(力学性能降低、混凝土爆裂、开裂、垮塌等)。因此,人们开展了
大量的现场实测、试验及理论研究工作,来分析探讨火灾高温对隧道衬砌结构的损伤形式
以及衬砌结构的火灾防护技术(Bendelius,2002;Both 等,2003a;闫治国等,2004)。

在隧道衬砌结构火灾损伤方面,Kirkland(2002),Dorgarten 等(2004),Steinert(1997)
通过对英法海峡隧道火灾的现场调查,发现隧道内约 46 m 范围的衬砌遭到完全破坏。马
天文(2002)通过对盘陀岭第二公路隧道火灾的调研,发现大火致使约 50 m(K392+720 至
K392+770)长的衬砌拱部和边墙受到严重破坏,混凝土大面积剥落,其剥落深度达 10~
18 cm,衬砌出现纵向和环向裂缝,并大面积漏水(复合衬砌中的 EVA+PE 塑料防水层已
完全被破坏)。杨达等(1993)通过对华北地区某通信隧道火灾的调查,发现混凝土衬砌结
构严重烧蚀破损,在火源附近 70 m 范围内,衬砌混凝土裂缝纵横交错,其表面严重剥
落,最大的剥落面积达 3 m²。涂文轩(1997)、柴永模(2002a)、周竹虚(1999)通过对国内外
铁路隧道火灾案例的调研,研究了火灾对铁路隧道衬砌的损伤:如 1990 年,襄渝线梨子园
隧道火灾造成隧道衬砌底部和拱部严重烧损,烧损深度达 10~20 cm;1974 年,美国康贾
斯公路隧道火灾持续 9 h,造成隧道拱部衬砌烧坏、剥落。Baumelou(2003)通过对法国巴
黎 A86 双层盾构施工现场火灾(运送施工物料的机车起火)的调研,发现 80 m 长的隧道段
有混凝土剥落现象,混凝土受损深度达到 12 cm。Park 等(2006)对火灾后大邱地铁箱形
隧道衬砌结构的火灾损伤进行了研究,发现在起火车辆附近,混凝土爆裂(剥离)范围约
22 m(K11+070 至 K11+192),爆裂深度 10~99 mm,同时,约 6 m(K11+086 至 K11+
192)范围内的钢筋由于保护层剥落而暴露。此外,在爆裂范围外发生了严重的热致裂缝。
欧洲尤里卡计划中,在长 3.2 km 的非营运铁路隧道内进行不同类型隧道衬砌的烧损试验,
以研究火灾对衬砌造成的损坏、改善衬砌结构耐火性能的措施(通过施加防火材料)以及
火灾后隧道衬砌结构的加固措施。火源采用木垛模拟。涉及的衬砌结构类型包括:①复
合衬砌(初衬、二衬及防水层);②厚 25 cm 的单层喷混凝土衬砌(内含钢筋网+钢拱支
护);③厚 25 cm 的单层钢纤维混凝土衬砌;④用合成橡胶齿形条密封接头的单层钢筋混
凝土管片衬砌;⑤薄钢板内层和厚 25 cm 的素混凝土回填的复合衬砌;⑥用氯丁二烯橡胶
齿形条密封接头的铸铁管片支护;⑦天然石料圬工衬砌(Haack,1992,1998;涂文轩,
1997)。

在隧道衬砌结构火灾防护方面,目前主要的研究思路是避免混凝土爆裂和降低火源

向混凝土传热。Both 等(2003c)研究了添加钢纤维(聚乙烯纤维)、加大混凝土保护层或截面尺寸等措施来提高混凝土的防爆裂能力。Roelands(2003)讨论了利用后喷射水喷淋系统,代替防火层,保护 Betuweroute 隧道混凝土衬砌免受高温损伤和爆裂的可能性。Khoury(2003a,b)认为在混凝土中添加聚丙烯纤维可以有效地减弱隧道衬砌在火灾中的爆裂;但是,在混凝土添加钢纤维,由于钢纤维储存的额外应变能会加重混凝土的爆裂。Bjegovic 等(2003)研究了由防火层、结构层和防水层共同组成的复合管片作为隧道二衬的可行性,并进行了初步试验。柴永模(2002a)针对火灾时隧道拱部温度最高的特点,建议铁路隧道拱部应适当加厚衬砌和增加拱部钢筋混凝土保护层厚度,或者提高耐火等级,同时,边墙以上的混凝土衬砌表面采用防火涂料。Wetzig 和 Streuli(2003)研究了 900 ℃ 高温,4 h 耐火时间下,Gotthard-Base 隧道救援站 800 m 深排烟竖井喷混凝土衬砌的火灾防护问题。王彬等(1994)开发了一种带有隔热层的密封系统(由 Carbofol 隧道板、厚4 cm 的 Trocellen 聚乙烯泡沫板隔热层和厚 9 cm 的钢纤维喷混凝土组成),并在隧道中对其进行了燃烧负荷为 1 875 kW · h/m² 的现场试验,结果证明这种系统隔热效果极好,而且有效地阻止了混凝土块的剥落。王海莹等(2003)介绍了目前国内外使用的隧道拱顶的防火保护方法:①衬砌采用耐火隔热混凝土;②在衬砌表面铺设梯形波纹钢板,在钢板与衬砌之间填充无机矿物绝热层;③在衬砌表面喷涂防火隔热涂料;④在衬砌结构表面加装厚 3 cm 的石棉防火层;⑤喷射轻质钢纤维加强水泥浆(2～3 cm 厚时耐火极限 2 h)。

在隧道衬砌结构耐火极限及试验方法方面,周静贤等(1996)认为温度超过 300 ℃ 后混凝土结构的坚固性将大大降低:一方面会产生永久变形,另一方面可能破坏结构体系不同构件间的相互作用,因此,需保证衬砌结构的表面温度不超过 300 ℃。李明(2002)研究了六盘山公路隧道防火设计中存在的问题及防火设计要求,认为隧道内火灾时温度很高,衬砌材料的耐火极限应大于 2 h。陈立道等(2003)认为必须考虑隧道整个结构中各个部位的耐火性能要求,当使用涂料保护时,衬砌结构的耐火极限应不低于 2 h。王廷伯(2004)分析隧道内车辆的类型后,认为对于一般车辆,隧道结构的耐火时间可定为 2 h,而对于油罐车和火车,结构的耐火时间应定为 4 h。*Standard for Road Tunnel, Bridges, and Other Limited Access Highway*(NFPA 502)规定:隧道内主体承重构件耐火极限应为 4 h(NFPA,1998)。由于上述对隧道衬砌结构耐火极限的要求和规定太笼统,因此,在荷兰,根据隧道类型分别给出了相应的耐火准则和防护要求:沉管隧道结构被动防火的目的是避免受拉钢筋温度上升,导致顶板变形过大,甚至塌陷,并且引起隧道漏水;而对于盾构隧道,由于钢筋主要受压,同时混凝土等级较高,因此,盾构隧道被动防火的目的主要是防止混凝土在高温下爆裂。此外,荷兰还基于 RWS 曲线建立了沉管隧道、盾构隧道耐火性能的判别标准(Both 等,2003b;Khoury,2000)。而 PIARC 根据隧道种类(如沉管隧道、处在不稳定地层的隧道、处于稳定地层的隧道、明挖法隧道等)和火灾场景(货车火灾、油罐车火灾等),分别给出了隧道衬砌结构以及内部设备要求的耐火时间(PIARC,2002)。蔡莉萍和徐浩良（2004）探讨了影响隧道衬砌结构耐火极限的因素：①人员在隧道火灾发生时的逃生时间；②消防员到场开展救助的时间；③隧道内部风机及管道在火灾中进行通风排烟的正常运行时间；④保护与隧道内部紧邻的电缆间、管道井、风井结构等不受火灾危害的时间。

2 隧道结构防火中火灾场景设计方法

2.1　概述

火灾场景是指发生火灾时隧道内可能的温度分布情况。结构防火研究中火灾场景的作用与结构抗震研究中地震波的作用是相似的，都是导致结构发生灾害性破坏的一种能量输入，在各自的研究领域中处于重要的地位。合适的火灾场景对于隧道结构防火研究非常重要。欧洲 UPTUN 大型隧道火灾项目，也将发展可行的隧道火灾设计模式作为一个主要的研究内容。因此，在研究隧道衬砌结构的火灾行为、耐火措施以及安全性时，首先需要建立合适的隧道火灾场景及其对应的温度发展变化过程。

多次发生的火灾事故表明，隧道火灾由于空间的限制，产生的热量不易散发，而集聚的热烟气层的辐射又使得火灾发展速度明显增加（Lönnermark，2005）。同时，由于出入口少，救援扑灭困难，隧道火灾与地面建筑火灾相比具有升温速度快、达到的最高温度高以及持续时间长的特点。同时，大量的理论和试验研究表明（Khoury，2003a，b），隧道衬砌结构在火灾中的行为取决于：

（1）升温速度，它会影响隧道衬砌结构内的温度发展变化、湿度及混凝土内的孔隙压力梯度。

（2）达到的最高温度，它会影响衬砌材料的物理-化学特性，并造成材料性能的劣化。

（3）持续时间，火灾持续时间的长短会影响衬砌结构内的温度分布，进而影响衬砌结构的力学性能。

（4）冷却方式，自然冷却与水冷却会对衬砌结构的材料性能及温度分布产生不同的影响。

因此，在隧道衬砌结构防火设计中，一个完整的火灾场景应该能够反映上述隧道火灾特点，同时给出完整的隧道内温度随时间、空间变化的规律，以便为分析衬砌材料力学性能的变化以及衬砌结构体系的安全性服务。

2.2　标准火灾曲线及基于标准火灾曲线的隧道火灾场景

2.2.1　标准火灾曲线

为了定量地评定隧道衬砌结构的耐火性能，基于火灾试验成果，国外建立了一系列不同类型的火灾曲线，用来反映隧道火灾时温度随时间的变化历程。这些曲线除了在地上建筑中广泛使用的 ISO 834 标准温度-时间曲线（仅用来描述个别的小型隧道火灾）外，考虑到隧道火灾的特点，如空间较为封闭，热量不易散失，燃料主要为油类或者其他易燃物品，燃烧速度快，火灾荷载大，一些能够反映隧道火灾特点的曲线如 RWS，RABT，Runehamar 等被建立了起来。如图 2-1 所示，这些曲线尽管形状各不相同，但都体现了隧道火灾升温速度快、达到的最高温度高、持续时间长的特点,且都远严格于 ISO 834 曲线。这些火灾曲线上的明显差异,也导致了隧道衬砌结构与上部结构不同的火灾行为和耐火性能。

这些标准曲线包括(PIARC,1999;Khoury,2000;Eurocode 1,1991;ISO 834,1975;Richter,1994;Both 等,2003b;El-Arabi 等,1992;SP,2004;Lönnermark 和 Ingason,2005)以下几个。

1. ISO 834 曲线

ISO 834 曲线用来描述一次典型的建筑物火灾,燃料为纤维质材料(如木材、纸、织物等)。该曲线只反映了火灾的发展和完全发展阶段,没有反映火灾的衰减阶段。ISO 834 曲线可以被用来描述一次小型的隧道火灾,该曲线的表达式为

$$T = 345\lg(8t+1) + 20 \tag{2-1}$$

式中　t——时间,min;

　　　T——t 时刻,试验炉内平均温度,℃。

2. RWS 曲线及修正 RWS 曲线

RWS 曲线由荷兰 Ministry of Public Works,the Rijswaterstaat(RWS)及 TNO 火灾研究中心于 1979 年共同建立。RWS 曲线主要用于模拟油罐车(热值 300 MW)在隧道中的燃烧情况:最初温度迅速上升,5 min 后升温到 1 140 ℃,1 h 后达到 1 350 ℃,并随着燃料的减少,最高温度逐步下降;同时假设 120 min 后消防人员已将火势控制,接近火源并开始扑灭火源。RWS 曲线中温度随时间的变化如表 2-1 所示。

瑞士在 RWS 曲线的基础上将燃烧持续时间延长为 180 min(考虑到山岭隧道较长,且远离消防队),即修正 RWS 曲线。

表 2-1　RWS 曲线温度随时间的变化

时间 /min	温度 /℃	时间 /min	温度 /℃
3	890	60	1 350
5	1 140	90	1 300
10	1 200	120	1 200
30	1 300	>120	1 200

3. HC 曲线

HC 曲线建立于 20 世纪 80 年代,起初用于石化工程和海洋工程,后被应用到隧道工程中。HC 曲线用来描述发生小型石油火灾(如汽油箱、汽油罐以及某些化学品运输罐)的燃烧特征。HC 曲线的数学表达式为

$$T = 20 + 1\,080(1 - 0.325\mathrm{e}^{-0.167t} - 0.675\mathrm{e}^{-2.5t}) \tag{2-2}$$

式中　t——时间,min;

　　　T——t 时刻,隧道内最高温度,℃。

4. HC$_{inc}$ 曲线

HC$_{inc}$曲线是在 HC 曲线的基础上,乘以系数 $\alpha = 1\ 300/1\ 100$ 得到,该曲线在法国使用。

5. RABT/ZTV 曲线

RABT/ZTV 曲线是德国在一系列火灾试验的成果上发展而来的,表现了在封闭环境内一辆汽车燃烧时的特征:

(1) 假设火场温度在 5 min 之内快速升高至 1 200 ℃。

(2) 在持续 35 min(60 min 或者更长)后经过 110 min 冷却到常温。

6. Runehamar 曲线

2003 年,在挪威 Runehamar 隧道中进行了四次重型卡车(HGV,不包括危险物品)火灾试验,在此基础上建立了 Runehamar 曲线。Runehamar 曲线可近似被认为是将 HC 和 RWS 组合而成的一种标准曲线,升温速度与 HC 曲线相等;其最高温度等于(局部超过)RWS 曲线。Runehamar 曲线的数学表达式为

$$T = 20 + \sum_{i}^{N} n_i r_i \ (1 - e^{-k_i t})^{n_i - 1} e^{-k_i t} \tag{2-3}$$

式中　T——温度,℃;

t——时间,min;

N, n_i, r_i, $k_i (1/\text{min})$——参数,根据试验结果,当 $N = 1$ 时,$n_1 = 1.207\ 9$,$r_1 = 1\ 932.8$,$k_1 = 0.004\ 033\ 5$;当 $N = 2$ 时,$n_1 = 1.2$,$r_1 = 1\ 920$,$k_1 = 0.003\ 85$;$n_2 = 30$,$r_2 = 300$,$k_2 = 0.65$。

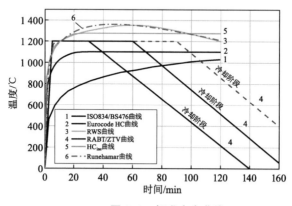

图 2-1　标准火灾曲线

2.2.2　基于标准火灾曲线的隧道火灾场景

基于建立的标准隧道火灾温度-时间曲线,国外给出了几种供隧道结构防火设计用的名义火灾场景(只反映了温度随时间的变化)。

表 2-2 PIARC 建议的隧道火灾场景(PIARC, 2002)

		主体结构(Main Structure)				次要结构[④](Secondary Structure)			
	交通类型	沉管隧道或位于地面结构下方的隧道	处于不稳定地层中的隧道	处于稳定地层中的隧道	明挖法隧道	通风道[⑤](Air Ducts)	逃生口(Emergency Exits to Open Air)	横通道(Emergency Exits to Other Tube)	避难所[⑥](Shelters)
1	小汽车/厢式货车(Cars/Vans)	ISO 60 min	ISO 60 min	②	②	ISO 60 min	ISO 30 min	ISO 60 min	ISO 60 min
2	卡车/油罐车(Truck/Tanker)	RWS/HC$_{inc}$ 120 min[①]	RWS/HC$_{inc}$ 120 min[①]	③	③	ISO 120 min	ISO 30 min	RWS/HC$_{inc}$ 120 min	RWS/HC$_{inc}$ 120 min[⑦]

注:① 如果装载易燃品的卡车交通量非常大时需将耐火时间提高到 180 min。

② 不需要考虑结构的火灾安全性,也不需要对结构采取防火措施(除非要避免结构的渐进性垮塌)。当因为其他因素,需要考虑耐火措施时;一般情况下采用 ISO 60 min。如果与后续修复相比,采取防火保护成本太高时,则不对结构进行保护。

③ 不需要考虑结构的火灾安全性,也不需要对结构采取防火措施(除非要避免结构的渐进性垮塌)。当因为其他因素,需要考虑耐火措施;出于保护其他结构的需要,如隧道位于建筑物下方,或者隧道结构跨塌会对整个公路网产生重大影响时采用 RWS/HC$_{inc}$ 120 min;一般情况下可采用 ISO 120 min;与灾后修复相比,如果采取防火保护成本太高时,则不对结构进行保护。

④ 其他次要结构的防火要求根据工程标准确定。

⑤ 适用于横向通风时的风道保护。

⑥ 避难所需要与外部相连。

⑦ 当载装易燃物的卡车交通量非常大,并且在 120 min 内人员不能从避难所完全疏散时,需要延长耐火时间。

表 2-3　ITA 建议的隧道火灾场景(ITA,2005)

隧道类型		起火车辆数	沉管隧道	处于不稳定地层中的隧道	处于稳定地层中的隧道	明挖法隧道	通风道(Air Ducts)	逃生口(Exits to Open)	横通道(Exits to Other Tube)	避难所(Shelters)
1		1~2	ISO 60 min	ISO 60 min	①	①	ISO 60 min	ISO 30 min	ISO 60 min	ISO 60 min
		≥3	ISO 60 min	ISO 60 min	①	①	ISO 60 min	ISO 30 min	ISO 60 min	ISO 60 min
2		1~2	RWS/HC$_{inc}$ 2 h	RWS/HC$_{inc}$ 2 h	②	②	ISO③ 2 h	ISO 30 min	RWS/HC$_{inc}$ 2 h	RWS/HC$_{inc}$ 2 h
		≥3	RWS/HC$_{inc}$ 3 h	RWS/HC$_{inc}$ 3 h	②	②	ISO③ 2 h	ISO 30 min	RWS/HC$_{inc}$ 2 h	RWS/HC$_{inc}$ 2 h

注:① 不需要考虑结构的火灾安全性,也不需要对结构采取耐火措施(除非要避免结构的渐进性垮塌)。当因为其他因素,需要考虑耐火措施时:一般情况下采用 ISO 60 min;如果与灾后修复相比,采取防火保护成本太高时,则不对结构进行保护。

② 不需要考虑结构的火灾安全性,也不需要对结构采取耐火措施(除非要避免结构的渐进性垮塌)。当因为其他因素,需要考虑耐火措施时:出于保护其他结构的需要(如隧道位于建筑物下方),或者隧道结构垮塌会对整个公路网产生重大影响时采用 RWS/HC$_{inc}$ 120 min;一般情况下可采用 ISO 120 min,这是提供了一个相对便宜的避免对其他结构损害的防火保护;与灾后修复相比,如果采取防火保护成本太高时,则不对结构进行保护。

③ ……

国际道路协会 PIARC(2002)根据隧道类型、隧道所处的地层条件、交通类型及衬砌结构垮塌可能造成的后果等因素，在不考虑隧道主动消防措施的情况下，给出了不同类型隧道衬砌结构防火设计时可采用的隧道火灾场景(表 2-2)。

国际隧道协会 ITA(2005)在不考虑隧道主动灭火措施的情况下给出了隧道结构防火设计用的火灾场景(表 2-3)。在这个火灾场景中，ITA 根据车辆类型，将交通隧道分为四类(表 2-4)。此外，在火灾曲线的选择上，ITA 和 PIARC 主要采用了 ISO 834 和 RWS(或 HC_{inc})曲线。

表 2-4 公路隧道分类

序号	类别	交通类型
1	类别 1①	小汽车(不包括重型货车)
2	类别 2②	重型货车
3	类别 3	汽油罐车
4	类别 4	特殊工况

注：① 小汽车、轻型货车以及小卡车。
② 重型货车(包括平板货车、挂车以及其他载有可燃危险物品的车辆)。

Both 等(2003)，Richter(1994)以通过隧道的车辆类型为依据，同时不考虑隧道主动消防措施的影响，给出了不同类型隧道衬砌结构防火设计时可采用的火灾曲线以及火灾持续时间(表 2-5)。

表 2-5 不同隧道的名义火灾曲线(Both 等，2003；Richter，1994)

交通类型	火灾持续时间/ min	火灾曲线
行人(Pedestrian)	—	无
自行车(Bicycle)	2	无
货车(Haywagon)	90～120	HC
小汽车(Car)(5～10 MW)	30～60	ISO 834 / HC
集装箱/穿梭式列车(Container/Shuttle)	120(＋)	HC
铁路货车(Lorry)(100 MW)	120(＋)	HC
油罐车(Tanker)(300 MW)	120 / 240	RWS 和/或 ISO 834 / HC
公交车(Bus)	90～120	HC
地铁/轻轨/高速列车(Metro/Light trail/HSL)(40 MW)	90～120	HC
列车(Train)(300 MW)	120 / 240	RWS 和/或 ISO 834 / HC

此外,荷兰编制了 TNO 测试标准——《隧道防火测试方法》,规定了隧道火灾场景的确定以及隧道结构的耐火测试方法。1994 年,德国制定了《RABT 公路隧道设施及运行准则》(1994)、《ZTV‑隧道:关于公路隧道建设补充技术条款及准则》(1995),都对隧道火灾规模、升温曲线作了规定(倪照鹏和陈海云,2003)。

目前,国内尚没有建立可用的标准火灾曲线。在进行隧道衬砌结构的耐火设计时一般是参考国际上使用的标准曲线(表 2-6)。

表 2-6 国内部分隧道选用的火灾场景(虞利强,2002;石芳,2003;倪照鹏和陈海云,2003;蔡莉萍和徐浩良,2004)

序号	工程名称	采用的火灾曲线	说明
1	上海市延安东路越江隧道	起火 10 min 温度升到 1 000 ℃,起火 30 min 后温度升到 1 200 ℃,并持续 90 min	耐火要求:使用防火涂料后,混凝土表面温度在 380 ℃ 之内,距混凝土表面 1.5 cm 处钢筋温度低于 250 ℃
2	上海市内新建的越江隧道	HC/RABT 曲线	作为一般城市隧道,不允许油罐车或液态天然气等运载危险品车辆通行
3	上海市外环沉管隧道	RABT 曲线	耐火要求:使用防火板后,混凝土表面温度在 300 ℃ 之内,底排钢筋温度小于 250 ℃
4	南京玄武湖隧道	一辆装满可燃货物的大型卡车起火(20 MW)	——

2.2.3 标准火灾曲线(火灾场景)的不足

标准火灾曲线的建立,为隧道结构进行耐火设计提供了定量化的依据,同时也便于不同研究成果的对比和借鉴。但是,现有火灾曲线存在如下缺点和不足,需要进一步完善。

1. 没有考虑通风对热释放率及温度分布的影响

火灾试验和理论研究都表明,火灾时隧道内的温度分布及热释放速度受通风的影响很大。例如,Carvel 等(2001a,b)对多次火灾试验成果的分析表明(图 2-2):通风尽管对于小汽车火灾的热释放率影响较小,但是对于油池火灾和重型卡车火灾的热释放率具有明显的影响。如图 2-2 所示,随着通风速度的增大,重型卡车和大型油池火灾的热释放率明显增加,特别是重型卡车火灾,当通风速度增加到 10 m/s 时,热释放率增大到了自然通风时的 10 倍。而对于中型油池火灾,热释放率则随通风速度的增大而减小。因此,在设计隧道火灾场景时,应考虑火灾时的通风措施。

2. 没有考虑隧道主动消防措施的影响

前述 PIARC,ITA 建议的隧道火灾场景均没有考虑隧道主动消防措施的影响。多次的火灾事故表明,有没有及时主动的消防措施,对于火灾的发展及造成的后果具有明显的影响。

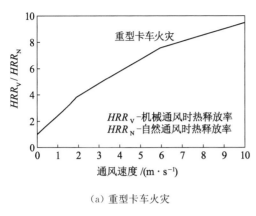

（a）重型卡车火灾

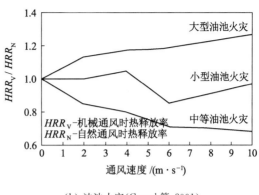

（b）油池火灾（Carvel 等，2001）

图 2-2　通风对热释放率的影响

（1）虽然直接从火灾案例无法得到量化的通风对火灾热释放率的影响程度，但是通过对相似火灾事故后果的分析可以发现，及时有效的通风和主动消防措施能够明显减小火灾达到的高温和持续时间，进而降低火灾高温对隧道衬砌结构的损伤。如 1978 年美国 Baltimore harbor 隧道火灾中，尽管火灾已经蔓延到了油罐车（包括危险品），但是由于消防部门积极采取措施，在较短时间内扑灭了火灾，隧道衬砌结构基本没有受到损伤。

（2）在这一点上，FHWA（1983）也认为：对于那些及时采取了主动消防措施（通风系统和灭火系统能够很好地发挥作用）的隧道火灾，可以把损失控制到最小，如美国 Holland 隧道火灾、美国 Chesapeake Bay 隧道火灾；而对于那些不能及时采取措施的隧道火灾，火灾会一直持续下去，以致造成严重的后果，如美国 Caldecott 隧道火灾、日本 Nihonzaka 隧道火灾以及奥地利托恩隧道火灾。

（3）现有标准火灾曲线只给出反映火灾场景中温度随时间的变化关系，没有给出温度在隧道空间上的分布。现有的标准火灾曲线以及基于该曲线提出的隧道火灾场景只给出了隧道内最高温度随时间的变化关系。当对衬砌结构体系火灾进行行为分析及安全性评估时，必须要得到温度在隧道空间内的分布规律，以便确定任意时刻、任意位置衬砌结构内的温度分布。

（4）火灾场景没有考虑隧道长度的影响。隧道火灾的风险随隧道长度的增加而增加（AFAC，2001），同时，隧道火灾扑救的难易程度也与隧道长度密切相关。

（5）部分标准曲线如 RWS 曲线建立在少量的试验基础上，由于受隧道形状、隧道长度、可燃物类型、通风条件等的影响，这些试验结果是否具有代表性尚有疑问。

（6）用来建立标准曲线的试验虽然大部分为原型试验，但是试验隧道的断面积一般较小。随着越来越多大断面隧道的出现，这些标准曲线能否代表发生在大断面隧道内的火灾性状，尚需进一步研究。

2.3 隧道火灾场景设计

2.3.1 隧道火灾场景的定义

1. 完整的火灾场景包括的内容

（1）隧道内火源处最高温度随时间的变化规律。目前国际上建立的标准温度-时间曲线即属于此类。

（2）隧道横断面上温度的分布规律。

（3）沿隧道纵向温度的分布规律。

上述（1）中描述了一场火灾中，隧道内温度随时间的变化历程，而（2）和（3）中描述了一场火灾中，隧道内温度在空间上的分布规律。

2. 影响隧道内火灾温度发展状况的因素

影响隧道内火灾温度发展状况的因素包括（AFAC,2001；ITA,2005；PIARC,1999）：

（1）隧道长度及通行方式（单向或双向）。

（2）交通组成（小汽车、客车、货车、危险品车辆等）及车流密度。

（3）货物种类及数量。

（4）隧道的通风模式及通风能力。

（5）隧道内配置的主动消防灭火设备（如水喷淋等）对火灾蔓延的控制能力。

（6）消防力量到达隧道的时间及开展灭火工作的难易程度。

从衬砌结构耐火设计的角度考虑，一个完整的火灾场景定义尚需考虑隧道的重要性、隧道所处的地质条件、隧道结构损坏可能造成的后果、结构修复加固的可能性、结构耐火保护与结构修复加固的经济性对比等因素。

标准火灾曲线由于没有反映隧道交通量、长度、通风状况、主动消防灭火措施的影响，因此在应用到具体的隧道时，与实际情况会有差异（瞿立,2004）。因此，在充分把握隧道火灾基本规律的基础上，建立能够全面反映隧道实际情况的火灾场景设计方法是一项重要的工作。同时，这也是对衬砌结构进行性能化防火设计的重要组成部分，因为，在性能化防火设计中，衬砌结构需要被置于实际火灾场景下进行考查（Pettersson,1994；Schleich,1996）。

本章从案例调研、火灾试验和理论分析三个方面着手，通过对大量火灾案例和火灾试验成果的研究，给出了确定隧道火灾场景的关键参数，并以这些参数为基础，同时借鉴标准火灾曲线的成果，建立了较全面反映隧道火灾特点和影响因素的火灾场景（包括温度-时间曲线、温度横向分布、温度纵向分布）及其设计方法。本章采用的技术路线如图 2-3 所示。其中，在火灾案例方面，本章对 1947 年以来世界各国发生的典型火灾案例进行了收集、整理和分析。在火灾试验方面,本章收集了世界各国进行的有代表性的火灾试验数据。

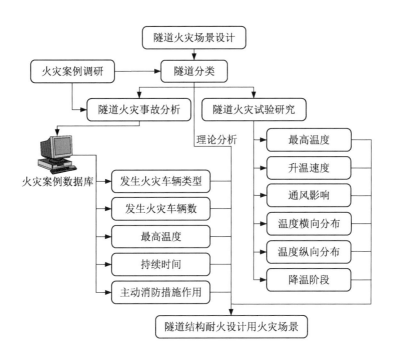

图 2-3 技术路线图

2.3.2 基准曲线及其定义

当最高温度、升温速度、持续时间等关键参数确定后,为了能够采用统一的形式来表述不同类型隧道火灾中温度随时间的变化,定义了基准曲线,然后,通过调整基准曲线中的参数来模拟不同类型的火灾场景。选用式(2-4)作为基准曲线的理由是:一方面,该式能够较好体现隧道火灾升温速度快的特点;另一方面,通过调整式中各参数即可方便地模拟不同的温度-时间关系。

$$T_{standard} = A(1 - 0.325e^{\alpha t} - 0.675e^{\beta t}) \quad (0 \leqslant t \leqslant t_{standard}) \tag{2-4}$$

式中 t——从起火时计算所经历的时间,min;

$T_{standard}$——t 时刻基准曲线代表的温度,℃;

$t_{standard}$——基准时间,根据隧道类型确定,如公路隧道 $t_{standard} = 2$ h;

A,α,β——曲线形状参数。

其中,基准曲线随形状参数 A,α,β 的变化规律如图 2-4—图 2-6 所示。可见,调整参数 A 可以调整火灾时达到的最高温度;调整 α 可以改变到达最高温度前一段时间的升温速度;而调整参数 β 则可以改变升温速度的大小。

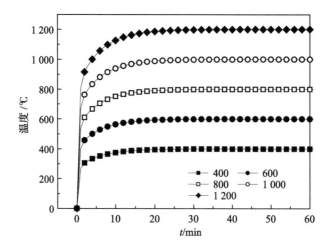

图 2-4　参数 A 的变化对曲线的影响($\alpha = -0.167$, $\beta = -2.5$)

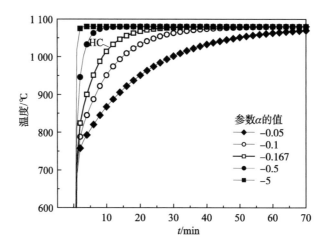

图 2-5　参数 α 的变化对曲线的影响($A = 1\,080\ ℃$, $\beta = -2.5$)

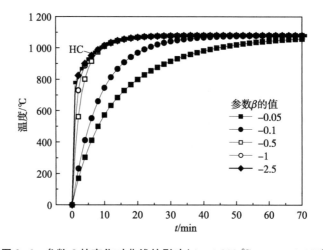

图 2-6　参数 β 的变化对曲线的影响($A = 1\,080\ ℃$, $\alpha = -0.167$)

2.3.3 隧道火灾场景的设计方法

如式（2-5）—式（2-8）所示，当建立了描述隧道内温度随时间变化的基准曲线后，结合隧道内火灾的降温规律、横向温度分布规律和纵向温度分布规律，即可得到完整的隧道火灾场景。

需要说明的是：影响隧道火灾场景的因素众多，包括隧道长度、交通类型、通风状况、隧道所处的地质条件、主动消防灭火措施的状况以及隧道结构的重要性等。本章选取若干主要影响因素并将其以系数的形式反映到火灾场景最高温度、火灾持续时间的表达式中。对于大断面隧道，由于资料较少，其温度的发展变化规律尚需进一步研究。当设计火灾场景时，对所有交通类型，其温度横向分布都可考虑按照线性规律变化。

（1）最高温度随时间的变化（包括降温阶段）为

$$\begin{cases} T(0, t) = T_0 + k_1 k_2 k_3 T_{standard} = T_0 + k_1 k_2 k_3 A(1 - 0.325 e^{\alpha t} - 0.675 e^{\beta t}) & (0 \leqslant t \leqslant t_d) \\ \dfrac{T(0, t) - T_0}{T_{max} - T_0} = 0.816 e^{-6.27 \frac{t-t_d}{t_{max}-t_d}} + 0.857 e^{-0.217 \frac{t-t_d}{t_{max}-t_d}} - 0.689 & (t_d \leqslant t \leqslant t_{max}) \end{cases}$$

$$(2-5)$$

（2）火灾持续时间为

$$t_d = \psi_1 \psi_2 \psi_3 t_{standard} \tag{2-6}$$

（3）温度横向分布为

$$\begin{cases} \text{线性分布：} T_y = T_R + \dfrac{y}{H}(T_H - T_R), \ T_R = 0.2 T_H & (0 \leqslant y \leqslant H) \\ \text{均匀分布：} T_y = T_H & (0 \leqslant y \leqslant H) \end{cases} \tag{2-7}$$

（4）温度纵向分布为

$$\frac{T - T_0}{T(0, t) - T_0} = 0.573 e^{-9.846 \frac{x}{L_{tot}}} + 0.518 e^{-1.762 \frac{x}{L_{tot}}} - 0.089 \quad (0 \leqslant x \leqslant L_{tot}) \tag{2-8}$$

式中 T_{max}——火灾中达到的最高温度，℃；

       t_{max}——隧道内温度降到常温时的时间，min；

       T_0——常温，20 ℃；

       H——隧道断面高度，m；

       y——隧道断面上任一点距路面的距离，m；

       T_y——隧道断面上距路面 y 处的温度，℃；

       T_R——隧道断面路面附近的温度，℃；

       T_H——隧道断面拱顶（或者隧道两侧）的温度，℃；

T——距离火源 x 处的温度，℃；

$T(0,t)$——火源处的温度，℃；

x——距火源的距离，m；

L_{tot}——温度降到常温时，距火源的距离，m；

k_1——通风影响系数；

k_2——隧道地层条件影响系数；

k_3——隧道结构重要性影响系数；

ψ_1——隧道长度影响系数；

ψ_2——主动消防措施影响系数；

ψ_3——隧道结构重要性影响系数。

根据前述对火灾案例及火灾试验成果的分析，表 2-7 给出了不同类型隧道火灾中基准曲线各参数的建议值。同时，表 2-8—表 2-13 分别给出了系数 k_1，k_2，k_3，ψ_1，ψ_2，ψ_3 的建议值。在设计实际隧道火灾场景时，可直接选用这些建议值，或根据隧道的实际情况予以调整。

表 2-7 不同类型隧道基准曲线中各参数的取值

隧道类型	交通类型	A	α	β[①]	t_{standard}
公路隧道	小汽车	500~600	−0.167	−2.5	2
	公交(客车)	800~900	−0.167	−2.5	2
	重型货车	1 200	−0.167	−2.5	2
	油罐车	1 300~1 400	−0.167	−2.5	2
铁路隧道	铁路客车	700~900	−0.167	−2.5	4
	铁路货车	1 200	−0.167	−2.5	4
	铁路油罐车	1 400	−0.167	−2.5	4
地铁隧道	地铁列车	700~900	−0.167	−2.5	2

注：① 考虑到隧道火灾升温快速的特点，从安全角度考虑，本章统一取升温速度的上限。

表 2-8 通风影响系数 k_1 的取值

隧道类型	交通类型	通风状况	
		无火灾通风	有效的火灾通风
公路隧道	小汽车	1.0	$0.9598-0.0988V$[①]
	公交(客车)	1.0	
	重型货车	1.0	$1.053+0.091V$[②]
	油罐车	1.0	

隧道类型	交通类型	通风状况	
		无火灾通风	有效的火灾通风
铁路隧道	铁路车辆	1.0	—
地铁隧道	地铁车辆	1.0	—

注：① 为安全起见可以不考虑通风对最高温度的影响，将通风影响系数取为1.0。
　　② 计算值超过1.2后取1.2。

表 2-9　隧道地层条件影响系数 k_2 的取值

地层情况	稳定地层（无地下水）	稳定地层（地下水丰富）	不稳定地层
k_2	1.0	1.1	1.2

表 2-10　隧道结构重要性系数 k_3 的取值

隧道类型	越江、跨海隧道	高速公路、一级公路隧道	二、三、四级公路隧道	铁路隧道、地铁隧道
k_3	1.2	1.1	1.0	1.1

表 2-11　隧道长度影响系数 ψ_1 的取值

隧道类型	隧道长度	
	$L<10\,000$ m	$L\geqslant10\,000$ m
公路隧道	1.0	$(0.742\,1+0.001\,03L^{①})/t_{standard}$
铁路隧道	—	—
地铁隧道	1.0	1.0

注：①由于目前10 km以上公路隧道火灾案例较少，因此表中隧道长度与火灾持续时间的关系式不够完善，当计算出的 ψ_1 值偏大时，需酌情下调。

表 2-12　主动消防措施影响系数 ψ_2 的取值

隧道类型	主动消防措施状况	
	城市隧道	山区隧道
公路隧道	1.0	1.2
铁路隧道	—	—
地铁隧道	1.0	

注：参考FHWA(1983)对公路隧道分类的思想。考虑到城市隧道一般容易及时采取主动消防措施，故不考虑火灾时间上的延长；而对于山区隧道，由于远离消防救援力量，因此，考虑了火灾持续时间的延长。

表 2-13　隧道结构重要性系数 ψ_3 的取值

隧道类型	越江、跨海隧道	高速公路、一级公路隧道	二、三、四级公路隧道	铁路隧道、地铁隧道
ψ_3	1.2	1.1	1.0	1.1

3　隧道结构材料火灾高温力学行为

本章借助试验手段,研究了普通钢筋混凝土、钢纤维混凝土及掺聚丙烯纤维混凝土三种类型的混凝土高温后的单轴抗压强度、峰值应变、弹性模量、超声波速、回弹值及抗渗性能。

3.1 试验概况

3.1.1 试件形状与尺寸

试验所用混凝土为目前盾构隧道管片常用的 C50(P10)混凝土。试验所用钢纤维为冷拔钢丝型钢纤维,直径 0.9 mm,长径比 $L/d=55$,掺量 60 kg/m³。试验所用聚丙烯纤维为分散状单丝纤维,长 12 mm,直径 18～30 μm,熔点 160 ℃,掺量 2 kg/m³。

为降低升温时试块内外的温差和缩短加热时间,力学性能试验采用 10 mm×10 mm×10 mm 的立方体试块;抗渗试验采用上径 185 mm,下径 175 mm,高 150 mm 的标准圆台试块,如图 3-1 所示。

(a) 高温后的立方体试块　　　　　　　　　　　　(b) 高温后的圆台试块

图 3-1　试验用试块

3.1.2 测试量及测点布置

试验中,测试的量包括:

(1) 试件受火前的密度。

(2) 试件烧损形态(开裂、爆裂)、表面裂缝、颜色。

(3) 根据试验规程,试件回弹值。

(4) 根据试验规程,试件超声波速。

(5) 根据试验规程,室内试验(受火试件、未受火试件)抗拉(抗压)强度、弹性模量、应力-应变关系。

（6）高温前后试件失重。

（7）受火前后混凝土抗渗等级。

其中,回弹和超声参照《超声回弹综合法检测混凝土抗压强度技术规程》(T/CECS 02—2020)中有关超声、回弹测点布置的要求布置测点(图 3-2)。

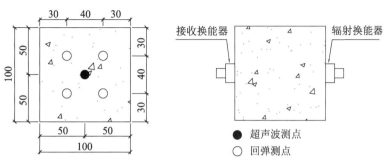

图 3-2　混凝土试件超声回弹综合法测点布置

3.1.3　模拟热环境

根据隧道及地下工程火灾最高温度的分布范围,同时考虑试验结果的代表性,试验升温等级分为 20 ℃,100 ℃,300 ℃,500 ℃,700 ℃,900 ℃六级。平均升温速度为 50 ℃/min(或 5 ℃/min)。为保证试块内外温度均匀,高温恒温时间设为 6 h。高温后试块在炉内自然冷却(或水淬冷却)到常温。

试验升温设备采用 SX30/13Q-YC 箱式电阻炉(图 3-3),该炉以硅碳棒为加热组件,保温材料采用高性能纤维材料。温度控制采用 KSY-16C 智能程序温度控制器,可以实现对炉膛温度的自动测量、程序设定、指示及精确控制,控温精度小于 3 ℃。炉内最高温度可达 1 300 ℃,炉温均匀度小于 10 ℃,升温速度为 60 ℃/min(可调)。

试件超声波速采用超声波纵波波速测试仪,其换能器标称频率为 50 kHz,记时精度为

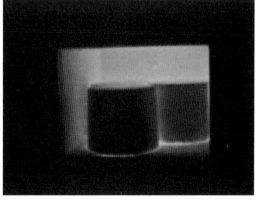

图 3-3　SX30/13Q-YC 箱式电阻炉

0.1 μs,耦合剂为黄油。试件密度采用高精度电子天平和游标卡尺进行量测。试件回弹值采用回弹仪测量。试件相对渗透系数采用混凝土抗渗仪测量。此外,采用数码相机、试验现象记录表记录试件受火前后的颜色变化、裂缝开展及剥落等外观特征。

3.1.4 试验步骤与方法

试验步骤包括:

(1)试件制作、养护。

(2)检测试件质量、混凝土等级,并进行不同类别混凝土试件未受火情况下的常规试验。

(3)将同类一批试件放入火炉中加热(加热到设计温度后,恒温 6 h)。

(4)记录受火温度、受火时间。

(5)取出试件,在自然状态下冷却(或者水淬冷却)。

(6)观察试件表面颜色变化、损坏情况并做好记录。

(7)对用于抗渗试验的试件进行室内抗渗试验,对其他试件进行后续操作。

(8)根据超声回弹综合法技术规程,分别对试件进行回弹(先进行回弹)和超声波速量测。

回弹试验测试面取垂直于试件浇筑方向的四个侧面,每个侧面上取 4 个测点,回弹前用压力试验机对试件进行预压固定,温度在 900 ℃ 以下加压 20 kN,温度在 900 ℃加压 10 kN。在试件的两相对侧面上各测 8 个回弹值,剔除 3 个最大值和 3 个最小值,余下的 10 个值取平均值作为该试件的回弹值。

超声波速试验采用对测法来测定:对试块的 3 个轴向分别测量,从显示器上读得超声波在试块中传播的时间 t,那么超声波在试块中传播的平均速度 $v=l/t$。通过计算得到的平均声速作为测量结果。

(9)根据混凝土试验规程,对试件进行室内常规试验,测量抗压、抗拉强度、弹性模量、应力-应变曲线(加载速度 0.15~0.25 MPa/s)。

(10)室内试验完成后,利用劈裂开的试件进行内部损伤情况分析并做好记录。

(11)对数据进行分析。

3.2 火灾高温后混凝土试件的宏观特性

经历不同高温后混凝土试件的表面颜色、特征发生了显著的变化。常温(20 ℃)下,混凝土颜色为青灰色;100 ℃,300 ℃后,混凝土表面的颜色与常温下相比基本一致,有时颜色略变浅;500 ℃后,混凝土颜色为青灰略显浅粉色,有少量的微小裂缝出现,表面略有疏松;700 ℃后,混凝土表面颜色为灰白色,略显浅黄色,表面裂缝进一步增加,表面疏松;

900 ℃后,混凝土颜色呈现浅黄色,表面裂缝宽度扩大,试件边角处有破损。从图3-4中可以看到经历不同温度的混凝土试件表面特征的变化。

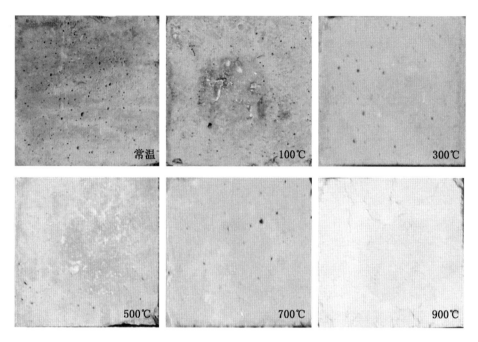

图3-4　混凝土在经历不同受热温度后表面特征的变化

3.2.1　高温后混凝土表面颜色变化

当温度在300～600 ℃时,混凝土的颜色从正常变为粉红/红色,在600～900 ℃温度区间,颜色则变为灰白色。通过肉眼观察,本章所研究的几种不同的混凝土试件,在经历不同高温后的颜色变化情况基本上是相同的,而且不同的升温速度对试件高温后的颜色没有太大影响。在室温(20 ℃)下,钢纤维混凝土和聚丙烯纤维混凝土颜色相同,为青灰色,普通混凝土的颜色比前二者略深。

(1)自然冷却情况下,100 ℃,300 ℃高温后,试件表面的颜色与室温下相比几乎没有变化,仅仅因试件表面水分的失去使得颜色有些变浅,普通混凝土的颜色依然略深。500 ℃高温后,试件表面的颜色则略带一点红色,三种混凝土颜色趋于一致。700 ℃高温后,试件表面颜色泛白,900 ℃高温后,试件表面颜色为浅淡黄色。

(2)水淬冷却情况下,300 ℃高温后试件表面颜色与自然冷却情况下100 ℃高温后几乎相同,700 ℃高温后试件表面颜色与自然冷却情况下300 ℃高温后几乎相同。

(3)混凝土因组成材料的不同在颜色变化上表现的规律可能不同,迄今没有统一的判定规律,在运用混凝土颜色变化来推断其温度历史的方法时应特别注意,具体情况应具体分析。图3-5显示了从常温到1 100 ℃过程中混凝土表面颜色的变化情况。

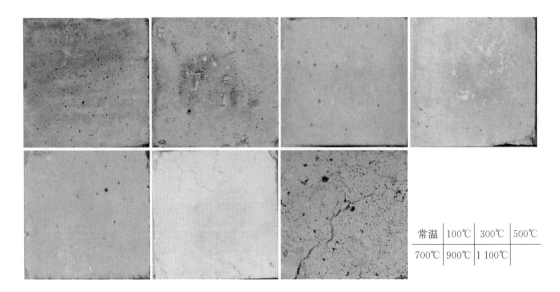

常温	100℃	300℃	500℃
700℃	900℃	1 100℃	

图 3-5　混凝土在经历不同受热温度后表面的变化

3.2.2　混凝土试件加热时表面宏观现象

加热到 300 ℃及以下时,从表面上看试块基本上没有裂缝出现,亦无爆裂现象;颜色略变浅,用金属棒轻叩试块,发声清晰,表面坚硬,与未加热的试块近似。

加热到 500 ℃时,试块表面仅有少数的微小裂缝,无爆裂;表面颜色略显浅粉色,用金属棒轻叩试块,发声较为短促,感觉表面略有疏松,表面总体上没有严重破坏。

加热到 700 ℃时,试块表面的裂缝进一步增加,并相互连通形成网络状,在棱边处,有稍粗的裂缝穿过;试块的边角出现一定的破损;试块的颜色呈黄色;用金属棒轻敲时,声音沉闷,表面疏松。

加热到 900 ℃时,试块的表面裂缝宽度再次扩大,边角多处破损,降温后疏松的表面用手指就可轻易抠下,表面出现龟裂;表面的颜色呈土黄色;用金属棒轻叩时,声音很低沉,试块表面非常疏松。

加热到 1 100 ℃时,试块中出现深裂缝,棱边扭曲,边角严重破坏,颜色呈焦黄色,试块呈松散状。

3.2.3　混凝土试件高温后受压破坏形态

常温下混凝土试块在压力和上下垫板的作用下,首先沿斜向面破裂,然后四周的混凝土脱落,形成两个对顶的锥形破坏面。而高温作用后的混凝土试块,在压力作用下,内部裂缝迅速张开,周围混凝土纷纷剥落,试验中表现出明显的疏松状。1 100 ℃后的混凝土,在试验完成后,只剩下一堆碎片,如图 3-6 所示。

常温	100℃	300℃	500℃
700℃	900℃	1 100℃	

图 3-6　混凝土立方体高温后受压破坏形态

3.3　火灾高温后混凝土试件的力学特性

3.3.1　高温后混凝土的残余抗压强度

图 3-7 给出了普通混凝土试件 C50(以下简称 C)、钢纤维混凝土试件 CF50(以下简称 CF)和聚丙烯纤维混凝土试件 PC50(以下简称 PC)在升温速度为 $50 \, ℃/\min$ 的情况下经历不同温度自然冷却后的残余抗压强度的变化情况。图 3-8 为各混凝土试件高温后抗压强度残余率(定义 $f_{cu}^{T}/\bar{f}_{cu}$ 为抗压强度残余率,其中 f_{cu}^{T} 为高温后残余抗压强度,$\bar{f}_{cu}$ 为室温下平均抗压强度)随最高经历加热温度的变化情况。

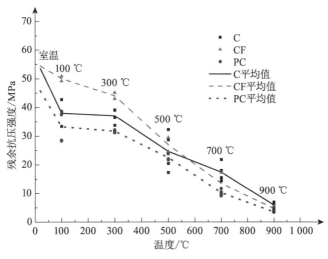

图 3-7　混凝土高温后残余抗压强度与最高经历温度的关系

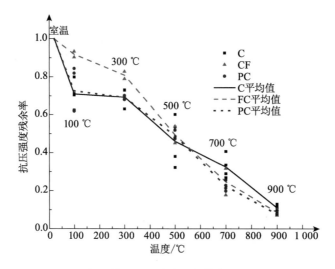

图 3-8　混凝土抗压强度残余率与最高经历温度的关系

可以看到,随着温度的升高,C,CF,PC 试件的残余抗压强度都呈现降低的趋势;经历 100 ℃高温后,CF 试件的残余抗压强度降低幅度最小,但 C 与 PC 试件的残余抗压强度都降低到只有室温时的 70％左右;经历 300 ℃高温后,C 与 PC 试件的残余抗压强度降低幅度较小,其平均值与 100 ℃时接近,而 CF 试件的残余抗压强度平均值比经历 100 ℃高温后又降低了 12％;300 ℃以后三者的残余抗压强度下降很快,到 900 ℃时,其残余抗压强度均只有几兆帕,强度几乎消失。

C,CF,PC 试件经历高温后的残余抗压强度变化规律可以 300 ℃为界采用式(3-1)来描述:

$$\begin{cases} f_{cu}^{T}/\bar{f}_{cu}=a_1 \cdot e^{(-T/a_2)}+a_3 & (0 \leqslant T \leqslant 300 \text{ ℃}) \\ f_{cu}^{T}/\bar{f}_{cu}=a_4+a_5 \cdot T+a_6 \cdot T^2 & (300 \text{ ℃} < T \leqslant 900 \text{ ℃}) \end{cases} \tag{3-1}$$

式中,参数 a_1,a_2,a_3,a_4,a_5,a_6 如表 3-1 所示,其回归曲线如图 3-9 所示。

表 3-1　混凝土残余抗压强度回归公式参数

试件	a_1	a_1	a_3	a_4	a_5	a_6
C	0.634	27.6	0.693	1	-1.07×10^{-3}	1.10×10^{-7}
CF	0.288	215.4	0.738	1.43	-2.36×10^{-3}	9.60×10^{-7}
PC	0.532	36.6	0.692	1.13	-1.56×10^{-3}	4.20×10^{-7}

高温后混凝土的残余抗压强度受到混凝土强度等级、骨料种类、掺入纤维种类、纤维的掺量、湿含量、最高经历温度、升温速度、受火时间以及试件尺寸等因素的影响。

1. 最高经历温度对混凝土残余抗压强度的影响

图 3-10 给出了普通混凝土试件 C50、钢纤维混凝土试件 CF50 和聚丙烯纤维混凝土

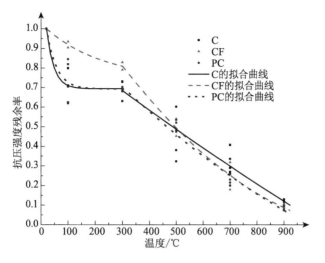

图 3-9 混凝土抗压强度残余率与最高经历温度关系的回归曲线

试件 PC50 经历不同温度、升温速度为 50 ℃/min、自然冷却后的残余抗压强度的变化情况。可以看到,随着温度的升高,三种混凝土试件的残余抗压强度都呈下降趋势。500 ℃后,强度损失大半;至900 ℃,强度损失达到 90%,混凝土基本丧失承载力。造成这种强度损失的主要因素有:

(1)升温使试件内的自由水逐渐蒸发,混凝土内粗骨料与水泥浆体的温度膨胀系数不等,体积膨胀差使不同骨料界面上产生温度裂缝。

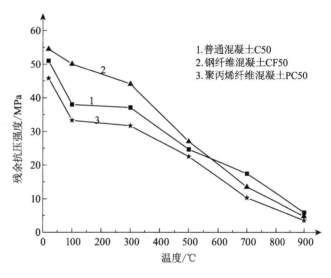

图 3-10 温度对混凝土试件残余抗压强度的影响

(2)500 ℃后,水泥水化产生的氢氧化钙等开始脱水,其体积膨胀,促使裂缝扩展。

(3)700 ℃后,水泥中的未水化颗粒和骨料中的石英成分分解,形成晶体后产生巨大的膨胀,并且一些骨料内部出现裂缝,混凝土的峰值应力急剧下降。

(4)升温和降温时分别形成方向相反的温度梯度,这种不稳定温度场加剧了裂缝的扩展。

2. 升温速度对混凝土残余抗压强度的影响

升温时,升温速度越大,混凝土试件边界面温度上升速度也越大。由于混凝土是一种热惰性材料,混凝土试件内不稳定温度场的初期瞬态温度梯度也越大。而温度梯度是造成温度裂缝、降低混凝土强度的主要原因之一。为了描述升温速度对混凝土残余抗压强度的影响,定义 C_V 为升温速度影响系数,其计算公式如下:

$$C_V = P_{V50} / P_{V5} \tag{3-2}$$

式中　P_{V50}——升温速度为 50 ℃/min 时的残余抗压强度;

　　　P_{V5}——升温速度为 5 ℃/min 时的残余抗压强度。

图 3-11 给出了普通混凝土试件 C50、钢纤维混凝土试件 CF50 和聚丙烯纤维混凝土试件 PC50 的升温速度影响系数 C_V 与温度的关系,即升温速度由 5 ℃/min 提升至 50 ℃/min、自然冷却后混凝土试件的残余抗压强度的变化情况。

可以看到,在温度较低(≤300 ℃)时,升温速度对普通混凝土和聚丙烯纤维混凝土的残余抗压强度影响不大,升温速度影响系数在 0.9～1.1;随着温度的升

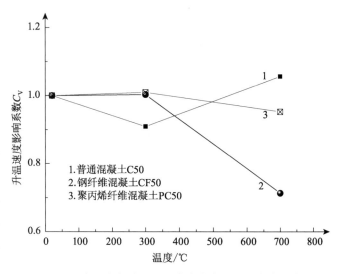

图 3-11　升温速度对混凝土试件残余抗压强度的影响

高,升温速度对钢纤维混凝土的残余抗压强度影响较大,700 ℃后,升温速度为 50 ℃/min 时的残余抗压强度与升温速度为 5 ℃/min 时的残余抗压强度相比约降低了 30%。造成这种现象的主要原因是钢纤维混凝土试件中随机分布着冷拔钢丝即钢纤维,而钢纤维的导热系数比混凝土内骨料及水泥浆体导热系数大得多;升温速度快,试件边界面温度上升快,当升到一定高的温度后,导热系数大得多的钢纤维发挥了较大的作用,它更快将试件边界面的热量传导至试件内部,形成内部瞬态相对高温点或线,增大了温度梯度,提高了温度应力,促使温度裂缝加速扩展,降低了混凝土的残余抗压强度。

3. 不同冷却方式对混凝土残余抗压强度的影响

混凝土在升温和高温持续作用下,材料内部受到损伤;在冷却降温过程中,混凝土结构外部首先降温,内部仍保持高温,形成一个梯度相反的不均匀温度场,使混凝土内部产生新的损伤,故降温后比降温前(即高温时)的强度又有所下降。显然降温时的冷却方式影响混凝土试件温度场的边界条件,从而影响其残余抗压强度。为了描述冷却方式对混凝土残余抗压强度的影响,定义 C_c 为冷却方式影响系数,其计算公式如下:

$$C_c = P_w / P_a \tag{3-3}$$

式中　P_w——水淬冷却后的残余抗压强度;

P_a——空气中自然冷却后的残余抗压强度。

图3-12给出了普通混凝土试件C50、钢纤维混凝土试件CF50和聚丙烯纤维混凝土试件PC50的冷却方式影响系数C_c与温度的关系。图形反映了升温速度为50 ℃/min、冷却方式由自然冷却改为水淬冷却后混凝土试件的残余抗压强度的变化情况。

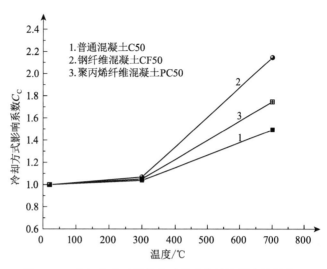

图 3-12　冷却方式对混凝土试件残余抗压强度的影响

可以看到,冷却方式对混凝土试件的残余抗压强度有影响。在温度较低(≤300 ℃)时,冷却方式对混凝土的残余抗压强度影响还不明显,冷却方式影响系数在1~1.05;随着温度的升高,冷却方式显著地影响了残余抗压强度,700 ℃后,采用水淬冷却方式的混凝土试件的残余抗压强度比自然冷却条件下的强度提高了50%~110%。显然,水淬冷却比自然冷却更有利于混凝土经历高温后的残余抗压强度。经历高温后,混凝土内部出现了大量温度裂缝,这种不同的冷却方式改变的是裂缝间隙里填充的介质,自然冷却时裂缝中的介质为空气,而水淬冷却时大量水进入裂缝,正是这种介质的变化造成高温后强度的变化。水的导热系数是空气的几十倍,水可以更快地将混凝土试件内储存的热量导出,降低了冷却时产生的反向温度应力梯度,缓和了温度应力的破坏作用,提高了经历高温后混凝土的残余抗压强度。此外,混凝土内水化物受高温脱水后,由于水淬冷却而发生二次水化是这种强度变化的原因之一,这方面还有待进一步探讨。

4. 掺入钢纤维和聚丙烯纤维对混凝土残余抗压强度的影响

钢纤维混凝土和聚丙烯纤维混凝土的残余抗压强度相比普通混凝土有较大的差异性。纤维的材性、高温特性与混凝土内骨料及水泥浆体有很大不同,在混凝土中掺入纤维后,这些纤维改变了常温下混凝土的内部结构和力学机理,也改变了混凝土的高温性能。图3-13给出了在升温速度为50 ℃/min、自然冷却方式的条件下,在配合比不变的前提下掺入60 kg/m³钢纤维和2 kg/m³聚丙烯纤维对混凝土试块残余抗压强度的影响,定义C_f为纤维影响系数,其计算公式如下:

$$C_f = P_f / P_c \tag{3-4}$$

式中　P_f——纤维混凝土的残余抗压强度;

　　　P_c——普通混凝土的残余抗压强度。

可以看到,在混凝土中掺入钢纤维和聚丙烯纤维对混凝土的高温后残余抗压强度有较大影响,这种影响依赖于混凝土所受温度。500 ℃后,钢纤维和聚丙烯纤维均显著影响混凝土残余抗压强度。

(1) 掺入钢纤维的影响:掺入钢纤维对混凝土的残余抗压强度的影响波动范围较大。500 ℃前,钢纤维的掺入能增加混凝土的残余抗压强度,最大增幅约 30%;500 ℃后,钢纤维变成了强度的负面影响因素,较大程度地降低了混凝土强度,至 900 ℃后,降低幅度约 20%。掺入钢纤维使高温后混凝土的残余

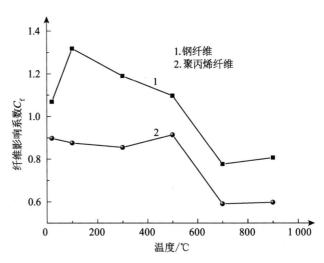

图 3-13　掺入纤维对混凝土试件残余抗压强度的影响

抗压强度的影响机理较为复杂,主要有两方面:一方面是有利因素,钢纤维依靠与水泥基体的黏结性能抑制混凝土内部裂缝的扩展而提高混凝土强度;另一方面是不利因素,高温时,导热系数比混凝土集料导热系数大得多的钢纤维能迅速将边界面热量导入混凝土内部,在内部形成高温点或线,形成新的温度梯度,增大温度应力,加速裂缝发展,降低混凝土强度。掺入钢纤维对混凝土残余抗压强度的影响是在温度场变化过程这两种主要因素此消彼长的过程。

(2) 掺入聚丙烯纤维的影响:不同温度后,掺入聚丙烯纤维均不同程度降低了混凝土残余抗压强度。500 ℃前,其残余抗压强度降低幅度较小,约 10%;500 ℃后,曲线斜率绝对值增大,混凝土残余抗压强度下降幅度增大,至 900 ℃后,其残余抗压强度降低幅度约 40%。聚丙烯纤维的熔点为 160 ℃,高温使其熔化,在混凝土内部形成许多细小孔道。这些小孔道可与混凝土内部应力裂缝贯通,促使裂缝发展,从而降低了混凝土强度。

3.3.2　高温后混凝土的弹性模量

高温后混凝土的弹性模量以 0.4 倍峰值应力处的割线模量确定。常温时,CF 的弹性模量略大于 C 的,PC 的最小。图 3-14 给出了普通混凝土试件 C50、钢纤维混凝土试件 CF50 和聚丙烯纤维混凝土试件 PC50 在升温速度为 50 ℃/min 的情况下经历不同温度自然冷却后的弹性模量 E_c^T 随最高经历加热温度的变化情况。图 3-15 为混凝土试件高温后弹性模量残余率(定义 $E_c^T/\bar{E}_c$ 为弹性模量残余率,其中 E_c^T 为高温后残余弹性模量,$\bar{E}_c$ 为室温下平均抗压强度)随最高经历加热温度的变化情况。

可以看到,随着经历温度的升高,C,CF,PC 的弹性模量都呈下降的趋势。与峰值应力相比,弹性模量对温度更敏感,经历高温后,下降迅速;500 ℃高温后,C,CF,PC 的弹性

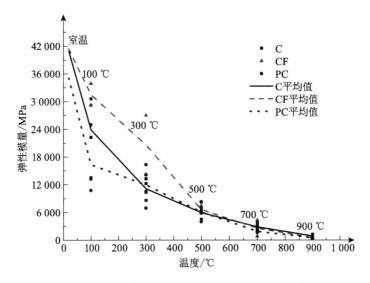

图 3-14 混凝土高温后弹性模量与最高经历温度的关系

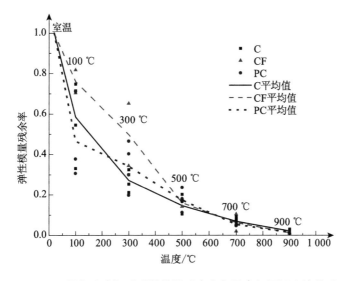

图 3-15 混凝土高温后弹性模量残余率与最高经历温度的关系

模量平均值都只有原来的 20% 左右;900 ℃ 高温后,均不到原来的 3%。

C,CF,PC 试件经历高温后弹性模量的变化规律可以 500 ℃ 为界采用下式描述:

$$
\begin{cases}
\text{CF 适用:} E_c^T / \bar{E}_c = a_1 + a_2 \cdot T & (0 \leqslant T \leqslant 500\ ℃) \\
\text{C,PC 适用:} E_c^T / \bar{E}_c = \dfrac{1}{1 + a_1 \cdot (T - 20)^{a_2}} & (0 \leqslant T \leqslant 500\ ℃) \\
E_c^T / \bar{E}_c = a_3 + a_4 \cdot T & (500\ ℃ < T \leqslant 900\ ℃)
\end{cases}
\tag{3-5}
$$

式中,参数 a_1, a_2, a_3, a_4 如表 3-2 所示,回归曲线如图 3-16 所示。

表 3-2　混凝土峰值应变回归公式参数

试件	a_1	a_2	a_3	a_4
C	5.07×10^{-3}	1.124 8	0.338 6	-3.71×10^{-4}
CF	0.987	-1.66×10^{-3}	0.338 6	-3.71×10^{-4}
PC	5.63×10^{-2}	0.671 2	0.338 6	-3.71×10^{-4}

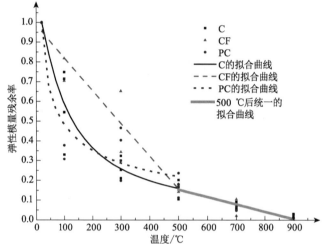

图 3-16　混凝土弹性模量残余率与最高经历温度关系的回归曲线

3.3.3　高温后混凝土受压应力-应变关系

混凝土应力-应变曲线的形状和特征是混凝土内部结构发生变化的力学标志。图 3-17 给出了在升温速度为 50 ℃/min 和自然冷却情况下,普通混凝土试件 C50 分别在经历 20 ℃,100 ℃,300 ℃,500 ℃,700 ℃ 和 900 ℃后的典型受压应力-应变曲线。可以看到,随着经历温度的升高,应力-应变曲线上升段斜率减小,曲线逐步趋于平缓,900 ℃后曲线已没有明显的上升下降段;峰值点随温度升高逐步向右下方移动,峰值应力减小,峰值应变增大,表明混凝土承载力下降,屈服前延性变形增大。

图 3-18 给出了在升温速度为 50 ℃/min 和自然冷却情况

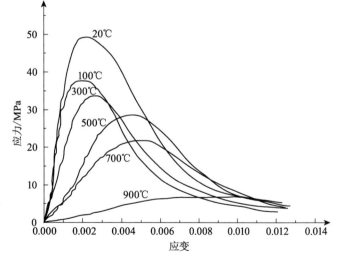

图 3-17　普通混凝土 C50 典型应力-应变曲线

下,普通混凝土试件 C50、钢纤维混凝土试件 CF50 和聚丙烯纤维混凝土试件 PC50 在经历 100 ℃,500 ℃ 和 900 ℃ 后典型应力-应变曲线比较分析图。可见,在经历温度较低 (100 ℃)的情况下,三种混凝土的应力-应变曲线差异较大,相比普通混凝土,钢纤维混凝土的峰值顶点最高,曲线斜率基本相同;聚丙烯纤维混凝土的峰值顶点与普通混凝土基本相同,但上升段曲线斜率减小。经历 500 ℃ 后,三种混凝土应力-应变曲线差异缩小,曲线顶点位置变化较大,聚丙烯纤维峰值顶点最低。经历 900 ℃ 后,三者曲线几乎一致,只是曲线斜率略有不同。

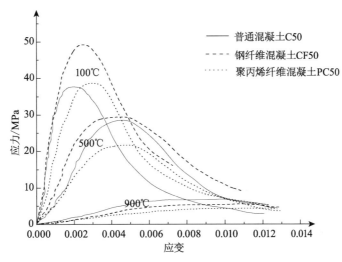

图 3-18 三种混凝土典型应力-应变曲线比较

基于试验结果,本章采用二段式分段函数描述 C50 混凝土的应力-应变关系;由于高温后标准曲线的下降段变短并趋于不明显,定义域取 [0,3]。采用非线性最小二乘法进行数据拟合,得到 C50 混凝土高温后应力-应变曲线,如式(3-6)所示:

$$\begin{cases} f^{\mathrm{T}} / f_{\mathrm{cu}}^{\mathrm{T}} = 1.14\,\varepsilon^{\mathrm{T}}/\varepsilon_{\mathrm{p}}^{\mathrm{T}} + 0.62\,(\varepsilon^{\mathrm{T}}/\varepsilon_{\mathrm{p}}^{\mathrm{T}})^2 - 0.76\,(\varepsilon^{\mathrm{T}}/\varepsilon_{\mathrm{p}}^{\mathrm{T}})^3 & (0 \leqslant \varepsilon^{\mathrm{T}}/\varepsilon_{\mathrm{p}}^{\mathrm{T}} \leqslant 1) \\ f^{\mathrm{T}} / f_{\mathrm{cu}}^{\mathrm{T}} = (\varepsilon^{\mathrm{T}}/\varepsilon_{\mathrm{p}}^{\mathrm{T}})\,\mathrm{e}^{\frac{1-(\varepsilon^{\mathrm{T}}/\varepsilon_{\mathrm{p}}^{\mathrm{T}})^{1.35}}{1.35}} & (1 \leqslant \varepsilon^{\mathrm{T}}/\varepsilon_{\mathrm{p}}^{\mathrm{T}} \leqslant 3) \end{cases}$$

$$(3-6)$$

式中 ε^{T}, f^{T}——经历温度 T 后混凝土的应变和应力;

$\varepsilon_{\mathrm{p}}^{\mathrm{T}}$, $f_{\mathrm{cu}}^{\mathrm{T}}$——经历温度 T 后混凝土的峰值应变和峰值应力。

忽略高温时和经历高温后的概念,图 3-19 给出了本章所提出的 C50 混凝土经历高温后应力-应变曲线方程与国内其他类似研究成果的比较分析结果。横坐标为相对应变 $x = \varepsilon^{\mathrm{T}}/\varepsilon_{\mathrm{p}}^{\mathrm{T}}$;纵坐标为相对应力 $y = f^{\mathrm{T}}/f_{\mathrm{cu}}^{\mathrm{T}}$。可以看到,不同曲线在上升段较接近,而在下降段差异明显,下降段曲线斜率随强度升高呈负增长的规律。

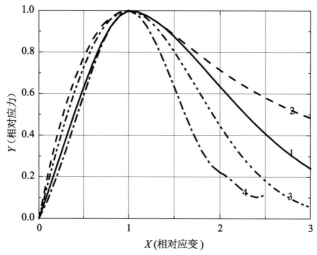

1—本书 C50 高温后；2—过镇海等（2003）普通混凝土高温时；

3—胡海涛等（2002）C60，C80 高温时；4—吴波等（2000）C70，C85 高温后

图 3-19　不同应力-应变曲线方程比较

3.3.4　高温后混凝土的峰值压应变

在受压应力-应变关系图上，峰值应力处对应的应变被称为峰值压应变。峰值压应变反映了混凝土受压时，在达到峰值应力前的塑性变形能力。图 3-20 给出了普通混凝土试件 C50、钢纤维混凝土试件 CF50 和聚丙烯纤维混凝土试件 PC50 在升温速度为 $50\,^{\circ}\text{C}/\text{min}$ 的情况下经历不同温度自然冷却后的峰值应变 ε_{p}^{T} 随最高经历温度的变化情况。图 3-21 所示为混凝土试件高温后峰值应变 ε_{p}^{T} 与室温下平均峰值应变 $\overline{\varepsilon}_{p}$ 之比 $\dfrac{\varepsilon_{p}^{T}}{\overline{\varepsilon}_{p}}$ 随加热温度的变化情况。定义 $\dfrac{\varepsilon_{p}^{T}}{\overline{\varepsilon}_{p}}$ 为峰值应变变化率。可以看出：

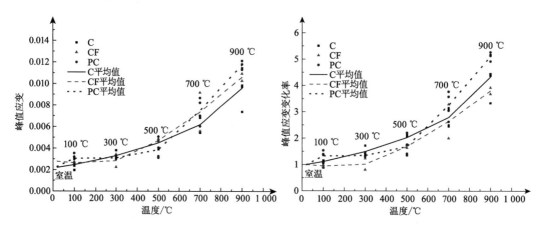

图 3-20　混凝土经历高温后峰值应变与最高经历温度的关系

图 3-21　混凝土经历高温后峰值应变变化率与最高经历温度的关系

（1）室温时，CF，PC，C 试件的峰值应变依次降低，说明钢纤维和聚丙烯纤维的添加，增加了混凝土的延性，有更好的变形能力。随着温度的升高，C，CF，PC 试件的峰值应变都呈增大的趋势。300 ℃以前增大幅度较慢，其中对于 CF 与 PC 试件，100 ℃与 300 ℃时的峰值应变几乎相同，而 C 试件的峰值应变上升了 34%；从 300 ℃开始增大速度加快，PC 试件的增大速度最快，其次是 CF 试件的。高于 500 ℃时，CF，PC 试件的峰值应变的平均值大于 C 试件的。聚丙烯纤维在 590 ℃时燃烧，随后 PC 试件中留下许多空洞，这大大增强了 PC 试件的变形能力，所以在 600 ℃后，PC 试件的峰值应变和峰值应变变化率都是最大的。

（2）从峰值应变变化率来看，经历不同高温后，CF 试件的平均值都是最小的，这说明 CF 试件经受高温后，峰值应变的变化幅度是最小的，说明了钢纤维的增韧和限制变形的作用。

（3）C，CF，PC 三者经历高温后峰值应变的变化规律可以 300 ℃为界用分段的回归曲线进行描述：

$$\begin{cases} \varepsilon_p^T / \bar{\varepsilon}_p = a_1 + a_2 \cdot T & 0 \leqslant T \leqslant 300\ ℃ \\ \varepsilon_p^T / \bar{\varepsilon}_p = a_3 + a_4 \cdot T + a_5 \cdot T^2 & 300\ ℃ < T \leqslant 900\ ℃ \end{cases} \quad (3-7)$$

式中，参数 a_1，a_2，a_3，a_4，a_5 如表 3-3 所示，回归曲线如图 3-22 所示。

表 3-3　混凝土峰值应变回归公式参数

试件	a_1	a_2	a_3	a_4	a_5
C	0.952	1.80×10^{-3}	1.833	-2.92×10^{-3}	6.29×10^{-6}
CF	0.972	1.29×10^{-4}	0.445	9.93×10^{-3}	3.05×10^{-6}
PC	1.062	1.11×10^{-3}	1.902	-4.88×10^{-3}	9.46×10^{-6}

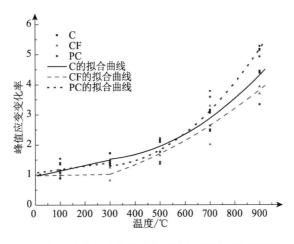

图 3-22　混凝土峰值应变变化率与最高经历温度关系的回归曲线

3.3.5 高温后混凝土的超声波速

超声波速越大,混凝土内部越致密,完整性越好。高温时,混凝土内部的结构状况、材料性能与其所受的温度有着相对稳定的对应关系,因此,超声波速能间接反映混凝土受热温度的变化。由于混凝土经历火灾高温后,其中的裂缝分布错综复杂,混凝土成分也发生了很大变化,要想通过超声波来精确检测出受火后混凝土内部的损坏并不现实,但是将超声波检测作为对其受损程度的评价手段,还是可行的。图3-23、图 3-24 及图 3-25 为三种混凝土试件中超声波速随温度的变化关系图。

可以看到,在各个温度阶段,超声波速下降的急缓程度各不相同,三种混凝土中的大致规律却是一致的,表现为缓→急→缓的过程。300 ℃之前的混凝土中所发生的变化,对混凝土内部的破坏相对较为平缓;300~700 ℃所发生的变化则更加剧烈,所产生的破坏更严重;700 ℃之后,温度的升高对混凝土内部的裂缝、材料性质再难产生显著的影响,其内部的变化难以通过超声波速的物理现象来反映,因此这个温度阶段,超声波速对温度的反应不敏感。

图 3-26 给出了普通混凝土试件 C50、钢纤维混凝土试件 CF50 和聚丙烯纤维混凝土试件 PC50 高温

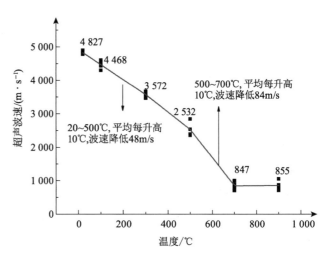

图 3-23 普通混凝土超声波速与温度的关系

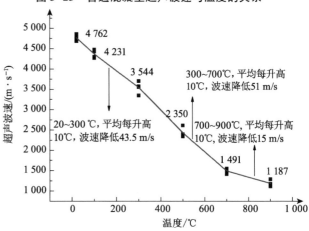

图 3-24 钢纤维混凝土超声波速与温度的关系

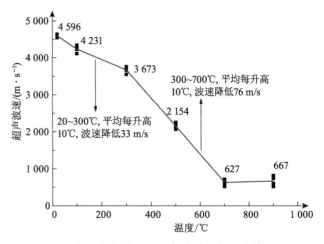

图 3-25 聚丙烯纤维混凝土超声波速与温度的关系

后超声波速比较图。如图 3-27 所示为三种混凝土经历不同加热温度后超声波速变化率
$V(T)/V(20\ ℃)$［不同加热温度后超声波速 $V(T)$ 与室温下超声波速 $V(20\ ℃)$ 之比］。

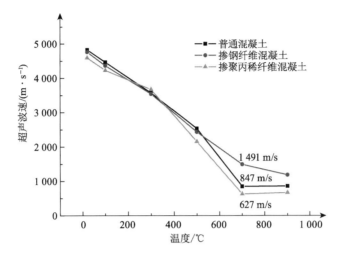

图 3-26　三种混凝土高温超声波速与经历温度的关系比较

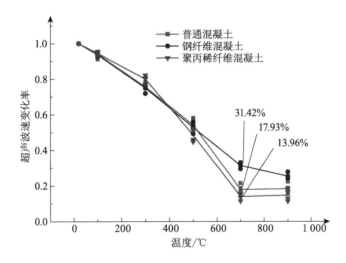

图 3-27　三种混凝土高温后超声波速变化率与经历温度的关系

考虑到三种试件的材料各自不同,因此除了比较超声波的绝对速度,还可以从超声波
速下降的速度来分析。在 300 ℃之前三种试件的超声波速相近,而加入聚丙烯纤维的混
凝土波速下降最慢:每升高 10 ℃,波速下降 33 m/s;而当温度继续升高时,超声波速度下
降,速度又恢复到一个较高的水平:每升高 10 ℃,波速下降 76 m/s。图 3-27 中所反映的
高温下的超声波速与常温下的超声波速比值也能反映出这一点。这说明了聚丙烯纤维的
存在使混凝土在 300 ℃之前的破坏减缓了,但是当聚丙烯纤维熔化后($T>300\ ℃$),留下
的大量微孔隙导致了超声波速更低。

对比结果显示：当温度在 500 ℃以下时，钢纤维试件中的超声波速与其他试件相差不大，但是，随着温度继续升高，钢纤维试件的超声波速明显要高于其他两种试件。图 3-26 显示：在温度为 700 ℃时，掺入钢纤维的混凝土的超声波速是掺入聚丙烯纤维混凝土的两倍多，比普通混凝土高出近 75%。从图 3-27 中的超声波速变化率来看，钢纤维混凝土中的超声波速损失率也远远低于其他两种（68.58%：82.07%：86.04%）。

经过对试验数据的分析，并考虑工程使用的方便，采用线性回归方程来描述受火温度与超声波速的关系，如图 3-28—图 3-30 所示。

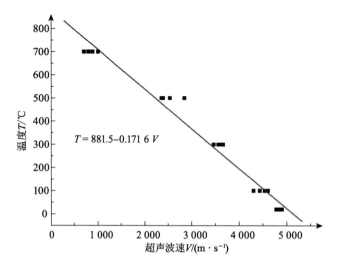

图 3-28　普通混凝土高温后温度与超声波速关系回归曲线及方程

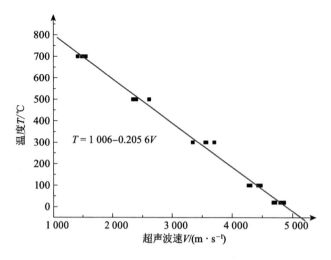

图 3-29　钢纤维混凝土高温后温度与超声波速关系回归曲线及方程

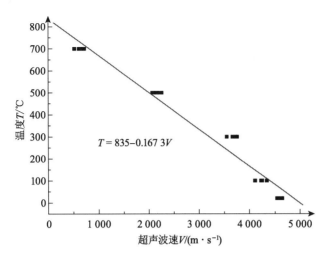

图 3-30　聚丙烯纤维混凝土高温后温度与超声波速关系回归曲线及方程

3.3.6　高温后混凝土的回弹值

图 3-31—图 3-33 给出了普通混凝土试件 C50、钢纤维混凝土试件 CF50 和聚丙烯纤维混凝土试件 PC50 在升温速度为 50 ℃/min 的情况下经历不同温度自然冷却后的回弹值的变化情况。

可以看出,三种混凝土高温后所测得的回弹值均随经历温度的升高而单调下降。可以将温度区间分为三个特征区间:20～100 ℃、100～500 ℃和 500～900 ℃,其表现出的下降特征对应三个特征区间分别为:急→缓→急。在经历温度为 20～100 ℃和 500～900 ℃后混凝土回弹值下降的速度比经历温度为 100～500 ℃回弹值下降的速度要快。

图 3-34 给出了这三种混凝土高温后回弹值与经历温度的关系比较图,从图中可以看出,三种混凝土高温后回弹值与温度的关系变化趋

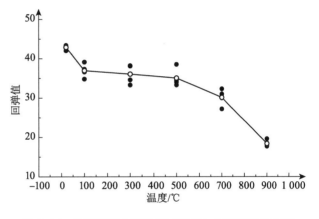

图 3-31　普通混凝土高温后回弹值与经历温度的关系

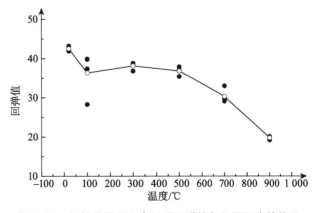

图 3-32　钢纤维混凝土高温后回弹值与经历温度的关系

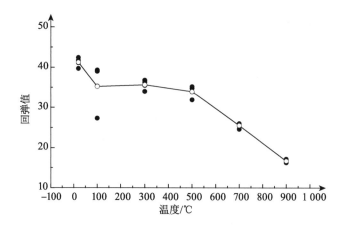

图 3-33 聚丙烯纤维混凝土高温后回弹值与经历温度的关系

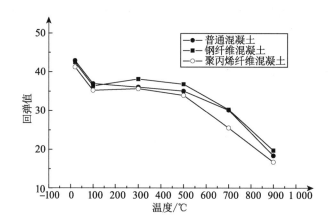

图 3-34 三种混凝土高温后回弹值与经历温度的关系比较

势几乎一致,但也有一定的差异性。20～100 ℃,三者下降幅度相差不大,聚丙烯纤维混凝土回弹值最低;100～500 ℃,三种混凝土经历高温后回弹值下降幅度趋于平缓,聚丙烯纤维混凝土回弹值仍然最低,普通混凝土与钢纤维混凝土的回弹值开始表现出差异,钢纤维混凝土的回弹值较高;500～900 ℃,回弹值均急速下降,至 900 ℃,回弹值在 16～19。

3.3.7 高温后混凝土的抗渗性能

为了分析评估火灾高温对混凝土抗渗性能的影响,本章采用相对渗透系数 S_k 来描述高温前后混凝土孔隙的发育程度:

$$S_k = \frac{m H_m^2}{2 t_p H_W} \tag{3-8}$$

式中　S_k——相对渗透系数,cm/h;

　　　H_m——平均渗水高度,cm;

H_w——水压力,以水柱高度表示,

cm;

t_p——恒压经过的时间,h;

m——混凝土的吸水率。

试验中,水压力为 0.8 MPa,恒压时间为 24 h。图 3-35 给出了混凝土经历温度 $T_{fmax} \leqslant 300\ ℃$ 时,普通混凝土、钢纤维混凝土及掺聚丙烯纤维混凝土相对渗透系数的变化。表 3-4 给出了经历温度 $T_{fmax} > 300\ ℃$ 时,三种混凝土试件端面渗水的时间及渗水时的水压力。

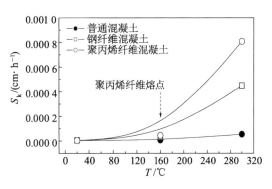

图 3-35 经历高温后三种混凝土相对渗透系数的变化($T_{fmax} \leqslant 300\ ℃$)

表 3-4 三种混凝土试件端面渗水的时间及渗水时的水压力($T_{fmax} > 300\ ℃$)

温度/℃	普通混凝土		钢纤维混凝土		聚丙烯纤维混凝土	
	渗水时间/min	渗水时压力/MPa	渗水时间/min	渗水时压力/MPa	渗水时间/min	渗水时压力/MPa
500	11	0.7	10	0.7	9	0.3
	6	0.5	8	0.25	25	0.2
700	7	0.15	5	0.15	5	0.15
	9	0.35	19	0.3	12	0.2
900	7	0.05	8	0.05	7	0.05
	12	0.2	10	0.1	8	0.15

可以看到,随着经历温度的升高,三种混凝土的抗渗性能显著下降。同时,对比三种混凝土可以发现,经历不同高温后,普通混凝土的相对渗透系数最小,钢纤维混凝土其次,而聚丙烯纤维混凝土的相对渗透系数最高。这表明,钢纤维的掺入虽然可以提高混凝土的强度并增加韧性,但是会削弱混凝土高温后的耐久性能。而对于聚丙烯纤维,尽管可以有效减轻甚至消除混凝土的高温爆裂现象,但是正是由于其抗爆裂的机理(聚丙烯纤维在 160 ℃熔融,在混凝土中形成大量连通的微小孔隙),导致了其相对渗透系数增大,抗渗性能急剧下降。

同时,如表 3-4 所示,当经历温度大于 300 ℃后,三种混凝土在水压升高到 0.8 MPa 之前已发生端面渗水,渗水的时间一般在加压后的 5~25 min,且与常温不同,高温时端面的渗水表现为多处渗水,且渗水速度偏大,这表明经历高温后混凝土内部的裂缝、孔隙已经非常发育。

混凝土高温后抗渗耐久性的降低对于隧道衬砌结构的影响非常大,因为衬砌结构处于岩土体中,在漫长的寿命期中要承受持续的水、土压力。特别是对于处在地下水丰富且水压较高地层中的隧道,保证衬砌结构的长期耐久性是一个关键问题,这也表明应将耐久性作为评价隧道衬砌结构耐火性能的一个重要方面。

3.4 火灾高温后混凝土-纤维界面的力学特性

采用试验的方法研究了高温后纤维-基体界面的残余黏结性能。试验中,考虑了高温、水灰比、骨料和变形纤维对纤维-基体界面残余性能的影响,并结合热弹性力学理论和摩擦滑轮模型分析残余黏结强度随温度变化的本质因素。

3.4.1 试验材料与制备过程

1. 试验材料

(1) 钢纤维(ST 纤维)。试验采用直型和端钩型两种纤维来讨论端钩端对残余拉拔行为的影响。端钩型纤维的几何参数如图 3-36 所示。纤维的长度为 62 mm,直径为 0.75 mm。本试验中将端钩型纤维的端钩端剪去,即得到所需的直型纤维,如图 3-36 所示。ST 纤维的极限拉伸强度和杨氏模量分别为 1 248 MPa 和 210 GPa。

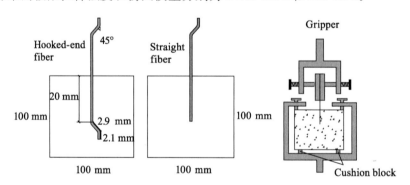

图 3-36　测试试件尺寸和夹具示意

(2) 水泥。采用上海海螺水泥厂生产的普通硅酸盐水泥,标号 42.5,水泥参数详见表 3-5。

(3) 集料。粗骨料选用最大粒径 $G_{max}=20$ mm 的石灰岩碎石,细骨料为本地河砂、中砂。

(4) 水。采用材料实验室标准用水。

(5) 减水剂。采用上海软和化工原料厂生产的 QS-8020 聚羧酸高性能减水剂,堆积密度 0.85 g/mL,活性成分含量≥90%,残余水分≤3%,pH 值(10%水溶液)为 8.0,实测减水率 31%。

加入减水剂后,水灰比 0.3 的混凝土基体坍落度才能和水灰比 0.4 与 0.5 的基体坍落度处于较为一致的水平,这样才能减弱成型时基体工作性能的差异所导致的力学性能和界面区结构性能的影响。

表 3-5 水泥参数

项目		国家标准				
		要求	52.5R	52.5	42.5R	42.5
氧化镁/%		≤	5.0	5.0	5.0	5.0
三氧化硫/%		≤	3.5	3.5	3.5	3.5
烧失量/%		≤	5.0	5.0	5.0	5.0
氯离子/%		≤	0.06	0.06	0.06	0.06
细度(0.08mm)/%		≥	10.0	10.0	10.0	10.0
安定性		必须合格				
凝结时间/min	初凝	≥	45	45	45	45
	终凝	≤	600	600	600	600
抗折强度/MPa	3 天	≥	5.0	4.0	4.0	3.5
	28 天	≥	7.0	7.0	6.5	6.5
抗压强度/MPa	3 天	≥	26.0	22.0	21.0	16.0
	28 天	≥	52.5	52.5	42.5	42.5

2. 基体配合比设计

试验设计了 9 组基体,包含了水泥浆体、砂浆和混凝土类型,每种类型包含三种水灰比($w/c=0.3,0.4$ 和 0.5)。表 3-6 中列出了每种基体配合比。试验采用波特兰水泥(P.O.42.5)作为黏结相。粗骨料采用小于 5 mm 的碎石,细砂颗粒的尺寸在 $100\sim600~\mu m$。对于砂浆基体而言,砂-灰比为 2.3(质量比);混凝土基体的砂-灰比与砂浆一样,而碎石-灰比为 2.5。为了保证低水灰比的混凝土或砂浆的流动性,试验中采用聚羧酸系高效减水剂(密度为 1.06 g/cm³),掺量如表 3-6 所示。

表 3-6 基体配合比和压缩强度

基体	水泥	砂	骨料	水	减水剂	压缩强度/MPa
C03	1	—	—	0.3	—	37/5.6①
C04	1	—	—	0.4	—	33/4
C05	1	—	—	0.5	—	30/4.2
M03	1	2.3	—	0.3	0.7%	52/2.8
M04	1	2.3	—	0.4	0.5%	38/1.7
M05	1	2.3	—	0.5	—	29/2.1
H03	1	2.3	2.5	0.3	1%	68/6.9
H04	1	2.3	2.5	0.4	0.5%	53/7.2
H05	1	2.3	2.5	0.5	—	41/8.3

注:①A/B 中 A 为平均压缩强度,B 为标准差。

3. 试件制作

试验中采用一端拔出的方法。该方法有三个主要的优势：①失效机制与裂纹张开所引起的失效类似；②试件容易被制作；③可以直观观察到纤维被拔出的过程，且便于控制。对于直型纤维拉拔测试试件，纤维的埋入长度为 20 mm，每个试件中插入 3 根纤维（多根纤维同时拉拔）。由于端钩型纤维的拉拔力较大，在拔出过程可能会发生纤维断裂，使得在拔出过程中多根纤维不能同时受力，会导致界面黏结性能不能被精确评估。故在端钩型纤维拉拔测试中采用单根纤维拉拔的方式。端钩型纤维的埋入长度为 25 mm，包括 5 mm 端钩和 20 mm 直线段。试验中，基体试件的尺寸为 100 mm×100 mm×100 mm 的立方体，钢模浇筑。在浇筑之前，首先在每个钢模表面涂抹脱模剂。浇筑后，沿中线依次插入纤维，并手工振捣密实。但是，由于混凝土中含有粗骨料，使得完全浇筑后插入纤维的方法行不通。为克服这个困难，采用分层浇筑的方法：首先浇筑大约一半高度，振捣密实，从预留孔插入纤维；然后浇筑另一半，最后手工振捣密实。在完成浇筑后，所有试件用塑料薄膜密封，以防止水分蒸发。浇筑两天后，拆模，并将试件装入塑料袋里密封，移入 25 ℃±2 ℃ 的养护室里养护 28 d。同时，对于每组基体类型，另外浇筑 3 块，用来测试压缩强度。拉拔测试试件每组浇筑 3 块试件，一共有 189×3 块。

4. 测试设备与过程

在龄期为 50～55 d 时，水泥水化基本完成，将试块放入电炉中加热至目标温度。如前所述，一共有 9 种基体类型，每种类型有 7 组试块。选择其中 1 组试块不加热，作为参考。其他 6 组试块则分别加热至 100 ℃，200 ℃，300 ℃，400 ℃，500 ℃ 和 600 ℃。加热速度为 5 ℃/min。当加热到目标温度时，恒温维持 120 min，然后自然冷却至室温，约为 20 ℃。图 3-37 给出了实测的温度时间历程曲线。

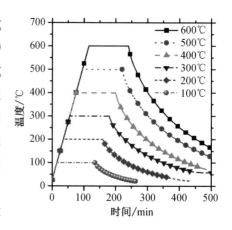

图 3-37　试验中温度时间历程曲线

在冷却后，所有试件在 1 周之内完成测试。设计如图 3-36 所示（图中右边部分）的夹具，以便于操作；此外，在加载过程中同步采集力和变形的数据。由于加载速度高会导致所得的拉拔力和耗散能比较高，本试验采用位移控制加载，加载速度在位移达到 5 mm 以前为 0.4 mm/min，位移大于 5 mm 后，则加载速度为 5 mm/min。在每一组测试完成后，将试块从试验机上移除。拔出的纤维放入密封袋，随后将拔出的纤维镀金，利用扫描电镜（SEM）观察纤维表面的形貌。由于拉拔测试周期较长，本试验采用分阶段测试，分为直线型纤维拉拔、端钩型纤维拉拔和压缩强度测试。每一阶段中，每组工况只测试一组试件，即每个阶段要连续做三次；同时，试块浇筑与每一阶段测试匹配，以保证每个测试试块的龄期几乎相同。

3.4.2　试验结果与讨论

3.4.2.1　高温对基体的影响

1. 基体开裂

图 3-38 给出了水泥浆体(水灰比 $w/c=0.3$ 和 0.5)表面可见裂纹的分布图。由图可知,在 200 ℃时,试件表面出现了细小的裂纹,在 600 ℃时,试件表面则出现了更多可见的裂纹。与 CH03 试件相比[图 3-38(b)],在 600 ℃时,试件 CH05[图 3-38(f)]则有较少的裂纹。与水泥浆体相比,混凝土和砂浆试件表面并无可见裂纹出现。这主要是因为一方

(a) CH03 200 ℃ 　　　　　　　　　　 (b) CH03 600 ℃

(c) CH04 200 ℃ 　　　　　　　　　　 (d) CH04 600 ℃

(e) CH05 200 ℃ 　　　　　　　　　　 (f) CH05 600 ℃

图 3-38　水泥浆体高温后的表面裂纹分布情况

面,水泥浆体由于失水而导致产生的热收缩会使试件发生收缩开裂;另一方面,骨料和砂会限制水泥浆体的收缩,使得混凝土和砂浆在宏观上表现为热膨胀。因此,在混凝土或砂浆的表面不会出现由于热收缩而产生的裂纹。值得注意的是,试件 H03 在试验过程中在 500 ℃和 600 ℃时发生了爆裂,如图 3-39 所示。H03 爆裂的发生主要是由于蒸汽压和热应力的联合作用引起(Ma 等,2015;Xiao,Xie,2018)。与水泥浆体相比,H03 具有密实的结构,不利于水分的蒸发溢出;而水泥浆体的热致裂纹可以帮助释放蒸汽压,这降低了水泥浆体发生爆裂的可能;此外,在 H03 中存在骨料与基体的热不兼容应力。与砂浆相比,H03 含有较高的骨料,加剧了热不兼容应力,增大了发生爆裂的概率。

图 3-39　混凝土爆裂

2. 平均残余压缩强度

常温下,9 组试件的平均压缩强度在表 3-6 中列出。由表可知,C03,M03 和 H03 的压缩强度分别为 37 MPa,52 MPa 和 68 MPa。随着水灰比的升高,材料内部的孔隙率升高,压缩强度呈现出减小的趋势(Chan 等,2000)。

本节利用归一化的压缩强度[残余压缩强度除以常温(20 ℃)下的压缩强度]来表征材料的残余强度随温度的变化。图 3-40 给出了残余压缩强度随温度变化的曲线图。由图可知,残余的压缩强度在初始阶段有增强的趋势(100 ℃或 200 ℃或 300 ℃);随后,逐渐降低。残余压缩强度的增强主要是由于未水化水泥高温再水化(Ma 等,2015;Xiao 和König,2004;Xiao 等,2018)。在 600 ℃时,C03,C04 和 C05 的残余压缩强度分别只有常温下压缩强度的 71%,73% 和 50%;而 M03,M04 和 M05 压缩强度则降低了 40%,25% 和 23%;此外,H04 和 H05 的压缩强度大约都降低了 26%。

3.4.2.2　ST 纤维拉伸强度退化

ST 纤维的拉伸强度对于发挥纤维桥联效应有至关重要的作用,决定着纤维拉拔峰值应

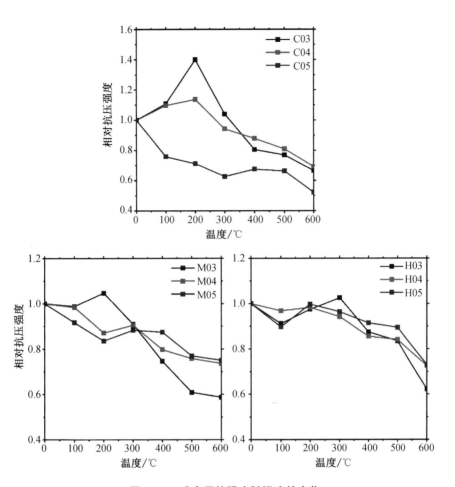

图 3-40 残余压缩强度随温度的变化

力。试验中,ST 纤维与试块一起在电炉中加热至目标温度。随后,采用单轴拉伸测试来获得 ST 纤维的残余拉伸强度。ST 纤维的残余拉伸强度随温度的变化曲线如图 3-41 所示。由图可知,高温会对纤维的拉伸强度产生不利影响。当温度在 20~400 ℃时,ST 纤维的残余拉伸强度变化不大,在 400 ℃时,仅仅只有 5% 的退化。但是,超过 400 ℃时,ST 纤维的残余拉伸强度有明显的降低。当温度达到 600 ℃时,ST 纤维的残余拉伸强度只有常温下的 60%。相似的试验结果也在 Abdallah 等 (2017a)和 Ruano 等(2018)的试验中发现。

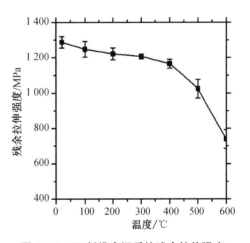

图 3-41 ST 纤维高温后的残余拉伸强度

在温度为 400 ℃及以上时,所有埋入基体中的纤维表面变为黑色。纤维颜色的变化主要是由于纤维表面的氧化(Tai 等,2011)。

3.4.2.3 高温后纤维-基体的残余黏结性能

本节主要分析试验测得的纤维拉拔数据来识别高温对以下内容的影响：①拉拔行为特征；②直型纤维的黏结强度；③端钩型纤维的黏结强度；④端钩型对总的拉拔贡献。更重要的是讨论了水灰比、基体类型和强度、热变形、纤维和基体的退化和非变直端钩的影响。表3-7、表3-8和表3-9分别总结了埋入水泥浆体、砂浆和混凝土纤维的黏结性能。

1. 拉拔行为特征

高温后直线型纤维的拉拔曲线与图3-42所示的曲线相似。由图可知，在达到最大拉拔力(峰值)后，拉拔力开始明显下降；然后拉拔力随拔出位移呈现近似线性降低。峰前阶段，纤维与基体的化学胶结力和摩擦力共同抵抗拉拔荷载。峰后初始阶段的快速下降主要是由于纤维与基体摩擦研磨导致失配的降低(Geng和Leung,1994)。而纤维与基体的失配是纤维-基体摩擦力的主要来源。如表3-7所示，插入水泥浆体的直型纤维的峰值拉拔力在温度高于200 ℃时在一定程度上有所提高。但是，对于插入在砂浆(表3-8)和混凝土(表3-9)的直型纤维而言，峰值拉拔力在300 ℃以上时有明显的降低。

端钩型纤维的代表性拉拔曲线如图3-43所示。由图可知，与直型纤维相比，端钩型纤维的拉拔曲线呈现明显的不同。首先，除了纤维发生断裂外，端钩型纤维的拉拔曲线无快速下降段；而且，通常拉拔曲线的下降段会在拔出位移4~6 mm时有第二峰值点。但是，随着温度的升高和水灰比的增大，这些特征变得不再显著。该现象主要是由于纤维周围界面太弱无法使端钩段变直。值得注意的是在高温时，伴随着纤维的强度降低，纤维断裂会出现。

基于表3-7、表3-8和表3-9中的总结，可知端钩型纤维的峰值拉拔力 P_{peak} 明显大于直型纤维的拉拔力。对于插入在水泥浆体中的纤维，端钩型纤维的峰值拉拔力 P_{peak} 在20~300 ℃几乎是对应直型纤维的2倍。当温度高于200 ℃时，随温度升高，直型纤维和端钩型纤维的峰值拉拔力的差别变小。对于插入混凝土和砂浆基体中的纤维，二者之间的差距越来越大。例如，常温下，插入H04基体中端钩型纤维的峰值拉拔力 P_{peak} 为381 N，几乎是直型纤维的4倍；在600 ℃时，端钩型纤维的峰值拉拔力降至328 N，几乎是直型纤维的8倍。另一方面，尽管端钩型纤维的峰值拉拔力 P_{peak} 在20~400 ℃经历了复杂的变化，但是在400 ℃以上时，可以观察到持续降低。

2. 直型纤维的平均残余黏结强度

对于直型纤维，常采用平均黏结强度来定量描述纤维-基体的黏结性能。一般而言，当峰值拉拔力已知时，平均黏结强度可以由式(3-9)确定(Abdallah等,2017b;Chun和Yoo,2019)：

$$\tau_{av} = \frac{P_{peak}}{\pi d_f L_e} \tag{3-9}$$

式中　L_e——纤维的埋入长度；

　　　d_f——纤维的直径。

表 3-7　埋入水泥基体的 ST 纤维的测试结果

基体	性质参数	20 ℃	100 ℃	200 ℃	300 ℃	400 ℃	500 ℃	600 ℃
C03	P_{peak} /N	151/276① (16.5/7.5)②	124/302 (5.5/5.5)	130/257 (3.5/)	172/361 (30.5/5)	168/313 (5.5/62)	169/225 (19/3)	187/—③ (11.5/—)
	S_{peak} /mm	0.41/0.83 (0.07/0.01)	0.24/1.47 (0.15/0.04)	0.095/1.9 (0.015/0.6)	0.42/1.2 (0.015/0.41)	0.31/1.55 (0.03/0.05)	0.28/1.42 (0.02/0.26)	0.4/— (0.19/—)
	τ_{av} /MPa	3.6 (0.06)	3.1 (0.02)	3.1 (0.01)	4.3 (0.0)	4.2 (0.02)	4 (0.07)	4 (0.04)
	τ_{eq} /MPa	1.9/2.24 (0.41/0.004)	1.6/2.73 (0.33/0.22)	2.1/2.08 (0.08/0.04)	1.7/3.55 (0.14/0.02)	2.1/3.51 (0.15/0.7)	3.3/3.06 (0.92/1.0)	2.8/— (0.23/—)
C04	P_{peak} /N	141/229 (17.5/3)	105/241 (7/49)	107/243 (19/20)	155/217 (4.5/48)	140/321 (39/16)	168/301 (24.5/17)	166/273 (19.5/41)
	S_{peak} /mm	0.15/1.56 (0.09/0.12)	0.11/1.48 (0.01/0.4)	0.15/2.12 (0.09/0.1)	0.69/1.48 (0.52/0.6)	0.61/2.54 (0.2/0.04)	0.48/2.74 (0.22/0.25)	0.35/1.47 (0.11/0.4)
	τ_{av} /MPa	3.5 (0.08)	2.6 (0.03)	2.8 (0.09)	3.6 (0.02)	3.3 (0.15)	3.5 (0.07)	3.5 (0.06)
	τ_{eq} /MPa	1.4/2.16 (0.03/0.5)	1.6/2.70 (0.14/0.2)	2.0/2.72 (0.03/0.4)	2.5/2.24 (0.48/0.15)	2.0/4.17 (0.19/0.1)	2.1/3.01 (0.41/0.11)	2.5/2.6 (0.32/0.06)
C05	P_{peak} /N	116/208 (5.5/23)	88/232 (9/38)	76/224 (6.5/64)	91/257 (25.5/10)	135/236 (36/20)	119/225 (24.5/22)	76/224 (19.5/12)
	S_{peak} /mm	0.12/2.34 (0.01/0.09)	0.065/2.61 (0.01/0.69)	0.15/3.13 (0.08/0.16)	0.17/3.59 (0.08/0.23)	0.61/2.05 (0.2/0.81)	0.34/2.1 (0.08/0.08)	0.46/2.2 (0.02/0.01)
	τ_{av} /MPa	2.7 (0.02)	2.1 (0.06)	1.7 (0.03)	2.3 (0.12)	3.1 (0.14)	2.6 (0.09)	2.3 (0.06)
	τ_{eq} /MPa	0.5/2.03 (0/0.04)	0.7/2.15 (0.14/0.7)	0.5/2.23 (0.03/0.47)	1.2/2.44 (0.48/0.19)	1.2/2.51 (0.19/0.36)	1.0/2.65 (0.41/0.67)	1.1/2.31 (0.32/0.34)

注：① A/B 表示中，A 代表直型纤维的平均值，B 代表端钩型纤维的值。
② C/D 表示中，C 代表直型纤维的标准差，D 代表端钩型纤维的标准差。
③ "—"表示纤维断裂或试件爆裂。
以上表达在表 3-8 和表 3-9 中也适用。

表3-8 埋入砂浆基体中的ST纤维的测试结果

基体	性质参数	20 ℃	100 ℃	200 ℃	300 ℃	400 ℃	500 ℃	600 ℃
M03	P_{peak}/N	104/338 (5/15)	96/310 (6.8/40)	105/352 (3.5/14)	96/321 (8/0)	56/276 (6/14)	65/281 (7/5)	49/240 (6.9/0)
	S_{peak}/mm	0.87/1.91 (0.05/0.19)	0.15/2.09 (0.03/0.8)	0.36/1.45 (0.12/0.07)	1.0/3.02 (0.17/0)	0.06/1.27 (0.01/0.5)	0.37/1.15 (0.05/0.3)	0.12/1.42 (0.07/0)
	τ_{av}/MPa	2.2 (0.16)	2 (0.32)	2.2 (0.22)	2 (0.05)	1.3 (0.04)	1.4 (0.01)	1 (0.12)
	τ_{eq}/MPa	1.1/2.76 (0.03/0.52)	0.9/2.24 (0.19/0.26)	0.9/2.74 (0.09/0.03)	1.6/2.45 (0.42/0)	0.7/2.79 (0.02/0.8)	0.9/3.1 (0.06/0.01)	0.8/2.86 (0.04/0)
M04	P_{peak}/N	80/284 (0/3)	66/250 (5.5/11)	61/212 (1.5/12)	75/242 (13.5/22)	55/180 (3/11)	43/166 (0/6)	49/164 (11/12)
	S_{peak}/mm	0.25/2.57 (0/0.51)	0.09/3.35 (0.01/0.38)	0.14/2.52 (0.06/0.24)	0.22/2.66 (0.04/0.34)	0.23/1.88 (0.12/0.78)	0.43/1.27 (0.05/0.34)	0.3/2.39 (0.1/00.57)
	τ_{av}/MPa	1.7 (0)	1.5 (0.02)	1.5 (0.01)	1.9 (0.06)	1.2 (0.01)	0.9 (0)	1 (0.04)
	τ_{eq}/MPa	1.1/2.65 (0.03/0.43)	0.96/2.61 (0.40/0.9)	1.4/2.17 (0.22/0.5)	0.9/2.21 (0.04/0.42)	0.9/2.02 (0.06/0.07)	0.6/1.89 (0/0.3)	0.6/1.89 (0.02/0.02)
M05	P_{peak}/N	66/230 (13/28)	59/202 (16.5/34)	63/195 (5/12)	45/223 (1/32)	38.7/231 (2.3/10)	29/186 (0/13)	33/145 (4.5/0)
	S_{peak}/mm	0.1/1.96 (0.08/0.07)	0.34/1.98 (0.2/0.19)	1.14/1.0 (0.85/0.2)	0.27/0.83 (0.16/0.32)	1.11/1.74 (0.48/0.8)	0.22/1.49 (0.1/0.11)	0.57/1.49 (0.22/0)
	τ_{av}/MPa	1.5 (0.05)	1.3 (0.06)	1.5 (0.02)	1.1 (0.004)	1.1 (0.01)	0.75 (0.0)	0.75 (0.02)
	τ_{eq}/MPa	1.0/1.77 (0.28/0.3)	0.8/2.06 (0.14/0.5)	1.3/2.09 (0.06/0.3)	1.1/2.38 (0.12/0.6)	1.1/1.59 (0.04/0.5)	0.7/1.49 (0.10/)	0.6/2.27 (0.06/0)

表 3-9 埋入混凝土基体中纤维的测试结果

基体	性质参数	20 ℃	100 ℃	200 ℃	300 ℃	400 ℃	500 ℃	600 ℃
H03	P_{peak}/N	104/360 (6.5/13)	72/332 (13.5/40)	48/352 (4/14)	31/300 (0/2)	34/393 (6/14.5)	29/321 (2/0)	—/167 (—/15)
	S_{peak}/mm	0.54/1.36 (0.03/0.12)	0.33/2.75 (0.23/1.5)	0.16/0.9 (0.12/0.01)	0.08/2.49 (0/0.45)	0.08/1.55 (0.04/0.54)	0.16/0.64 (0.2/0)	—/2.45 (—/0)
	τ_{av}/MPa	2.3 (0.02)	1.5 (0.04)	1.1 (0.02)	0.7 (0)	0.8 (0.02)	0.75 (0)	— (—)
	τ_{eq}/MPa	1.6/3.2 (0.36/0.7)	1.1/2.51 (0.09/0.5)	0.8/2.77 (0.002/0.5)	0.6/3.23 (0.003/0.02)	0.5/4.2 (0/0.02)	0.3/1.94 (0.1/0)	—/1.81 (0/0.3)
H04	P_{peak}/N	95/381 (13/23)	66/388 (3/36)	91/396 (8/19)	65/427 (2.5/4)	48/391 (0/10)	44/369 (7.5/10)	41/328 (1/12)
	S_{peak}/mm	0.48/1.11 (0.18/0.32)	0.26/0.94 (0.06/0.53)	0.34/1.34 (0.1/0.06)	0.29/2.04 (0.14/0.44)	0.24/1.24 (0/0)	0.19/0.72 (0.08/0.16)	0.43/0.55 (0.12/0.15)
	τ_{av}/MPa	2.2 (0.05)	1.6 (0.01)	2.1 (0.03)	1.5 (0.01)	1.1 (0)	1.1 (0.03)	0.9 (0.003)
	τ_{eq}/MPa	1.6/3.51 (0.06/0.2)	1.9/3.61 (0.24/0.7)	2.2/3.56 (0.15/0.6)	1.9/6.09 (0.17/0.02)	1.8/5.62 (0/0.2)	1.3/4.86 (0.29/0.6)	1.1/4.84 (0.06/0.3)
H05	P_{peak}/N	62/308 (2/11)	47/299 (1/4)	53/341 (3.5/41)	51/343 (3.5/14)	18/328 (2/5)	25/272 (0/53)	25/239 (9/41)
	S_{peak}/mm	0.23/1.21 (0.17/0.45)	0.3/0.66 (0.19/0.45)	2.25/1.47 (0.15/0.27)	0.87/1.95 (0.69/0.17)	0.28/0.72 (0.12/0.03)	0.09/0.66 (0/0.08)	0.6/0.5 (0.58/0.05)
	τ_{av}/MPa	1.5 (0.01)	1 (0.01)	1.2 (0.02)	1.3 (0.02)	0.5 (0.01)	0.5 (0)	0.5 (0.03)
	τ_{eq}/MPa	1.4/3.45 (0.25/0.62)	1.0/3.44 (0.23/0.03)	1.3/5.84 (0.19/0.31)	1.3/3.95 (0.20/0.8)	0.5/3.2 (0.09/0.18)	0.5/2.78 (0/0.4)	0.4/2.68 (0.06/0.12)

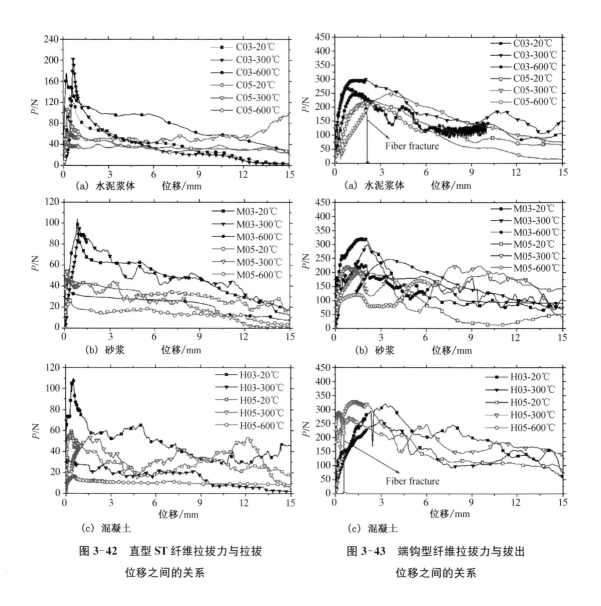

图 3-42　直型 ST 纤维拉拔力与拉拔　　　图 3-43　端钩型纤维拉拔力与拔出
位移之间的关系　　　　　　　　　　　位移之间的关系

　　因此,可以根据式 3-10 计算平均黏结强度,所得结果在表 3-7—表 3-9 中列出。由表 3-7 可知,插入水泥浆体中直型纤维的平均黏结强度在所有纤维-基体系统中是最高的。埋入 C03,C04 和 C05 基体中直型纤维的平均黏结强度分别为 3.6 MPa,3.5 MPa 和 2.7 MPa。对于埋入砂浆中的纤维(表 3-8),其平均黏结强度分别为 2.76 MPa(M03),1.7 MPa(M04)和 1.5 MPa(M05)。在纤维-混凝土系统中,平均黏结强度(表 3-9)与纤维-砂浆系统相近,分别为 2.3 MPa(H03),2.2 MPa(H04)和 1.5 MPa(H05)。

　　图 3-44 展示了直型纤维平均黏结强度随温度的变化。由图可知,对于埋入 C03 的纤维,在 100 ℃和 200 ℃时,平均黏结强度[图 3-44(a)]降低了 10%以上,但在 300 ℃时增强至最大值,大约是 $\tau_{av,20}$ 的 1.2 倍。高于 300 ℃时,呈现了轻微的降低。尽管如此,平均黏

结强度在 600 ℃时仍然比 $\tau_{av,20}$ 高。相似的变化规律也出现在埋入 C04 和 C05 的纤维的平均黏结强度中。但是,对于纤维-C04 基体系统,平均黏结强度在 400 ℃时取得最大值。纤维-水泥浆体基体的平均黏结强度随温度的变化依赖于基体和纤维的刚度以及热收缩。

图 3-44(b)和 3-44(c)呈现了埋入砂浆(M03,M04 和 M05)和混凝土(H03,H04 和 H05)中纤维的平均黏结强度随温度的变化。尽管平均黏结强度在 100 ℃和 300 ℃之间经历一些波动,但是总体程衰退之势。在 300 ℃以上,平均黏结强度降低明显;在 600 ℃时,平均黏结强度损失了 60%以上。

综上所述,可以看出,常温下平均黏结强度随水灰比增加而降低。对于水泥浆体和混凝土基体,当水灰比由 0.4 升至 0.5 时,弱化效应明显。而对于砂浆基体,平均黏结强度明显的降低发生在水灰比由 0.3 降至 0.4 时,弱化效应主要是由于高水灰比导致纤维-基体界面过渡区的弱化。此外,纤维-水泥浆体系统的平均黏结强度比其他两种纤维-基体的黏结强度高的原因为:

(1) 基体收缩引起的夹紧效应作用在纤维表面,该效应为库仑摩擦型(Stang,1996;Saito 等,1991)。与水泥浆体相比,常温下,由于骨料和砂子的约束,混凝土和砂浆基体在水化或干燥过程中具有更低的收缩。最终,埋在混凝土和砂浆中的纤维比埋在水泥浆体中的纤维具有更低的表面径向压缩接触应力,进而产生更低的峰值拉拔力和平均黏结强度。

(2) 分布在纤维附近的骨料会弱化界面过渡区(Xu 等,2017;Cunha,2010)。

纤维-水泥浆体的平均黏结强度高温(大于 200 ℃)后比常温高的原因以及这种增强效应并未出现在纤维-砂浆/混凝土基体系统中的原因为:

当温度高于 200 ℃时,水泥浆体将会发生不可逆的收缩变形,从而增强了夹紧效应(李青海,2007)。对于混凝土或砂浆而言,由于骨料的限制,并不会发生热收缩,也不会产生额外的夹紧效应。因此,纤维-水泥浆体平均黏结强度在高温时有增强效应,而纤维-混凝土/砂浆系统中无此效应。

由于热不兼容,高温时纤维-混凝土/砂浆界面发生了损伤。ST 纤维和混凝土的线膨胀系数分约为 12×10^{-6} ε/℃ 和 10×10^{-6} ε/℃。而水泥浆体的线膨胀系数在 15×10^{-6} ε/℃ 和 20×10^{-6} ε/℃ 之间(Zhang 等,2018)。当温度提高时,纤维-混凝土的不兼容法向应力是压缩应力,而纤维-水泥浆体的法向应力为拉伸应力。二者都会使基体发生开裂和损伤,可缓解降低纤维与基体的热失配,特别是当基体发生径向塑性变形后。但是,对于纤维-水泥浆体系统,尽管热不兼容会损坏基体,但是水泥浆体的收缩会使得基体与纤维保持接触。但是,当基体损伤严重时,夹紧效应也会降低;当温度在 500~600 ℃时,黏结性能会有所降低。因此,纤维-基体的平均黏结强度依赖于基体的损伤程度和纤维-基体失配的变化。

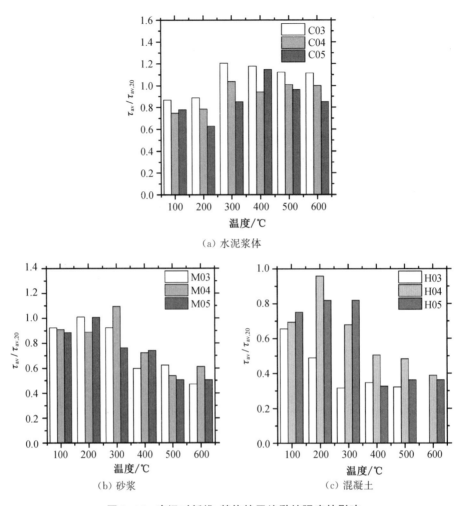

（a）水泥浆体

（b）砂浆

（c）混凝土

图 3-44　高温对纤维-基体的平均黏结强度的影响

3. 端钩型纤维的平均残余黏结强度

由于端钩型纤维与直型纤维的黏结机制为不同,常采用等效黏结强度来定量描述端钩型纤维-基体的黏结性能。因此,端钩型纤维-基体等效黏结强度 τ_{eq} 可以按下式计算（Abdallah 等,2017b）：

$$\tau_{eq} = \frac{2\,W_{total}}{\pi\,d_f\,L_e^2} \tag{3-10}$$

式中　L_e——纤维的埋入长度;

　　　d_f——纤维的直径;

　　　W_{total}——纤维拔出消耗的能量（拔出能）,常用来评估纤维水泥基复合材料的断裂韧度和抵抗断裂的能力。

纤维的拔出功可以由下式计算获得（Abdallah 等,2017b;Chun 和 Yoo,2019）：

$$W_{\text{total}} = \int P \, \mathrm{d}\Delta \qquad (3\text{-}11)$$

式中 P—— 拔出端的拉拔力；

Δ —— 对应的拔出端的拔出位移。

式(3-11)即为求解拉拔力与拔出位移围成的面积。计算的 τ_{eq}，最大拉拔荷载 P_{peak} 和对应的位移(S_{peak})如表 3-7—表 3-9 所示。高温后端钩型纤维归一化的等效黏结强度($\tau_{\text{eq}}/\tau_{\text{eq,20}}$) 如图 3-45 所示。

由图 3-45(a)可知，对于埋入 C03 的端钩型纤维，归一化的等效黏结强度在 0.9(200 ℃)和 1.5(300 ℃)之间。在 600 ℃时，纤维发生断裂。端钩型纤维-C04 的等效黏结强度呈现出高温增强效应；特别是在 400 ℃，τ_{eq} 是常温下等效黏结强度 $\tau_{\text{eq,20}}$ 的 1.9 倍。纤维-C05 系统也有相似的规律，归一化的等效黏结强度先增加到 1.6(500 ℃)；随后，在 600 ℃时，稍微降低至 1.5。图 3-45(b)和图 3-45(c)分别给出了纤维-砂浆和纤维-混凝土

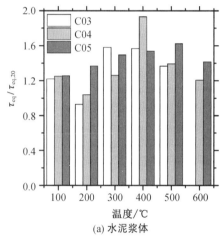

(a) 水泥浆体

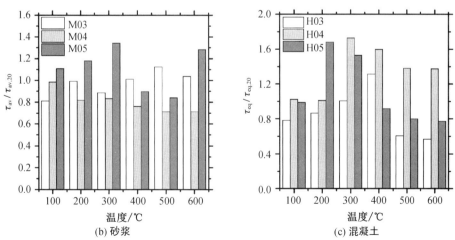

(b) 砂浆   (c) 混凝土

图 3-45 高温对端钩型纤维等效黏结强度的影响

界面等效黏结强度随温度的变化。等效黏结强度随温度的演化比较复杂,并没有像峰值拉拔力那样明显。等效黏结强度不仅依赖于峰值拉拔力,还依赖于峰值后拉拔行为。例如,对于埋入 M05 的纤维,在 300 ℃和 600 ℃时,等效黏结强度 τ_{eq} 有明显提升,比 $\tau_{eq,20}$ 高约 20%。这与非伸直端钩段产生较高的峰值后拉拔力有关;当非伸直的端钩纤维进入直线孔道会产生阻碍效应。显然,阻碍效应会增强纤维峰值后的拉拔力。总而言之,一方面,由于端钩段的纤维没有伸直,会导致峰值拉拔力降低;另一方面,未伸直端钩纤维可以增强峰值后拉拔力,进而增大等效黏结强度。

4. 端钩对总体拉拔能的贡献

与直型纤维相比,端钩段的机械咬合效应使得端钩型纤维呈现出更高的拉拔抗力。为了评估端钩段对整体拔出能的贡献,本章定义端钩段的贡献率为

$$\frac{W_h}{W_{total}} = \frac{W_{total} - W_{total,s}}{W_{total}} \tag{3-12}$$

式中 W_{total} —— 端钩型纤维总的拔出功;

$W_{total,s}$ —— 直线段纤维在拔出过程耗散的能量;

W_h —— 端钩段的贡献。

因此,可以求得埋入不同基体中端钩的贡献率,计算结果如图 3-46 所示。埋入 C05 中端钩段的贡献率随温度变化并不明显,平均的贡献率在 90% 左右。相似的变化规律也出现在埋入 C04 中的端钩贡献率中,但是,当温度达到 600 ℃时,端钩贡献率降低至 0.6。对于埋入 C03 中的纤维,端钩段的贡献率在 300 ℃以上时出现明显的衰减,主要是由于直线段的贡献率增加。对于埋入砂浆[图 3-46(b)]和混凝土[图 3-46(c)]中的纤维,端钩段的贡献率随温并无明显的变化,主要保持在 75% 和 90% 之间。

在室温下,端钩段的贡献率随水灰比的增大而增高。表明随着水灰比的增大,端钩型纤维的直线段部分在提高耗能方面变得越来越不重要。与此同时,在纤维-水泥浆体系中,高温后端钩段的贡献率与纤维-砂浆/混凝土系统中的贡献率不同,这种差别主要是水泥浆热收缩导致直线段的贡献增加而引起。在纤维-砂浆系统与纤维-混凝土系统中,温度升高时,端钩段的贡献率有所增加,但是这种变化并不明显。

3.4.2.4 讨论

1. 水灰比影响

常温下,水灰比越低,纤维-基体界面越密实。因此,降低水灰比可以提高纤维-基体界面黏结性能。水灰比降低同时会导致混凝土(例如 H03)流动性降低,也会对纤维-混凝土界面黏结性能产生不利影响。本节测试结果表明埋入 H04 的黏结性能最好。此外,高温作用后,残余界面黏结性能与水灰比的关系并不明显。

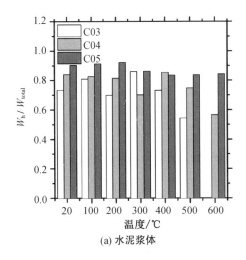

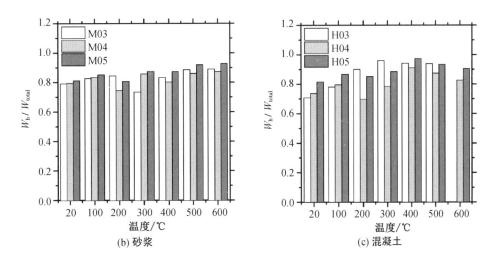

图 3-46　高温对埋入不同基体中端钩段贡献率的影响

2. 基体类型影响

图 3-47 给出了埋入水泥浆体和混凝土中纤维拔出后的表面形貌。埋入水泥浆体中的纤维比埋入混凝土中的纤维磨损更严重。对于埋入水泥浆体中的纤维而言,水泥浆体的水化、干燥收缩会对纤维产生夹紧效应,增强黏结性能(Stang,1996)。但是,对于纤维-混凝土或纤维-砂浆系统,骨料的掺入限制了基体的收缩,常温下埋入水泥浆体中的纤维比埋入混凝土或砂浆中的纤维平均黏结强度和峰值拉拔力高。同时,在纤维附近的骨料或砂会产生阻碍效应,增强拉拔力(Beglarigale 和 Yazıcı,2015);故常温下埋入 H05 纤维的峰值后拉拔力较大。在纤维拔出后,可以观察到纤维表面有明显的刮痕,如图 3-48 所示。通过试验观察发现这种阻碍效应的出现具有随机性,依赖于骨料、砂在纤维周围的

分布。

　　测试结果表明直型纤维的残余黏结强度与基体残余压缩强度无明显的关系。而对于端钩型纤维而言,高的压缩强度可以产生高的峰值拉拔力(除了埋入 H03 中的纤维外,由于水灰比较低,流动性差,纤维- H03 系统界面较弱)。本节试验测试表明端钩型纤维-H04 基体的残余黏结性能最高。尽管如此,试验结果表明端钩型纤维的残余等效黏结强度与残余压缩强度并无明显的相关性。

(a) C03, 20 ℃

(b) C03, 600 ℃

(c) H03, 20 ℃

(d) H03, 600 ℃

图 3-47　拔出后电镜扫描 ST 纤维的表面形貌

图 3-48 ST 纤维表面由骨料或砂产生的刮痕

1. 热变形影响

当温度高于 200~300 ℃时,水泥浆体会产生不可逆的收缩。而热收缩会增强夹紧效应,并提高纤维-基体的残余黏结强度。纤维-基体的界面黏结强度可以由界面法向夹紧力和摩擦系数确定,而法向夹紧力由纤维与基体之间的热失配和基体的性质决定。为了定量描述热变形对纤维-基体黏结性能的影响,本章将纤维-基体系统简化为圆形纤维嵌入无限大的水泥、砂浆和混凝土的基体中(Gentry 和 Husain,1999)。当温度增量为 ΔT 时,热不兼容应变可以表示为

$$\varepsilon_{\text{thermal}} = \Delta T(\alpha_{\text{m}} - \alpha_{\text{f}}) \tag{3-13}$$

式中,α_{m} 和 α_{f} 分别为基体和纤维的线膨胀系数。

当由于水化或干燥引起的初始纤维-基体失配应变为 $\varepsilon_{\text{initial}}$ 时,则高温后总的失配应变为

$$\varepsilon_{\text{total}} = \varepsilon_{\text{thermal}} + \varepsilon_{\text{initial}} \tag{3-14}$$

如图 3-49 所示,图中 d 为变形前纤维的直径;d_0 为变形后纤维的直径;a 为失配位移,则失配应变可以表示为 $2a/d$。纤维-基体失配变形是纤维表面摩擦应力的主要来源,可以由法向力乘以摩擦系数 μ_{f} 来计算:

$$\tau = \mu_{\text{f}} p_{\text{N}} \tag{3-15}$$

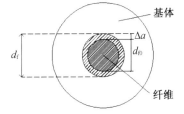

图 3-49 纤维-基体系统的失配变形示意

式中,p_{N} 是由于纤维-基体失配变形引起的作用在纤维表面上的法向力,可以根据 Timoshnko's 弹性失配理论(Timoshenko 和 Goodier,1970;Goltermann,1995)计算:

$$p_{N} = \frac{\varepsilon_{total}}{\frac{(1+\nu_{m})}{E_{m}} + \frac{(1-\nu_{f})}{E_{f}}} \tag{3-16}$$

因此,直型纤维的峰值拉拔力或端钩型纤维的直型贡献部分可以表示为:

$$P = \mu_{f}\, p_{N}\, L_{e}。 \tag{3-17}$$

式(3-16)中并没有考虑在拉拔力作用下的泊松比效应。为此,修正式(3-16),可以得到埋入长度为 L_{e} 的峰值拉拔力的表达式为(Naaman 等,1991)

$$P = \left\{ 1 - \exp\left\{ \frac{-2\nu_{f}\mu_{f}L_{e}}{E_{f}\, r_{f}\, \dfrac{p_{N}}{\varepsilon_{total}}} \right\} \right\} \frac{\varepsilon_{total}\, E_{f}\pi\, r_{f}^{2}}{\nu_{f}} \tag{3-18}$$

式中 r_{f}——纤维的半径;

E_{f},E_{m}——ST 纤维和基体的杨氏模量;

ν_{m},ν_{f}——对应的泊松比。

图 3-50 给出了纤维-基体之间界面上的法向热应力随温度、线膨胀系数($LCTE$)、基体和 ST 纤维的杨氏模量的变化。应当注意,$\Delta LCTE$ 为基体与纤维的线膨胀系数之差($\alpha_{m} - \alpha_{f}$)。负的应力值为拉伸应力,正的值则为压缩应力。最大的应力处在纤维与基体的界面处,且法向应力与环向应力的大小是相等的,但类型不同。当法向应力为压应力时,则环向应力为拉应力。首先,当温度达到 300 ℃,$\Delta LCTE$ 为 -1×10^{-6} ε/℃[对应于混凝土或砂浆基体(Zhang 等,2018)]时,纤维-基体界面处的法向应力大于 4 MPa,如图 3-50(a)所示,表明纤维周围的基体将开裂(环向应力为 -4 MPa,远大于混凝土或砂浆的拉伸强度)。此外,对于 $\Delta LCTE = 3\times10^{-6}$ ε/℃[对应于水泥浆体(Zhang 等,2018)],当温度高于 100 ℃时,ST 纤维会脱黏;此时界面处法向应力 -4 MPa,远大于水泥浆体的拉伸强度。其次,随着线膨胀系数之间差别 $\Delta LCTE$ 的降低,法向应力会明显减小,如图 3-50(b)所示。由于高温会导致基体和 ST 纤维的损伤,本节进一步讨论了纤维和基体杨氏模量降低对界面热应力的影响。由图 3-50(c)和图 3-50(d)可知,基体[图 3-50(c)]和 ST 纤维[图 3-50(d)]杨氏模量的降低,会降低热应力的大小。

热收缩对拉拔力的影响可以采用式(3-18)计算获得。参数在表 3-10 中列出。本节是研究热收缩对拉拔力的影响规律,不是精确计算拉拔力的数值。故而,才有归一化的拉拔力来表征拉拔力的变化,归一化的峰值拉拔力=峰值拉拔力/初始峰值拉拔力。图 3-51(a)给出了不同热收缩应变下峰值拉拔力的变化。热收缩可以增大峰值拉拔力。这种增强效应可以揭示埋入水泥浆体直型纤维峰值拉拔力在 300 ℃以上增强的原因。同时,讨论了基体和纤维杨氏模量降低对拉拔力的影响,模拟结果如图 3-51(b)和 3-51(c)所示。基体退化和纤维损伤会导致峰值拉拔力的降低。当温度高于 500 ℃,插入水泥浆体直型纤维峰值拉拔力降低。据此可知,温度对纤维-水泥浆体的界面黏结性能有积极和消极两

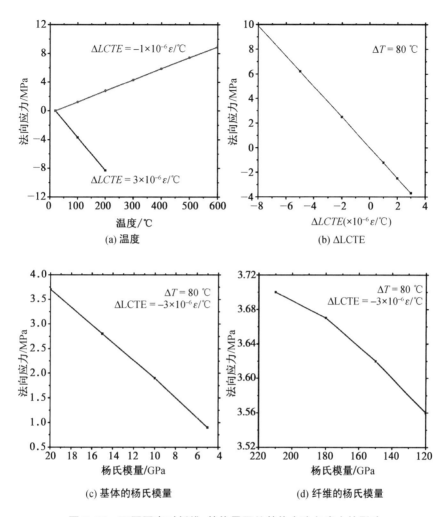

图 3-50　不同因素对纤维-基体界面处基体中法向应力的影响

方面的影响。测试结果表明,温度在 300～600 ℃时,正面作用起主导作用。

　　综上所述,水泥浆体的热收缩可以增强直型纤维的峰值拉拔力和平均黏结强度;而基体和纤维的热损伤会降低其黏结性能。对于混凝土或砂浆,当温度高于 300 ℃时,热不兼容应力会使基体开裂,降低纤维-基体的黏结应力。

表 3-10　计算峰值拉拔力和不兼容应力的参数

参数	E_f	E_m	ν_m	ν_f	$\varepsilon_{initial}$	α_m	α_f	μ_f
值	210 GPa	20 GPa	0.23	0.3	3×10^{-3} ε	15.0×10^{-6} ε/℃	12×10^{-6} ε/℃	0.1

2. 端钩影响

　　Alwan 等(1999),Abdallah 等(2017,2018)和 Tai 等(2011)指出端钩型纤维拉拔力主要来源于端钩段的机械咬合作用。与直型纤维相比,端钩型纤维的界面黏结性能有很大

提高。为了评估端钩型纤维的拉拔力,本节采用摩擦-滑轮模型,总的拉拔力 P 为

$$P = P_1 + T_1 \tag{3-19}$$

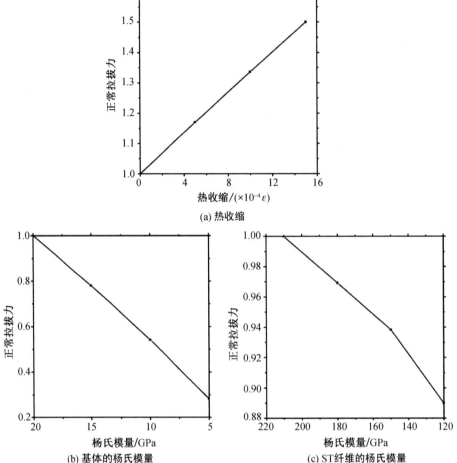

图 3-51　影响直型纤维的峰值拉拔力的因素

不考虑端钩段机械咬合作用时的拉拔力为 P_1,则 P_1 可以采用下式计算:

$$P_1 = \tau \, \varphi_f \, L_e \tag{3-20}$$

式中　φ_f——纤维的周长;

　　　L_e——纤维的埋入长度。

式(3-19)中另一个参数是 T_1,为两个塑性铰贡献之和,可以由下式计算(Alwan 等,1999;Won 等,2015;Abdallah 和 Rees ,2019;Abdallah 等,2018b):

$$T_1 = \frac{2\,F_{PH}\left(1 + \dfrac{\mu_f \cos\beta}{1 - \mu_f \cos\beta}\right)}{1 - \mu_f \cos\beta} \tag{3-21}$$

式中，F_{PH} 为冷加工克服伸直塑性铰转动分量；如图3-52所示，F_{PH} 可以由 A 点的弯矩平衡计算而得；因此，F_{PH} 可以表示为

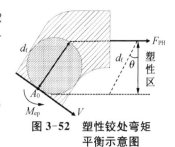

图 3-52 塑性铰处弯矩平衡示意图

$$F_{PH} = \frac{M_{ep}}{d} \frac{1}{\cos \theta} \quad (3-22)$$

式中 $d_f \cos \theta$ —— 力臂；

M_{ep} —— 圆形截面纤维的弹塑性弯矩，可以由下式计算：

$$M_{ep} = \frac{\pi \sigma_y}{4} (r_f - h)^3 + \frac{4 \sigma_y}{3} \left[h(2 r_f - h) \right]^{\frac{3}{2}} \quad (3-23)$$

式中 σ_y —— 纤维的屈服强度；

h —— 塑性区的高度，如图 3-53 所示。在假设弧长不变时，h 可根据曲率变化确定（Abdallah 和 Rees，2019）。

图 3-53 摩擦滑轮模型(左)和截面塑性区(右)示意图

端钩型纤维在拉拔过程端钩段附近的基体会变形，使得端钩段的角度发生变化，如图 3-54 所示。纤维的高温损伤也会对峰值拉拔力产生影响。考虑以上因素，计算端钩型纤维的拉拔力，结果如图 3-55 所示。图 3-55(a)给出了端钩角度($90° - \theta$)对峰值拉拔力的影响。这里角度的变化是由于基磨损引起，且端钩段最终可以被拉直，塑性铰可以形成。当角度减小至 25° 时，峰值拉拔力会略微增加，这主要由于力臂减小导致需要更高的力来拉直纤维。图 3-55(b)给出了纤维屈服强度对峰值拉拔力的影响。当纤维屈服强度降低时，峰值拉拔力也明显下降，表明纤维的高温退化会使峰值拉拔力降低。总之，当温度在 $100 \sim 400$ ℃ 时，纤维屈服强度的退化并不明显，峰值拉拔力在该温度的波动主要是由于端钩角度变化和摩擦平均黏结强度的联合效应。当温度高于 400 ℃ 时，纤维强

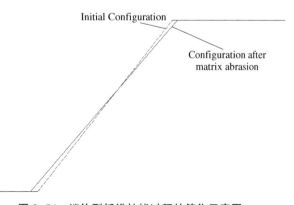

图 3-54 端钩型纤维拉拔过程的简化示意图

度的退化是拉拔力降低的主要原因。

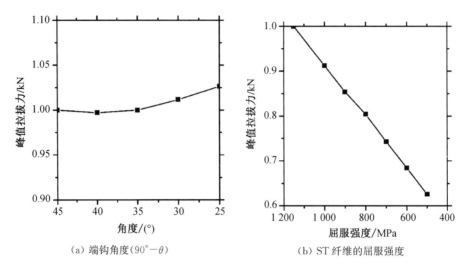

(a) 端钩角度(90°−θ)   (b) ST 纤维的屈服强度

图 3-55　影响端钩型纤维峰值拉拔力的因素

〈归一化峰值拉拔力＝拉拔力/初始峰值拉拔力 [(a) 端钩角度为 45°时,(b) 纤维屈服强度为 1 150 MPa 时]〉

图 3-56 给出了端钩型纤维在拔出后的形态。由图可知,其中一部分端钩段并不能被拉直,表明纤维端钩段周围的基体发生了断裂或失效,未将端钩段伸直。同时,纤维直线

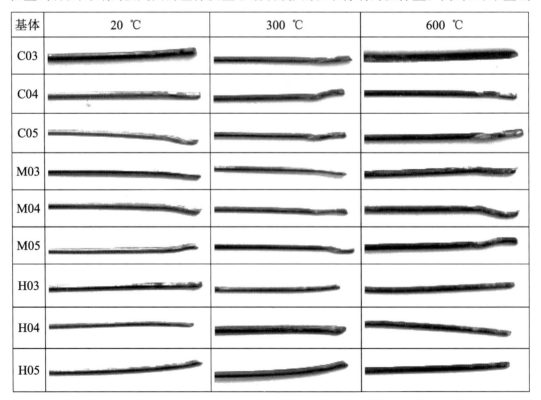

图 3-56　拔出后端钩型纤维的变形

段周围的基体强度太弱也不能将端钩纤维伸直。严重时会导致拉拔过程中塑性铰不能形成(图 3-56 中 M05),进而端钩段的贡献不能被激活,导致拉拔力大幅降低。在这种情况下,滑轮-摩擦模型将不再适用。要精确地确定峰值拉拔力,需要进一步研究拉拔过程中端钩段详细的几何变化和工作机制。

应当注意的是,端钩型纤维的等效黏结强度的确定更为复杂。当非伸直段进入直的孔道中,会产生附加的摩擦力;而所产生摩擦力的大小依赖残余的端钩形状和孔道表面的粗糙度以及纤维周围基体的强度。在拔出过程中,非伸直段将阻碍纤维的拔出,增大峰后的拉拔力;进而增强其等效黏结强度,例如埋入 M05(300 ℃ 和 600 ℃)中的端钩型纤维,如图 3-43(b)所示。图 3-57 给出了残余端钩段在直孔道中的阻碍效应示意图。总之,端钩不能完全伸直会降低峰值拉拔力;同时,残余的端钩段可以起到阻碍作用,增强峰后拉拔力,提高等校黏结强度。正是这两个方面的共同作用,使得端钩型纤维的等效黏结强度具有离散性。

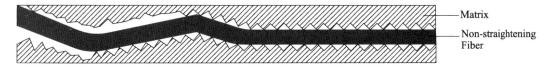

图 3-57　非伸直端钩段的阻碍效应示意

4 隧道结构构件火灾高温力学行为

在火灾高温作用下,衬砌混凝土物理力学性能显著降低,同时,由于不均匀温度分布和热膨胀,衬砌管片内力发生重分布,力学反应和破坏模式也发生明显变化。由于隧道衬砌结构体系的性能与各个组成构件的性能密切相关,因此,本章首先对衬砌管片、接头的温度分布、高温损伤、力学性能的变化规律进行研究,以便为后续进一步分析衬砌结构体系的高温力学行为奠定基础。

4.1 衬砌管片火灾高温试验方法及设备

4.1.1 管片材料及强度等级

目前,盾构隧道使用的大部分管片为钢筋混凝土管片。由于混凝土为脆性材料,抗拉性能较差,因此,在运输、安装过程中管片易发生破损。调研表明绝大多数管片的破损是由施工过程中的冲击及拉应力过大造成的。而钢纤维混凝土(SFRC)作为一种复合建筑材料,具有非常优良的抗冲击韧性、耐磨及抗裂性能,能有效阻止裂缝的产生与扩展,能显著提高混凝土构件的抗拉强度和耐久性。基于上述优点,近年来,国内外开展了钢纤维混凝土(SFRC)管片的研究,并在一些工程中进行了应用(表4-1)。

鉴于钢纤维混凝土管片的应用趋势,本章试验同时考虑了普通钢筋混凝土管片(简称"RC 管片")及钢纤维混凝土管片(简称"SFRC 管片")。其中,普通混凝土等级为C50,配合比及材料选取同实际盾构隧道管片(表4-1)。钢纤维混凝土在前述普通混凝土的基础上掺加钢纤维而成,钢纤维掺量为 60 kg/m^3,强度等级为CF50。为保证模型管片的制作质量,试验中管片钢模制作、混凝土配合比设计、混凝土搅拌、管片浇筑及养护均由专业盾构管片生产单位负责,同时,在生产中同批管片采用同批搅拌的混凝土、同样条件进行成型和养护。

表4-1 国内外钢纤维混凝土管片的应用情况(Wallis,1995;Yurkevich,1995; 晏浩等,2001;吴鸣泉,2004;Zhu 等,2006)

国家	工程名称	施工时间	钢纤维类型及掺量
德国	ESSEN 城市地铁北线	1990—1996 年	100 m 试验段,60 kg/m³ Dramix ZP50/60
法国	巴黎地铁 METEOR 隧道	1993—1995 年	4.5 km 地铁隧道,60 kg/m³ Dramix ZP30/50
英国	Heathrow 机场隧道	1994 年	1.4 km 行李隧道,30 kg/m³ Dramix ZC60/80
荷兰	Second Heinenoord 隧道	1998 年	16 环试验段,60 kg/m³ Dramix RC 80/60 BP
英国	Channel Tunnel Rail Link (CTRL)二期工程	2001 年至今	钢纤维混凝土预制管片
南非	Lesotho Highlands 引水工程	—	钢纤维混凝土预制管片
意大利	Fanaco 引水工程	—	长 4 820 m,内径 3 m,管片厚 20 cm,Dramix
意大利	Metrosud 地铁	—	长 2 640 m,内径5.8 m,管片厚 30 cm,Dramix
中国	上海地铁六号线试验段	—	钢丝型钢纤维,L/d=55,50 kg/m³

表 4-2 试验管片混凝土、钢筋及钢纤维参数

混凝土强度：C50 抗渗等级：P10 坍落度：50 度 10 cm	配合比/(kg·m⁻³)					
	42.5 水泥	水	中砂	碎石	Ⅱ级低钙灰	高效减水剂(早强型)NDZ-1000
	441	160	638	1135	88	5.29
主筋①	ϕ 10(HRB335,热轧带肋钢筋)					
箍筋①	ϕ 6.5(HPB300,热轧盘条钢筋)					
钢纤维②	冷拔钢丝型钢纤维,直径 0.9 mm,长径比 $L/d=55$,掺量 60 kg/m³					

注：① 用于 RC 管片。
　　② 用于 SFRC 管片。

4.1.2 管片形式及尺寸

试验管片参照目前地铁盾构隧道中常用的管片形式设计(图 4-1、图 4-2)。管片外弧半径选为实际管片的 1/3(3.15 m/3=1.05 m)。同时,考虑到整体体系试验的方便,管片弧长取为 1/4 整环圆周长。管片厚度为 12 cm,宽 30 cm。其中,RC 管片配筋如图 4-3 所示。

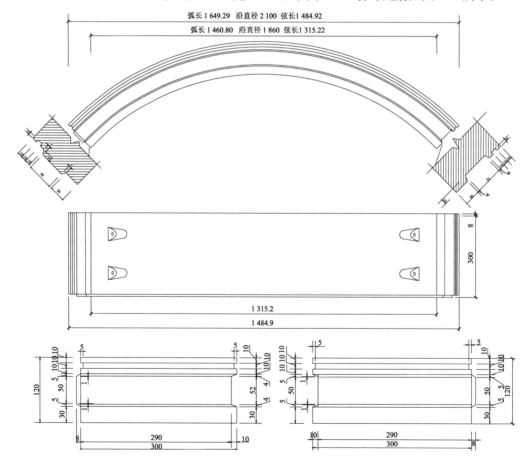

图 4-1 管片形式及尺寸(单位：mm)

(a) 管片钢膜

(b) 浇筑完成后的管片

图 4-2　试验用管片

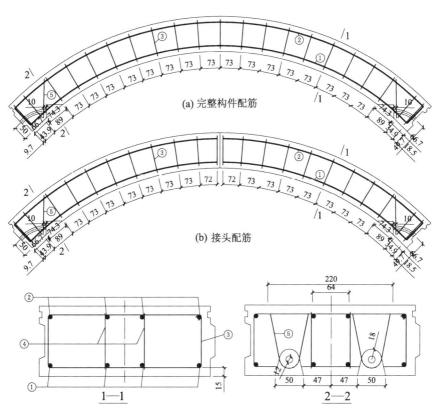

说明:
(1) 单位为 mm; (2) 钢筋保护层厚度 15 mm;
(3) 钢筋类型:
①—HRB335, 热轧带肋钢筋, 直径10 mm, 单根长度1 622 mm
②—HRB335, 热轧带肋钢筋, 直径10 mm, 单根长度1 587 mm
③—HPB300, 热轧盘条钢筋, 直径6.5 mm, 单根长度740 mm
④—HPB300, 热轧盘条钢筋, 直径6.5 mm, 单根长度100 mm
⑤—HPB300, 热轧盘条钢筋, 直径6.5 mm, 单根长度330 mm

图 4-3　RC 管片(接头)配筋图(配筋率 0.87%)

4.1.3　测点布置及测试方法

　　管片试验中测试的参量包括试验炉内温度、管片内温度、管片位移及竖向(水平向)荷载。测点详细布置如图 4-4 所示,共布置 2 个测温截面,每个截面沿管片厚度方向布置 4 个热电偶,布置 5 个竖向位移测点,布置竖向、水平向荷载测点各 1 个。

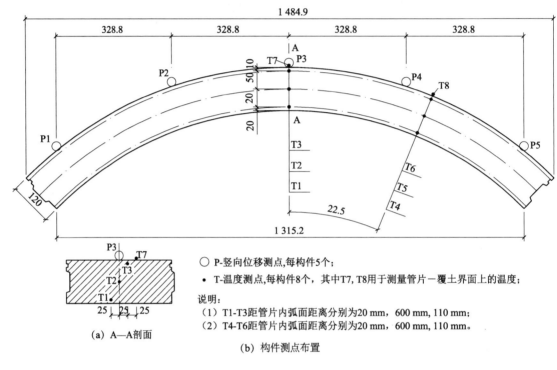

○ P-竖向位移测点,每构件5个;
● T-温度测点,每构件8个,其中T7,T8用于测量管片—覆土界面上的温度;

说明:
(1) T1-T3距管片内弧面距离分别为20 mm, 600 mm, 110 mm;
(2) T4-T6距管片内弧面距离分别为20 mm, 600 mm, 110 mm。

(a) A—A剖面

(b) 构件测点布置

图 4-4　管片测点布置(单位:mm)

　　试验时,炉内温度采用铠装热电偶测量,共在炉膛两侧、炉膛中央布置 3 个热电偶(图 4-5)。

　　管片内温度采用简装 K 型热电偶测量。热电偶的安装方法为:升温前,在管片预定位置钻直径约 5 mm 的细孔(孔深根据测点布置位置确定);清孔后,在孔底注入少量导热性能良好的铝粉,以使热电偶端部与混凝土间具有良好的热接触;放入热电偶后在孔中填充水泥浆。

　　为避免高温对位移计的影响,管片位移通过具有足够刚度的钢架将位移计引出到常温区进行量测(图 4-6)。钢架通过膨胀螺栓固定在试验管片外弧面。

　　管片竖向及水平向荷载采用测力计测得。

　　所有测试数据通过 Datataker 数据采集系统传输到上位计算机,采集系统结构如图 4-7 所示。

图 4-5 炉内温度测点布置

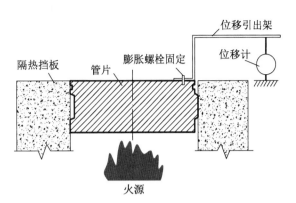

图 4-6 管片位移测量

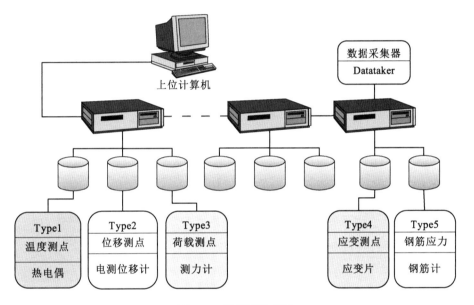

图 4-7 数据采集系统

4.1.4 温度-荷载工况及位移边界

考虑到管片在实际火灾中可能经历的热-荷载历程,试验设定了两种温度-荷载工况。

(1)工况一(以下简称"LC1"):根据选定的火灾场景,管片在无外加荷载的情况下自由升温,达到预定温度后恒温一段时间;然后,对管片开始加载直到管片破坏。

(2)工况二(以下简称"LC2"):升温前,对管片施加初始预加荷载;然后,保持初始荷载不变,根据选定的火灾场景升温,达到预定温度后恒温一段时间;之后,停止加热,管片自然冷却;管片完全冷却后,重新加载直到管片破坏。

对于位移边界条件,考虑到衬砌结构往往为压弯构件,且主要承受压应力,因此,在试验中,管片的位移边界为:两端施加固定铰支约束,禁止水平位移(图4-8)。

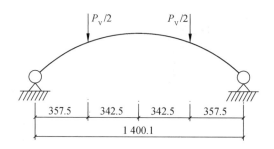

图 4-8 管片位移边界条件(单位: mm)

4.1.5 管片火灾高温试验系统

管片火灾高温试验系统总体布置如图 4-9、图 4-10 所示,主要包括火灾热环境模拟子系统、隔热保温子系统、支座及衬砌构件力学边界模拟子系统、加载子系统、测量子系统、数据采集子系统及衬砌构件热边界模拟子系统。

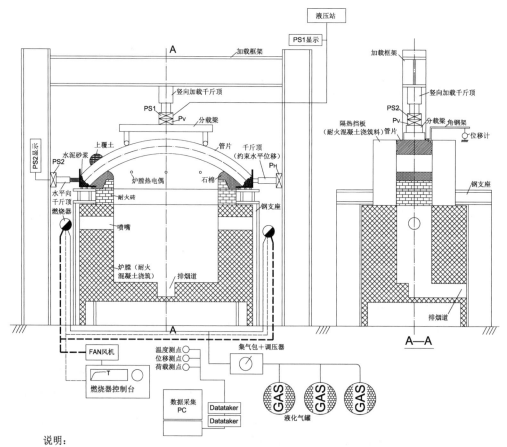

说明:
P_V—竖向力传感器,与数据采集系统连接; P_H—水平向力传感器,与数据采集系统连接;
PS1—竖向力传感器,用来指导施加竖向力;PS2—水平向力传感器,用来指导施加水平力。

图 4-9 管片火灾高温试验总体布置

(a) 试验总体布置实景　　　　　　　　　　　　(b) 测试装置

图 4-10　管片火灾高温试验布置实景

其中,火灾热环境模拟子系统主要由炉膛、隔热挡板、燃烧器控制台、燃烧器、液化气、空气供应设备组成(图 4-11)。由于采用工业级燃烧器和程序自动控制升温(图4-12),本火灾热环境模拟子系统能够达到的最高温度为 1 200 ℃,最大升温速度约为250 ℃/min,同时,可以预设不同的温度-时间曲线(如 HC 曲线等)。本火灾热环境模拟子系统能够较好地模拟隧道火灾升温速度快、达到的最高温度高的特点,同时,产生的温度场波动小,温度分布均匀(图 4-13)。此外,整个升温过程由程序自动控制,操作简便、安全可靠。

(a) 燃烧器　　　　　　　　　(b) 炉膛　　　　　　　　　(c) 炉内火焰

图 4-11　火灾热环境模拟子系统

支座及衬砌构件力学边界模拟子系统主要包括钢支座和管片支座。其中,钢支座由刚度较大的 2 根钢梁和 4 根钢柱组成,是整个试验系统中对管片施加竖向、水平荷载的平台。此外,为了满足管片试验位移边界条件的要求,为管片设置了特殊的支座,该支座由撑靴和圆钢组成,同时,管片与撑靴间的孔隙由水泥砂浆填充。管片支座安放在钢支座上,与水平加载千斤顶配合,可以模拟活动铰支、半活动铰支及固定铰支三种边界条件(图4-14)。

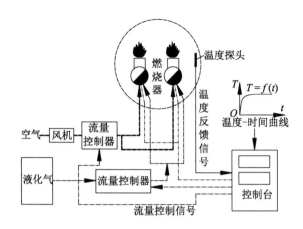

图 4-12　试验升温设备原理图

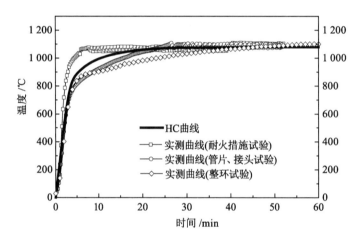

图 4-13　试验实测升温曲线与标准 HC 曲线的对比

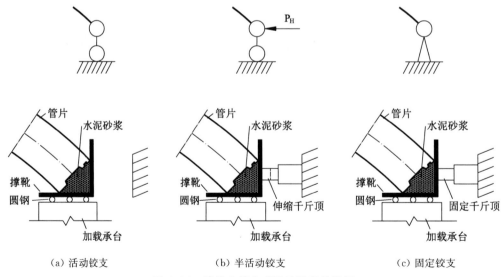

（a）活动铰支　　　　　　（b）半活动铰支　　　　　　（c）固定铰支

图 4-14　管片支撑方式及边界条件模拟

（1）活动铰支。撤掉水平千斤顶,撑靴通过圆钢可沿着钢支座自由滑动,模拟活动铰支的情形。

（2）半活动铰支。通过伸缩千斤顶,改变管片所受的水平向荷载,撑靴同时通过圆钢沿着钢支座滑动,模拟半铰支的情形。

（3）固定铰支。固定千斤顶,撑靴不能沿着钢支座滑动,模拟固定铰支的情形。

衬砌构件热边界模拟子系统主要由不同特性的土体、挡土斜撑及挡土板组成,用来模拟地下岩土体对管片内温度分布、受力特性等的影响(图4-15)。本试验中,土体采用上海地区典型4号饱和软黏土,覆土厚度为15 cm。

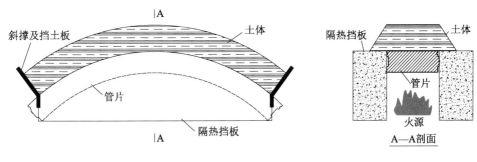

图 4-15 覆土施加的方法

4.2 衬砌内温度分布

4.2.1 衬砌内温度的传播分布规律

当隧道内发生火灾时,产生的大量热量通过热辐射、热对流及热传导的方式传递到衬砌结构上,然后通过热传导的方式在衬砌内传递,使得衬砌的温度不断升高。一方面,高温使得衬砌混凝土的物理力学性能(强度、弹性模量、耐久性)降低;另一方面,温度的不均匀分布在衬砌内产生温度应力,同时,由于衬砌结构为高次超静定结构,高温使得衬砌管片之间产生内力重分布。所有这些影响会降低隧道衬砌结构体系的承载力和可靠性。由于衬砌结构内的温度分布决定了衬砌结构高温时以及高温后的力学行为和损伤程度,因此,分析火灾时隧道衬砌结构内的温度分布是一项基础的工作。

此外,考虑到隧道火灾升温速度快(最高可达 250 ℃/min)、最高温度高(最高可达1 350 ℃)和持续时间长的特点,以及隧道衬砌结构热边界的特殊性——单面受火,另一面并非与空气而是与包裹其的岩土体(包括地下水)接触,分析研究隧道衬砌结构内的温度分布也是认识衬砌结构力学行为、火灾损伤的基础和前提。

图 4-16—图 4-20 给出了 RC 管片、SFRC 管片在不同高温、不同高温持续时间以及不同荷载工况下截面上各点温度随时间的变化曲线。

根据试验结果可以得到如下结论:

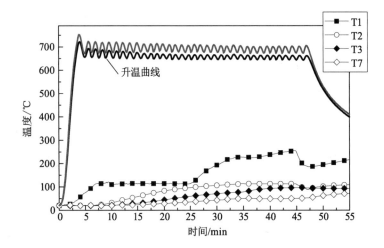

图 4-16　炉内最高温度 650 ℃时,RC 管片各点温度随时间的变化

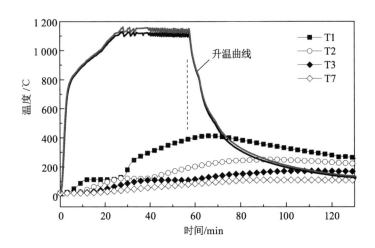

图 4-17　炉内最高温度 1 100 ℃时,RC 管片各点温度随时间的变化

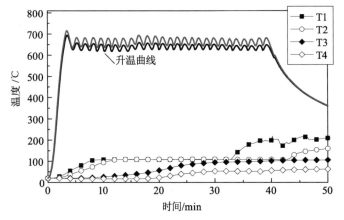

图 4-18　炉内最高温度 650 ℃时,SFRC 管片各点温度随时间的变化

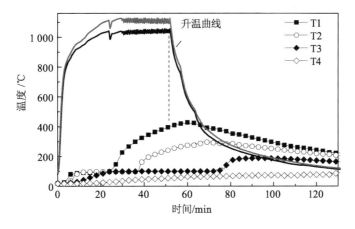

图 4-19 炉内最高温度 1 100 ℃ 时,SFRC 管片各点温度随时间的变化

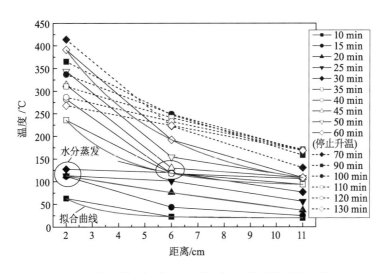

图 4-20 炉内最高温度 1 100 ℃ 时,RC 管片内的温度分布

(1) 点火后炉内温度迅速升高,并在较短的时间内达到预定的最高温度,而衬砌管片内的温度升高则滞后于炉内温度的升高,且低于炉内的温度(随着时间的推移,二者的温度差逐渐减小)。这是由于混凝土为热惰性材料,热容大、导热系数小,热量在混凝土内部的传递较缓慢。如图 4-16 所示,当炉内温度为 650 ℃,持续 45 min 后,管片内部距受火面 2 cm 的混凝土最高温度仍只有 200～250 ℃。而当炉内温度为 1 100 ℃,持续 60 min 后,管片内相同位置混凝土的最高温度也只有 400～500 ℃。从这一点讲,混凝土结构是有利于防火的。但是,正是这种不良的热传导性也加剧了混凝土管片截面上温度场的不均匀性,导致产生巨大的不均匀温度应力,影响结构本身和相邻管片的安全性。

(2) 从点火时起,炉内温度经历了快速升温、恒温及降温的过程,对应的衬砌结构内各点的温度也经历了升温及降温的过程,但是二者并不同步,且衬砌结构内的升降温速度要小于炉内的温度变化速度(图 4-17、图 4-19、图 4-20)。值得注意的是,当停止加热,炉内温度开始逐渐降低时,衬砌结构内的温度并不同步降低,而是仍在缓慢增加,直到达到最高温度,然后才缓慢下降。且离受火面的距离越远,达到最高温度的时间越晚,开始降温的时间也越晚。这主要是由于混凝土为热惰性材料,衬砌结构内温度分布不均匀(越靠近受火面温度越高),这样即使已停止加热,但是靠近受火面的相对高温的混凝土仍会不断将热量传递给远离受火面的温度相对较低的混凝土,使得其温度不断升高,直到二者温差为零。

(3) 如图 4-16—图 4-20 所示,当衬砌结构内的温度在 100~115 ℃ 时,温度停止升高,温度-时间曲线上出现一个明显的平台,且距离受火面越远,温度平台出现的时间越晚,温度平台持续的时间越长(图 4-19)。这主要是由于当衬砌结构内的温度在 100~115 ℃ 时,衬砌结构内的水分开始蒸发,由于水分蒸发吸收了外界传来的热量,使得温度停止升高,直到水分蒸发完毕,吸收的热量才使得衬砌结构的温度继续升高(图 4-20)。而之所以离受火面越远,温度平台越长,是由于当衬砌结构表面的温度在 100~115 ℃ 时,衬砌结构表面附件的水分一部分以蒸汽的形式外逸,另一部分则向远离受火面的区域迁移,使得远离受火面区域内的水分增加,蒸发水分需要的时间相应增加(吴波,2003)。

温度平台的存在,明显改变了衬砌内的温度分布模式,降低了衬砌内达到的最高温度,延缓了达到混凝土临界温度的时间。从这一点上讲,如果能够避免衬砌混凝土的爆裂(衬砌混凝土的高含水量虽能产生长的温度平台,却加剧了混凝土爆裂的发生),则衬砌结构的耐火能力与上部结构相比,显得更为优越。

(4) 考察衬砌结构内钢筋处的温度(T_1~T_2)可以发现,随受火温度、高温持续时间以及受载状态的不同,钢筋处温度的变化范围在 100~400 ℃,且受火温度越高、持续时间越长、初始荷载越大,钢筋处的温度越高。以 300 ℃ 为限(钢筋处温度小于 300 ℃ 认为是安全的),则在 60~80 min 内,当受火温度为 1 100 ℃ 时,钢筋处温度会超限。需要注意的是,在实际火灾中,火灾的持续时间一般都会超过 60 min,最高温度超过 1 000 ℃,且表层混凝土会发生爆裂,因此,可以预见如果衬砌管片没有施加任何保护措施,则钢筋处的温度会远远超出允许值,导致钢筋强度、弹性模量急剧下降,影响衬砌结构的安全性。

(5) 与上部结构相比,隧道衬砌结构由于热边界的特殊性——与岩土体(包括地下水)接触,温度分布表现出不同的规律。如图 4-21、图 4-22 所示,在同样的火灾场景(HC 曲线,持续 1 h)下,PC1(背火面覆盖一定厚度的饱和泥土)各点的温度都低于 PC2(背火面裸露在空气中),且越靠近与岩土体(空气)接触的边界,二者的差别越大。此外,随着升温时间的推移,二者在任意点的温度差值都有增大的趋势。而产生这种差别的原因在于潮湿土体的热容量远大于空气的热容量,使衬砌结构的温度不易升高。

(6) 如图 4-23 所示,在同等受火条件下,RC 管片与 SFRC 管片截面上各点的温度-时

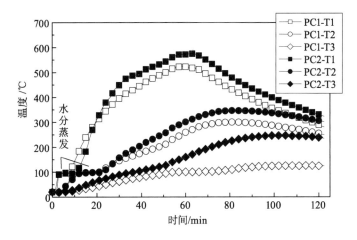

图4-21 HC曲线(1 100 ℃),持续1 h,板PC1,PC2内的温度分布

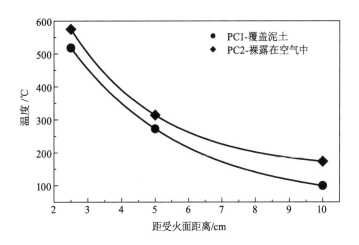

图4-22 HC曲线(1 100 ℃),持续1 h,板PC1,PC2内的最高温度沿板厚度的分布

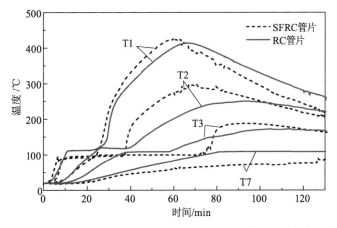

图4-23 同等受火条件下,RC管片、SFRC管片内温度分布的比较

间曲线基本一致,这表明一般情况下,当配筋率(或钢纤维掺量)较小时,钢筋(或钢纤维)的存在对衬砌内的温度分布影响较小,可以不予考虑,可将混凝土作为均质材料考虑。当然,如果衬砌结构钢筋(或钢纤维)配置较多时,则需要考虑其对温度分布的影响(ITA,2005)。

4.2.2 衬砌结构温度分布的理论计算方法
4.2.2.1 衬砌结构热传导理论及热工参数
1. 衬砌结构热传导理论

尽管混凝土是由水泥凝胶、骨料组成的各向异性、非均质材料,但是由于一般情况下衬砌结构的尺寸(厚度)都大于4倍的骨料最大粒径,因此,仍可以将衬砌结构混凝土视为各向同性的均质材料。此外,已有的试验和分析证明:钢筋混凝土结构的内力和变形状态,一般不影响结构的热传导过程和温度场的变化(时旭东和过镇海,1996),因此,可以独立进行衬砌结构温度场的计算。

如图4-24所示,从衬砌结构混凝土中取一与坐标系平行的微元体 $dV = dx\,dy\,dz$ 进行分析,则在 dt 时间内,导入、导出微元体的热量以及微元体热力学能的增量分别为

$$dQ_x + dQ_y + dQ_z = q_x dy\,dz\,dt + q_y dx\,dz\,dt + q_z dx\,dy\,dt \tag{4-1}$$

$$dQ_{x+dx} + dQ_{y+dy} + dQ_{z+dz} = q_{x+dx} dy\,dz\,dt + q_{y+dy} dx\,dz\,dt + q_{z+dz} dx\,dy\,dt$$
$$= (q_x dy\,dz\,dt + q_y dx\,dz\,dt + q_z dx\,dy\,dt) \tag{4-2}$$
$$+ \frac{\partial q_x}{\partial x} dx\,dy\,dz\,dt + \frac{\partial q_y}{\partial y} dx\,dy\,dz\,dt + \frac{\partial q_z}{\partial z} dx\,dy\,dz\,dt$$

$$\Delta Q = \rho(T)c(T) \frac{\partial T}{\partial t} dx\,dy\,dz\,dt \tag{4-3}$$

隧道衬砌防火计算一般不考虑衬砌混凝土本身的发热,则根据能量守恒定律,dt 时间内导入、导出热量的差应等于衬砌结构混凝土微元体热力学能的增量 ΔQ,因此可以得到

$$\rho(T)c(T) \frac{\partial T}{\partial t} = -\frac{\partial q_x}{\partial x} - \frac{\partial q_y}{\partial y} - \frac{\partial q_z}{\partial z} \tag{4-4}$$

如图4-25所示,根据傅里叶(Fourier J.)定律,对于各向同性材料,热流矢量 $\boldsymbol{q}$ 和温度梯度 $\mathrm{grad}T$ 可表示为

$$\boldsymbol{q} = -\lambda(T)\mathrm{grad}T \tag{4-5}$$

$$q_x i + q_y j + q_z k = -\lambda(T)\left(\frac{\partial T}{\partial x}i + \frac{\partial T}{\partial y}j + \frac{\partial T}{\partial z}k\right) \tag{4-6}$$

将式(4-6)代入式(4-4)，可得没有内热源情况下衬砌结构的瞬态导热微分方程式为

$$\rho(T)c(T)\frac{\partial T}{\partial t} = \frac{\partial}{\partial x}\left[\lambda(T)\frac{\partial T}{\partial x}\right] + \frac{\partial}{\partial y}\left[\lambda(T)\frac{\partial T}{\partial y}\right] + \frac{\partial}{\partial z}\left[\lambda(T)\frac{\partial T}{\partial z}\right] \quad (4\text{-}7)$$

考虑到隧道衬砌结构温度的传递主要沿厚度方向进行，坐标原点位于衬砌内表面，x轴正向沿内表面法线指向周围岩土体，如图 4-26 所示，因此，可以进一步将式(4-7)简化为

$$\rho(T)c(T)\frac{\partial T}{\partial t} = \frac{\partial}{\partial x}\left[\lambda(T)\frac{\partial T}{\partial x}\right] \quad (4\text{-}8)$$

式中　$\lambda(T)$——衬砌结构混凝土的导热系数，$W/(m \cdot K)$；

　　　　T——衬砌结构内任意点的温度，K；

　　　　$\rho(T)$——衬砌混凝土的密度，kg/m^3；

　　　　$c(T)$——衬砌混凝土的比热容，$J/(kg \cdot K)$；

　　　　t——时间，s。

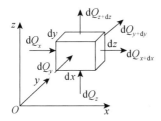

图 4-24　微元体的导热

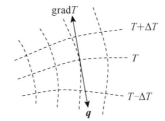

图 4-25　热流矢量和温度梯度的关系

为了求解上述方程，尚需补充初始条件和必要的边界条件，对于隧道衬砌结构而言，初始条件可表示为

$$T(x, t=0) = T_0 \quad (4\text{-}9)$$

至于边界条件，对于隧道衬砌结构而言，如图4-26所示，内侧（S_1 边界）为受火面，属于第三类边界（即已知热烟气流的温度 T_f 以及隧道壁面与烟气流间的对流换热系数 h），边界条件可表述为式(4-10)。对于隧道衬砌外侧（S_2 边界），由于被周围岩土体包裹，因此在不考虑衬砌混凝土与岩土体间的接触热阻（假定二者之间为理想接触）的情况下，边界条件可以表达为式(4-11)。

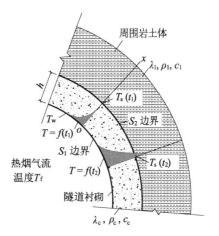

图 4-26　隧道衬砌结构的热边界

$$-\lambda(T)\frac{\partial T}{\partial x}\Big|_{S1}=h_{\mathrm{T}}(T_{\mathrm{f}}-T\big|_{S1})=h_{\mathrm{T}}(T_{\mathrm{f}}-T\big|_{x=0}) \qquad (4\text{-}10)$$

$$T\big|_{S2}=T\big|_{x=h}=T_S(t) \qquad (4\text{-}11)$$

式中 T_{f}——火灾时,隧道内热烟气流的温度,K;

$\quad\quad T_0$——衬砌结构的初始温度,K;

$\quad\quad h_{\mathrm{T}}$——衬砌结构混凝土与热烟气流间的对流换热系数,W/(m² · K);

$\quad\quad T_S$——衬砌外侧岩土体的温度,K;

$\quad\quad S_1$——衬砌受火侧边界;

$\quad\quad S_2$——衬砌外侧边界;

$\quad\quad D$——衬砌厚度,m。

当确定了衬砌结构混凝土、岩土体的热工参数后,根据上述各式即可求解衬砌结构内的温度分布。但是,考虑到:①衬砌混凝土的热工参数随温度变化较大,需要考虑热工参数随温度的变化规律;②隧道衬砌热边界随时间而发生变化;③衬砌结构形状上的变化,使得求解衬砌结构内的温度分布的解析式非常困难,一般可以借助数值计算的方法来得到近似解。

2. 衬砌结构材料的热工参数

在衬砌结构温度场的分析中,涉及的热工参数主要有混凝土导热系数 λ_{c}、比热容 c_{c}、密度 ρ_{c} 以及岩土体和钢筋(钢纤维)的相应热工参数。由于混凝土是由各种具有不同热工性能成分组成的人工复合材料,因此,随骨料种类、配合比、含水量等的不同而具有不同的热工参数。

(1) 混凝土导热系数 λ_{c} [W/(m · K)]。混凝土的导热系数随温度

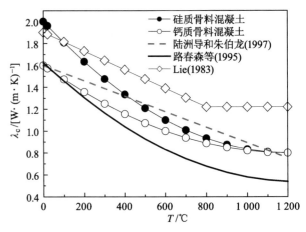

图 4-27 混凝土导热系数随温度的变化

的升高而降低,其中,骨料种类、含水率对导热系数具有明显的影响(ITA,2005)。如图 4-27 所示,由于影响因素众多,国内外文献给出的混凝土导热系数具有较大离散性。其中欧洲设计规程 Eurocode 2 分别给出了硅质、钙质骨料混凝土的计算式(过镇海和时旭东,2003):

$$\begin{cases} \text{硅质骨料:} \lambda_{\mathrm{c}}=2-0.24\left(\dfrac{T}{120}\right)+0.012\left(\dfrac{T}{120}\right)^2 & 20\ ℃\leqslant T\leqslant 1\ 200\ ℃ \\[3mm] \text{钙质骨料:} \lambda_{\mathrm{c}}=1.6-0.16\left(\dfrac{T}{120}\right)+0.008\left(\dfrac{T}{120}\right)^2 & 20\ ℃\leqslant T\leqslant 1\ 200\ ℃ \end{cases}$$

$$(4\text{-}12)$$

此外,陆洲导和朱伯龙(1997)通过试验研究给出了混凝土导热系数的计算式(4-13);路春森等(1995)根据国外试验资料,给出了混凝土导热系数的计算式(4-14);Lie(1983)给出了混凝土导热系数的计算式(4-15)。

$$\lambda_c = 1.6 - \frac{0.6}{850}T \tag{4-13}$$

$$\lambda_c = 1.16(1.4 - 1.5 \times 10^{-3}T + 6 \times 10^{-7}T^2) \tag{4-14}$$

$$\begin{cases} \lambda_c = 1.9 - 0.00085T & 0\ ℃ \leqslant T \leqslant 800\ ℃ \\ \lambda_c = 1.22 & T > 800\ ℃ \end{cases} \tag{4-15}$$

总体而言,混凝土的导热系数随温度的升高而减小,大致在 2.0~0.5 W/(m·K)范围内变化。考虑到衬砌结构混凝土处于周围岩土体的包裹中,湿度大,特别是受热时水分将从高温区向低温区迁移而传递热量,因此,导热系数比地上结构混凝土偏大。

(2) 混凝土比热容 c_c [J/(kg·K)]。如图 4-28 所示,混凝土比热容随温度的升高而增大,大致在 800~1 400 J/(kg·K)变化(ITA,2005)。此外,混凝土比热容随骨料比热、混凝土密度、含水率的增大而增大,而骨料种类、配合比、龄期等则对混凝土比热容的影响较小。欧洲设计规程 Eurocode 2 给出了不同温度下混凝土比热容的计算式(过镇海和时旭东,2003):

$$c_c = 900 + 80\left(\frac{T}{120}\right) - 4\left(\frac{T}{120}\right)^2 \quad 20\ ℃ \leqslant T \leqslant 1\ 200\ ℃ \tag{4-16}$$

陆洲导和朱伯龙(1997)通过试验研究,给出了混凝土比热容的计算式:

$$c_c = 0.2 + \frac{0.1}{850}T \tag{4-17}$$

$$c_c = 836.8 + \frac{418.4}{850}T = 836.8 + 0.4922T \tag{4-18}$$

(3) 混凝土密度 ρ_c (kg/m³)。由于水分蒸发、骨料(水泥凝胶)受热体积膨胀等原因,随着温度的升高,混凝土的密度减小。但是,与其他热工参数的变化相比,混凝土密度的变化较小,对衬砌结构内温度的分布影响较小,一般可以将其视为与温度无关的值,取2 400 kg/m³。

(4) 钢材的热工参数。一般工程上使用的钢材的导热系数均随着温度的升高而降低,在55~28 W/(m·K)。此外,钢材的比热容随温度的升高而增加,在420~840 J/(kg·K)。就密度而言,当钢材膨胀后,密度稍有下降,一般可取为常值7 850 kg/m³。

(5) 热烟气流与混凝土间的综合换热系数 h_T [W/(m²·K)]。衬砌混凝土受火面与热烟气流及周围环境间存在着不稳定的对流与辐射换热,其中影响该换热过程的因素主

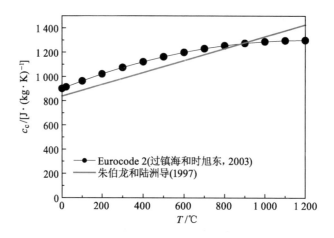

图 4-28　混凝土比热容随温度的变化

要有：流动状态、流体的物性、固体的物性和表面的几何参数等。图 4-29 给出不同文献建议的综合换热系数随温度的变化规律。

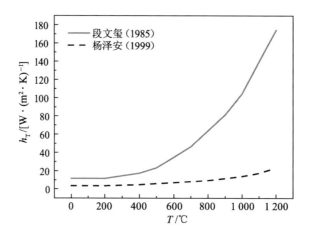

图 4-29　衬砌混凝土与热烟流间的综合换热系数

（6）地下水及岩土体的热工参数。如图 4-30 所示，在 0～360 ℃范围内，饱和水的定压比热可以用式(4-19)计算（章熙民 等,2001）。考虑到一般情况下,火灾时衬砌结构外侧岩土体及地下水的温度不会上升很高（<200 ℃）,因此,可以将地下水的定压比热视为常数 4 200 J/(kg・K)。

$$c_{\mathrm{p}} = 4\,203.233\,45 + 0.542\,03\mathrm{e}^{\frac{T}{37.409\,65}} \qquad (0\sim360\ ℃) \qquad (4\text{-}19)$$

隧道衬砌结构周围岩土体的热工参数随岩土类型、含水量等而变化。同时,考虑到火灾时,岩土体温度即使发生变化,幅度也不会太大,因此,可以参照其常温时的参数选取,如表 4-2 所示。

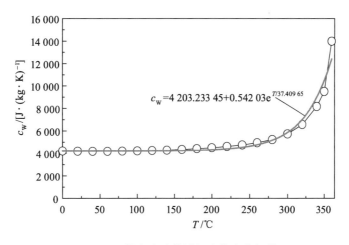

图 4-30 饱和水比热随温度的变化规律

$$c_w = 4\ 203.233\ 45 + 0.542\ 03e^{T/37.409\ 65}$$

表 4-3 岩土体材料的热参数

常温时	密度 $\rho/(\mathrm{kg \cdot m^{-3}})$	比热容 $c/[\mathrm{J \cdot (kg \cdot K)^{-1}}]$	导热系数 $\lambda/[\mathrm{W \cdot (m \cdot K)^{-1}}]$	来源
黏土	1 850	1 840	1.41	章熙民等,2001
砂土	1 420	1 510	0.59	
黄土	880	1 170	0.94	
岩体	$C\rho = 2.1\ \mathrm{MJ/(m^3 \cdot K)}$		1.68	麦继婷和陈春光,1998
	$C\rho = 360\ \mathrm{kJ/(m^3 \cdot K)}$		10	曾巧玲等,1997
	2 740	817.5	3.69	马建新等,2003
	2 700	1 000	3.49	付祥钊和高志明,1994

4.2.2.2 温度沿衬砌厚度的分布规律

本节借助数值分析的方法,根据上节论述的热传导理论,分析了隧道衬砌结构温度沿厚度的分布规律,以及爆裂对温度分布的影响,并与试验结果进行了对比。本节计算考虑了下列条件:

(1) 将衬砌结构混凝土视为均质、连续的介质,且不考虑钢筋、钢纤维的影响。

(2) 计算中,混凝土导热系数 λ_c、比热 c_c 分别根据式(4-12)、式(4-16)计算;混凝土密度取为常值 $\rho_c = 2\ 400\ \mathrm{kg/m^3}$;衬砌结构受火面与热烟气流间的综合换热系数根据段文玺(1985)建议的值确定(图 4-29);此外,地下水及岩土体的热工参数根据式(4-19)和表 4-3确定。

(3) 计算中火灾场景选用 HC 曲线(反映热烟气流温度随时间的变化关系)。

(4) 计算中考虑了混凝土爆裂对衬砌结构温度分布的影响。

(5) 根据 ITA(2005)的建议:计算隧道衬砌温度场时,需要同时模拟周围地层的热属性,计算中模拟了周围岩土体对衬砌结构温度分布的影响。

(6) 计算中没有考虑由于水分蒸发而引起的温度平台,这样会导致计算结果偏大,且计算偏差($T_C - T_B$)与温度平台的长度有关,温度平台越长,计算偏差越大(图4-31)。同时,可以看到,如果将计算曲线从温度平台末端 B 对应的时刻起,向下平移一个温度差($T_C - T_B$),即曲线 CD 整体平移到 BE,则计算曲线和实测曲线仍可以较好地吻合。据此,可以建立考虑水分蒸发影响的衬砌结构温度场计算方法:首先在不考虑水分蒸发影响的情况下,计算得到衬砌内某点的温度-时间曲线 $OACD$;然后在 $100 \sim 115$ ℃ 区间作水平线 AB,其长度等于根据以往实测数据总结的温度平台的长度;然后,从 C 点起,将计算曲线 CD 整体平移到 BE,则新的曲线 $OABE$ 即为考虑了水分蒸发影响的衬砌结构内的温度-时间曲线。

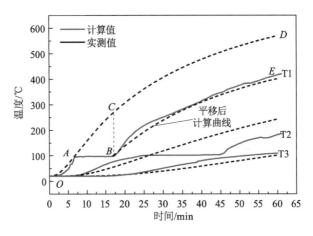

图 4-31　计算值与实测值的对比

图 4-32—图 4-33 给出了不同厚度衬砌结构截面上的温度分布规律。可以看到,随着离受火面距离的增大,温度逐渐降低,且温度降低的梯度逐渐减小。在升温初期,衬砌结构内温度梯度最大,温度影响范围小。随着时间的推移,各点温度不断升高,温度分布曲线渐趋平缓,温度的影响范围逐渐扩大。以 350 mm 厚的衬砌为例,如图 4-34 所示,大约 100 min 时,火灾高温的影响范围已达到了衬砌-岩土体的界面,表现为该处的温度开始缓慢升高。由于隧道火灾持续时间较长,因此周围岩土体会明显影响其内部的温度分布,进而影响其力学性能的劣化。

此外,对不同时刻、不同厚度衬砌结构截面上的温度分布进行拟合(图4-32、图4-33),可以发现不论是实测还是计算,式(4-20)都能够较好地描述这些截面上温度的分布规律。这样,对于任意火灾场景、任意厚度的衬砌结构,只要求得了系数 A_1,A_2,A_3,则可以利用式(4-20)来描述截面上连续的温度分布规律,这为后续衬砌结构高温力学性能的分析提供了便利。

$$T(x) = A_1 \mathrm{e}^{-\frac{x}{A_2}} + A_3 \qquad (4-20)$$

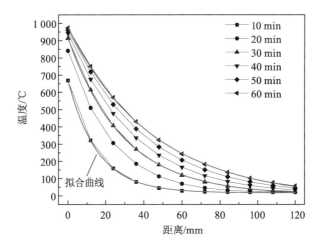

图 4-32 衬砌厚 $h=120$ mm 时,不同时刻衬砌结构截面上温度分布(不考虑爆裂)

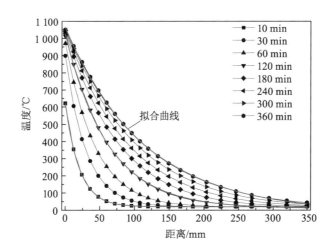

图 4-33 衬砌厚 $h=350$ mm 时,不同时刻衬砌结构截面上温度分布(不考虑爆裂)

式中 x——距受火面的距离,m;

A_1,A_2,A_3——与衬砌结构厚度、火灾时间相关的系数。

4.2.2.3 爆裂对衬砌结构温度分布的影响

大量的火灾案例和试验研究表明,隧道衬砌结构在火灾高温下会发生严重的爆裂(详见第 6 章第 6.2.3 小节),使得衬砌厚度变薄,截面上的温度分布发生突变。

以 350 mm 厚的衬砌为例,分析了混凝土爆裂对衬砌截面温度分布的影响。计算涉及的参数及假设分别为:

(1)衬砌厚 350 mm,受火侧钢筋保护层厚度为 50 mm;

(2)火灾场景选用 HC 曲线(反映温度随时间的变化);

(3)混凝土最大爆裂深度为 50 mm;开始爆裂时间为起火后 5 min,持续 25 min;

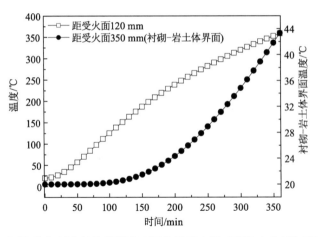

图 4-34 不考虑爆裂时,衬砌结构截面上不同位置温度随时间的变化(衬砌厚 $h=350$ mm)

(4) 假设爆裂连续发生,按线性规律逐渐达到最大深度(图 4-35)。

图 4-36—图 4-39 给出了考虑爆裂时衬砌结构截面上的温度分布以及爆裂对衬砌结构内温度分布的影响。由于混凝土的爆裂,衬砌结构截面上爆裂深度处的温度发生突变,有一个突然的温度增量(图 4-37)。同时,由于爆裂减薄了衬砌厚度,与不考虑爆裂相比,衬砌结构截面上各点的温度都明显升高(图 4-38),且越靠近受火面,爆裂的影响越明显。此外,如图 4-39 所示,衬砌结构内部爆裂导致的温度增量随着火灾时间的延续而增大,但增大的幅度随着离开受火面距离的增加而减小。

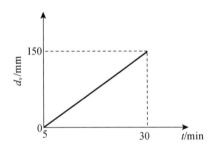

图 4-35 衬砌混凝土的爆裂模式

当没有发生爆裂时,距受火面 50 mm 处(大致相当于受力主筋的位置)的温度在火灾后 120 min 时为463 ℃,而当发生了 50 mm 深的爆裂后,在同样时间该处的温度达到了 1 004 ℃,远远超出了钢筋的临界温度,这会导致钢筋力学性能迅速劣化,降低衬砌结构的安全性。这也强调了保护衬砌结构避免发生爆裂的重要性和必要性。

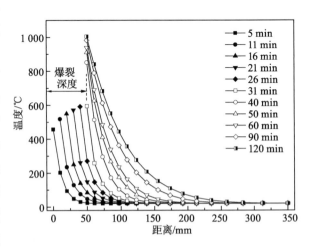

图 4-36 考虑爆裂时衬砌结构截面上的温度分布

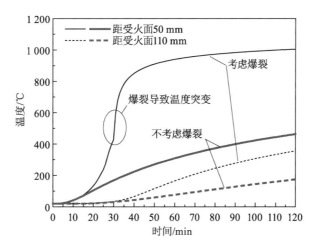

图 4-37 爆裂对衬砌结构内温度-时间曲线的影响

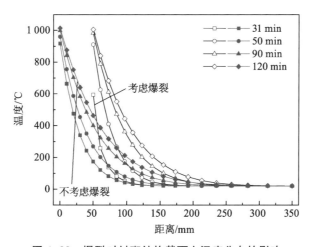

图 4-38 爆裂对衬砌结构截面上温度分布的影响

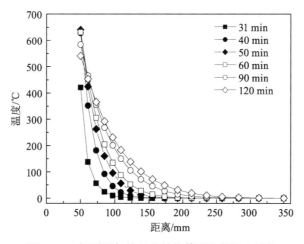

图 4-39 爆裂引起的衬砌结构截面上的温度增量

4.3 衬砌管片高温时(高温后)的变形性能

4.3.1 衬砌管片在火灾中的宏观表现

混凝土在火灾高温下的物理力学性能决定于升温速度、最高温度、集料和水泥基体的特性、含水率、孔隙结构及所受的荷载状况。由于隧道火灾和衬砌结构的特殊性,火灾对衬砌结构的影响明显不同于地面建筑(Dorgarten 等,2004)。

(1) 隧道火灾升温速度快(最高可达到 250 ℃/min),最高温度高(可达 1 350 ℃),持续时间长(详见第 2 章)。长时间的高温会严重降低衬砌混凝土的物理力学性能,同时快速升温也加剧了混凝土的爆裂(衬砌混凝土主要承受压应力,更易于发生爆裂)。

(2) 衬砌结构单面受火,外侧被岩土体包裹,地下水及岩土体会明显影响其温度的分布、发展变化规律,进而导致衬砌结构在火灾高温下表现出不同的物理力学反应。

从宏观表现上来看,火灾过程中,随着衬砌管片温度的升高,混凝土中的大量水分从裂隙中蒸发,开始的时间在点火后 5~10 min,持续的时间为 30~40 min。此外,试验结束后,在裂隙处可见大量的白色物质(图 4-40)。与常温时相比,管片受火面的颜色呈现灰白色(或接近浅红色)(图 4-41)。从管片侧面明显可以看到混凝土颜色的层次变化。

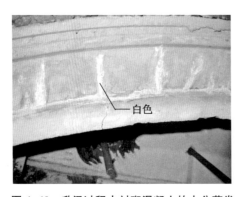
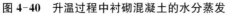
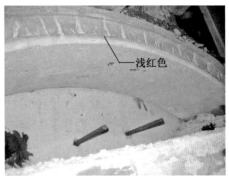

图 4-40 升温过程中衬砌混凝土的水分蒸发　　图 4-41 火灾高温后管片的颜色变化

受火表面混凝土已相当疏松,轻敲即碎,受火面附近的钢纤维由于持续高温的作用,已发生部分熔融(图 4-42),颜色由常温时的灰白色,变为了黑色。除了受火面出现的大量龟裂,升温过程中,管片内出现与受载状态对应的裂缝,裂缝较长、较宽,肉眼可见。同时,经受火灾高温后,衬砌管片受火面混凝土出现大量的龟裂、掉皮及爆裂(图4-43)。

4.3.2 衬砌管片火灾高温时的变形性能

为方便起见,在后述结果中,荷载、内力、位移、张角的正向均以图 4-44 所示为准。同时,结果中各符号的含义为:LC1 为工况一,LC2 为工况二,f_m 为跨中竖向位移(即挠度,

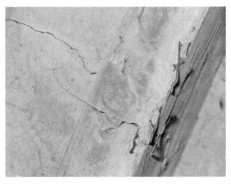

图 4-42　混凝土中的钢纤维发生部分熔融　　　　图 4-43　管片表面掉皮及爆裂

以下简称"跨中位移"），P_V 为竖向力，T_{fmax} 为试验中炉内的最高温度，N_m 为管片跨中轴力，M_m 为管片跨中弯矩，M_{mu} 为管片跨中极限弯矩，M_P 为荷载作用点（$P_V/2$ 作用点）的弯矩，t 为高温持续的时间，P_{u0} 为常温下管片的竖向极限荷载（RC 管片 $P_{u0}=140$ kN，SFRC 管片 $P_{u0}=80$ kN）。

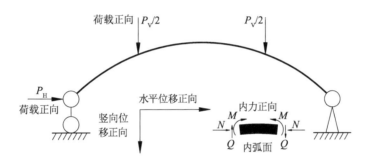

图 4-44　管片火灾高温试验中变形、荷载方向的规定

　　图 4-45、图 4-46 给出了不同初始荷载（$P_V/P_{u0}=0,0.15,0.55$），$T_{fmax}=1\,100$ ℃ 时，RC 管片、SFRC 管片在升温、恒温阶段（$t \leqslant 60$ min）跨中位移 f_m 随时间的变化规律。

　　可以看到，当无初始预加荷载（LC1，$P_V/P_{u0}=0$）升温时，由于不均匀温度分布，截面各点产生不均匀的热膨胀，导致管片曲率发生变化，表现为跨中位移 f_m 发生明显的增加。此外，由于不均匀热膨胀导致管片变形随加热时间的持续而先增加后趋于平缓，不再增加。这是由于：一方面，混凝土的热膨胀在 $T<600$ ℃ 较为明显且增加迅速，而当温度超过 $600\sim700$ ℃ 后，热膨胀变形缓慢，接近停滞；另一方面，随着时间的持续，管片截面上混凝土的温度不断升高，温度梯度不断减小，热膨胀导致的不均匀性逐渐减小。

　　当对管片施加初始荷载升温时（LC2，$P_V/P_{u0}=0.15$ 或 $P_V/P_{u0}=0.55$），管片变形的方向及量值取决于不均匀热膨胀导致的位移（－）和由于混凝土（钢筋）力学性能劣化、弹性模量降低以及混凝土短期高温徐变而导致的变形（＋）。在升温（恒温）过程中，随着上述某一种因素占据主导地位，管片的变形表现出不同的规律。

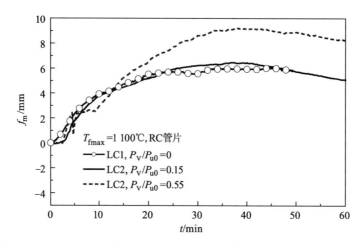

图 4-45　$T_{\text{fmax}} = 1\,100\,℃$，升温、恒温阶段，RC 管片跨中位移随时间的变化

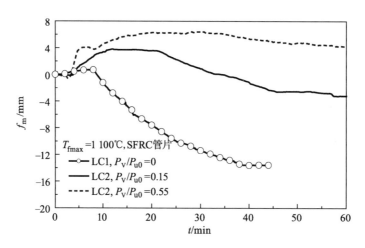

图 4-46　$T_{\text{fmax}} = 1\,100\,℃$，升温、恒温阶段，SFRC 管片跨中位移随时间的变化

　　在升温初始阶段，在初始预加荷载的作用下，由于材料力学性能劣化而导致的变形（＋）大于不均匀热膨胀导致的变形（－），表现为管片变形在初始预加荷载导致的变形的基础上不断增大，且增加的幅度明显大于没有预加荷载（$P_{\text{V}}/P_{\text{u0}} = 0$）的情况。对于 RC 管片，当升温 40 min 左右时，随着截面上被加热混凝土厚度的增加，不均匀热膨胀导致的变形（－）开始占主导，表现为管片正方向的变形停止增加，管片达到最大变形，之后，变形逐渐减小。对于 SFRC 管片，也表现出同样的规律，但变形出现转折的时间较 RC 管片提前，在 10～20 min，随 $P_{\text{V}}/P_{\text{u0}}$ 的大小而不同，初始预加荷载越大，转折点出现的时间越晚。

　　初始预加荷载的大小对管片的变形规律具有明显的影响。如图 4-45、图 4-46 所示，初始预加荷载（$P_{\text{V}}/P_{\text{u0}}$）越大，同样的升温过程中，管片达到的最大变形越大。例如，对于 RC 管片，$P_V/P_{u0} = 0.15$ 时，管片跨中最大位移 f_m 为 6.4 mm，而当 $P_V/P_{u0} = 0.55$，f_m 达到 9.2 mm，是前者的 1.4 倍。

图 4-47、图 4-48 给出了不同初始预加荷载下，RC 管片、SFRC 管片跨中位移从升温、恒温直到降温全过程的变化规律。可以看到，开始降温后，管片正向的变形逐渐减小，但减小的速度逐渐减缓。其原因是：当停止对管片加热后（$t > 60$ min），管片逐渐冷却，混凝土温度逐渐下降，高温导致的热膨胀变形逐渐减小；同时，随着管片温度降低，截面上的温度梯度逐渐减小，截面上出现反向温度分布（即混凝土内部温度高于表面温度），由此产生的热膨胀，导致了管片向外弓起的趋势（f_m 趋向于负值）；此外，在降温阶段，随着钢筋力学性能的恢复，管片抵抗预加荷载变形的能力逐渐恢复，使得在 P_V/P_{u0} 保持不变的情况下，f_m 逐渐减小。

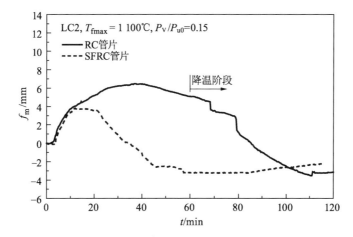

图 4-47 LC2，$T_{fmax} = 1\ 100\ ℃$，$P_V/P_{u0} = 0.15$，RC 管片、SFRC 管片跨中位移随时间的变化（升温→降温全过程）

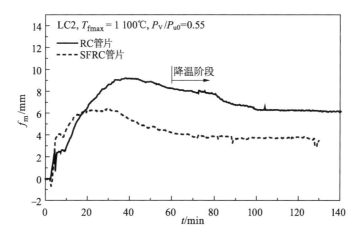

图 4-48 LC2，$T_{fmax} = 1\ 100\ ℃$，$P_V/P_{u0} = 0.55$，RC 管片、SFRC 管片跨中位移随时间的变化（升温→降温全过程）

同时,初始预加荷载的大小对管片降温后的残余变形具有明显的影响。初始预加荷载越大,管片降温后的残余变形也越大,且保持与高温时最大变形的方向一致;而当初始预加荷载较小时,降温后管片的残余变形与高温时的最大变形反向。例如,$P_V/P_{u0}=0.15$时,降温后 RC 管片、SFRC 管片跨中的残余变形 f_m 分别为 -3.5 mm,-2.2 mm,与高温时的最大位移 6.4 mm,3.7 mm 反向。而当 $P_V/P_{u0}=0.55$ 时,降温后 RC 管片、SFRC 管片跨中的残余变形 f_m 分别达到了 6.1 mm,3.6 mm,与高温时的最大位移 9.2 mm,6.4 mm 同向。

图 4-49 给出了 $T_{fmax}=1\,100℃$ 时,RC 管片、SFRC 管片在高温加载试验时,跨中位移 f_m 与竖向荷载 P_V 的关系。可以看到,由于钢筋受热弹性模量下降,高温加载时 RC 管片的延性增强,表现为当达到极限荷载 P_{Vu} 时,P_V-f_m 曲线上出现明显的转折点之后,在 P_V 几乎不增加的情况下,跨中位移 f_m 持续快速增大,且增加量可观,达到了 35 mm。而对于 SFRC 管片,由于高温下受火侧钢纤维与混凝土的黏结作用被削弱,同时,钢纤维由于高温作用自身丧失了大部分强度,使得在受拉区 SFRC 管片与素混凝土管片差别不大,导致高温加载时破坏过程短促,没有明显的转折点。从这一点讲,RC 管片的高温变形性能要优于 SFRC 管片。

此外,可以看到,同等受火温度下,RC 管片的刚度要大于 SFRC 管片。

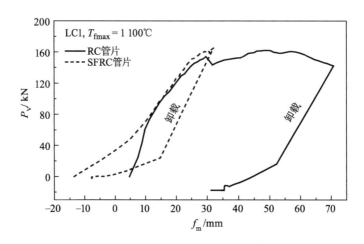

图 4-49　LC1, $T_{fmax}=1\,100$ ℃,高温加载时, RC 管片、SFRC 管片跨中位移与竖向荷载的关系

与常温相比,火灾高温时,衬砌管片会发生可观的变形,这会对隧道衬砌结构产生不良影响。

(1) 衬砌结构为高次超静定体系,火灾高温时,管片变形的增加、刚度的降低都会引起衬砌结构体系内力的重分布,使得不同部位结构的安全度发生变化,甚至会导致非受火部位的衬砌结构由于额外承受了受火部位结构传递的荷载增量而发生破坏。

(2) 火灾高温时,衬砌结构产生的可观的变形,不仅会导致隧道结构防水的失效,同时也会影响隧道运营环境的安全(如变形太大侵入限界)。此外,当降温后,衬砌结构产生的变形不能完全恢复,较大的残余变形也会对隧道的运行环境产生影响。

4.3.3 经历火灾高温后衬砌管片的变形性能

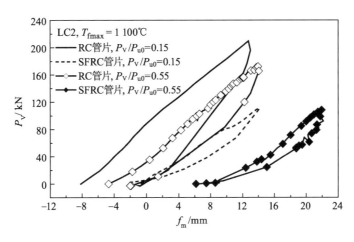

图 4-50 LC2,$T_{\text{fmax}}=1\,100\,℃$,高温后,RC 管片、SFRC 管片跨中位移与竖向荷载的关系

图 4-50 给出了不同初始预加荷载($P_{\text{v}}/P_{\text{u0}}=0.15$ 或 $P_{\text{V}}/P_{\text{u0}}=0.55$),RC 管片、SFRC 管片经历可以看到,承受不同初始预加荷载($P_{\text{v}}/P_{\text{u0}}=0.15$ 或 $P_{\text{v}}/P_{\text{u0}}=0.55$)的 RC 管片、SFRC 管片,当降温并卸载后,管片的变形不能完全恢复。对于 RC 管片而言,初始预加荷载越小,卸载后残余的跨中位移 f_{m}(一)越大,且与高温时的位移(+)反向。而对于 SFRC 管片,随初始预加荷载的增加,卸载后残余的跨中位移 f_{m} 由 $P_{\text{v}}/P_{\text{u0}}=0.15$ 时的负值转变为 $P_{\text{v}}/P_{\text{u0}}=0.55$ 时的正值,且后者量值明显大于前者。

与 SFRC 管片相比,在相同的初始预加荷载下,经历同等高温($T_{\text{fmax}}=1\,100\,℃$)后,RC 管片降温卸载后再加载时达到破坏时的变形增量 f_{m} 明显大于 SFRC 管片。例如,当 $P_{\text{v}}/P_{\text{u0}}=0.15,\,0.55$ 时,再加载达到破坏时,RC 管片的变形增量 f_{m} 分别为 20.8 mm、18.6 mm,高于 SFRC 对应的 16.4 mm、16.0 mm。

图 4-51、图 4-52 给出了 RC 管片、SFRC 管片高温加载与高温后加载时 P_{v}-f_{m} 曲线的对比。可以看到,高温加载时管片的变形 f_{m} 明显大于高温冷却后再加载的相应值。特别是对于 RC 管片,高温加载时的 P_{v}-f_{m} 曲线与经历高温冷却后再加载时的曲线差别非常明显,表现在:高温后加载时管片的破坏过程短促,这体现了高温冷却后钢筋力学性能恢复的现象。而对于 SFRC 管片,高温时加载与高温后加载二者的差别不如 RC 管片明显。但是,不论 RC 管片,还是 SFRC 管片,高温时的刚度都小于高温冷却后的刚度,高温加载而引起的变形增量都明显大于高温后再加载时的对应值。

4.3.4 最高温度对衬砌管片变形的影响

图 4-53、图 4-54 给出了不同最高温度($T_{\text{fmax}}=600\,℃$ 或 $T_{\text{fmax}}=1\,100\,℃$)时,RC 管

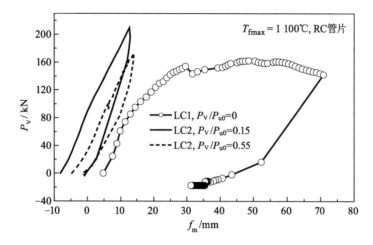

图 4-51　T_{fmax}＝1 100 ℃，不同工况下，RC 管片跨中位移与竖向荷载的关系

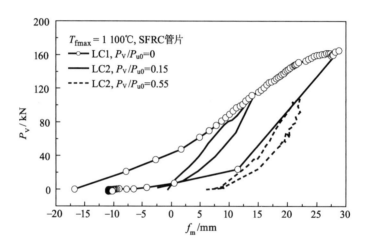

图 4-52　T_{fmax}＝1 100 ℃，不同工况时，SFRC 管片跨中位移与竖向荷载的关系

片、SFRC 管片(P_v/P_{u0}＝0)跨中位移 f_m 随时间的变化。

　　可以看到，T_{fmax} 越高，引起的不均匀热膨胀越大，管片的变形越大。例如，对于 RC 管片，当最高温度 T_{fmax} 为 600 ℃时，跨中位移 f_m 的最大值约为 1.7 mm，而当最高温度 T_{fmax} 为 1 100 ℃时，跨中位移 f_m 的最大值达到了 6.2 mm，增幅非常显著。

　　图 4-55、图 4-56 给出了不同最高温度（T_{fmax}＝600 ℃ 或 T_{fmax}＝1 100 ℃）下，RC 管片、SFRC 管片高温加载时，P_v-f_m 关系曲线的变化规律。

　　可以看到，对于 RC 管片，最高温度 T_{fmax} 越高，管片破坏时表现出的延性越明显（P_v 不再增加时，f_m 持续增加）；而最高温度 T_{fmax} 越低，达到最大 P_v 时对应的跨中位移增量 f_m 越大，但转折点后的平台越不明显，破坏过程相对短促。对于 SFRC 管片而言，不同最高温度 T_{fmax} 时，P_v-f_m 曲线的形状差别不大。这表明，最高温度对 RC 管片的高温加载

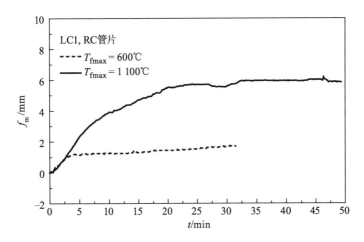

图 4-53　LC1,升温、恒温阶段,RC 管片跨中位移随时间的变化

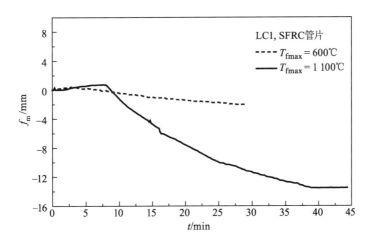

图 4-54　LC1,升温、恒温阶段,SFRC 管片跨中位移随时间的变化

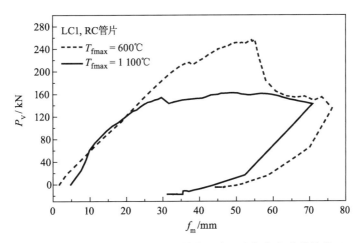

图 4-55　LC1,高温加载时,RC 管片跨中位移与竖向荷载的关系

时的变形性能敏感,而对 SFRC 管片则不敏感。其原因在于:高温加载时,RC 管片的刚度、变形性能主要取决于钢筋的高温力学性能,而钢筋的高温力学性能受温度的影响非常大。

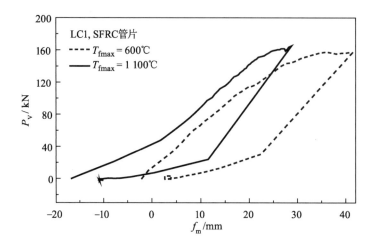

图 4-56　LC1,高温加载时,SFRC 管片跨中位移与竖向荷载的关系

4.4　衬砌管片高温时(高温后)的承载力

4.4.1　衬砌管片火灾高温时的内力变化及承载力

图 4-57—图 4-60 给出了 $T_{fmax} = 1\,100\,℃$,不同初始荷载($P_v/P_{u0} = 0$,0.15,0.55)时,RC 管片、SFRC 管片在升温、恒温阶段($t \leqslant 60\,min$)跨中轴力 N_m、跨中截面弯矩 M_m、加载点弯矩 M_P 随时间的变化规律。

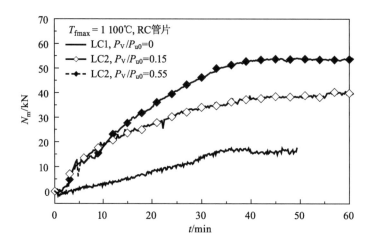

图 4-57　$T_{fmax} = 1\,100\,℃$,升温、恒温阶段,RC 管片跨中轴力随时间的变化

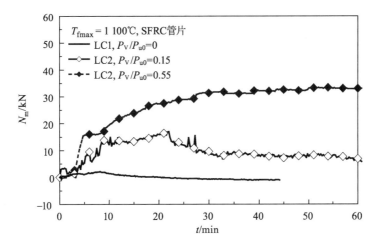

图 4-58 $T_{fmax}=1\,100\,℃$，升温、恒温阶段，SFRC 管片跨中轴力随时间的变化

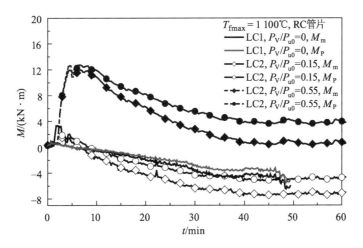

图 4-59 $T_{fmax}=1\,100\,℃$，升温、恒温阶段，RC 管片跨中(加载点)弯矩随时间的变化

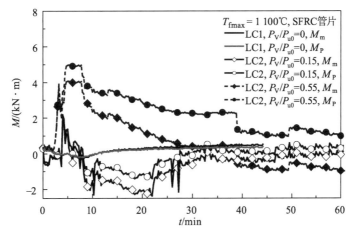

图 4-60 $T_{fmax}=1\,100\,℃$，升温、恒温阶段，SFRC 管片跨中(加载点)弯矩随时间的变化

可以看到,当无初始预加荷载(LC1,$P_V/P_{u0}=0$)升温时,无论 RC 管片还是 SFRC 管片,随着管片混凝土温度的升高,由于不均匀热膨胀而导致管片发生变形,其中,在支座处,管片有伸长的趋势,但是由于支座的约束,管片无法伸长,在支座处产生约束反力 P_H(P_H 在数值上等于跨中轴力 N_m)。P_H(N_m)随着温度的不断升高而逐渐增大,但增加的速度在减小且趋于平缓,其原因主要是当温度较高时(超过 $600\sim700\ \text{℃}$,混凝土热膨胀几乎停滞),混凝土的热膨胀变缓,接近停滞(详见 4.3.2 节)。而由于支座处约束反力 P_H 的产生及不断增大,使管片内由自重产生的初始弯矩(+)发生变化,由正值变为负值,并随时间而逐渐增大。

对管片施加了初始预加荷载(LC2,$P_V/P_{u0}=0.15,0.55$)后,在支座处即产生初始的约束反力。当开始升温后,由于混凝土热膨胀和管片材料力学性能的劣化,在初始荷载(P_V/P_{u0})保持不变的情况下,支座处的约束反力 P_H 在原有基础上逐渐增大(相应的跨中轴力 N_m 也逐渐增大)。由于 P_H 的增大,使得管片由初始预加荷载和自重产生的正弯矩逐渐减小。

初始预加荷载对管片支座处的约束反力 P_H(或跨中轴力 N_m)的大小具有明显的影响。当无预加荷载(LC1,$P_V/P_{u0}=0$)时,由于升温而引起的约束反力 P_H(轴力 N_m)增量最小,而当有初始预加荷载(LC2,$P_V/P_{u0}=0.15,0.55$)时,由于升温而引起的该增量均大于无初始预加荷载的情形,且初始预加荷载越大,约束反力 P_H(轴力 N_m)的增量越大。例如,对于 RC 管片,$P_V/P_{u0}=0$ 时,最大轴力 N_m 的增量为 15.5 kN,当 $P_V/P_{u0}=0.15,0.55$ 时,对应的轴力增量达到了 32.9 kN,41.8 kN;对于 SFRC 管片,$P_V/P_{u0}=0$ 时,最大轴力 N_m 的增量为 2.5 kN,而当 $P_V/P_{u0}=0.15,0.55$ 时,对应的轴力增量达到了 13.6 kN,17.8 kN。

值得注意的是,由于实际上衬砌结构体系是由相互连接的管片组成的一个高次超静定体系,每一块管片的变形都会受到相邻管片的约束(包括纵向约束及环向约束),因此,由于升温而引起的内力增量不仅加重了受火管片自身的负担,同时会传递给相邻管片,改变相邻管片的受力状态,降低其安全性。此外,相对于本试验中管片的受力状态而言,支座约束反力 P_H 的增加,减小了管片正弯矩,对管片受力有利;但是对于初始承受负弯矩的管片(例如盾构隧道处于拱腰处的管片)而言,支座约束反力 P_H 的增加却加大了管片所承受的负弯矩,对管片不利。

以 RC 管片为例,图 4-61、图 4-62 给出了 $T_{fmax}=1\ 100\ \text{℃}$,不同初始预加荷载($P_V/P_{u0}=0.15,0.55$)时,RC 管片升温→恒温→降温阶段的内力变化规律。

可以看到,当对管片施加初始荷载($P_V/P_{u0}=0.15,0.55$),并在升温→降温过程中保持 P_V 不变后,随着管片经历升温、恒温阶段,管片跨中轴力 N_m 在不断增大,分别在大约 57 min($P_V/P_{u0}=0.15$)、39 min($P_V/P_{u0}=0.55$)后达到最大值,并维持平缓的变化,之后,开始逐渐减小,并趋于初始值。值得注意的是,管片跨中轴力 N_m 开始减小的时间要滞后于管片停止加热,开始降温的时间($t = 60$ min)。

同时,可以看到,初始预加荷载的大小对于管片跨中轴力 N_m 的大小具有明显的影响。当初始预加荷载较小($P_V/P_{u0} = 0.15$)时,随着管片温度的不断升高,N_m 不断增大,并在升温后约 10 min 超过了 P_V,最大值达到了 40.3 kN;而当初始荷载较大($P_V/P_{u0} = 0.55$)时,升温过程中 N_m 始终小于 P_V,最大值达到了 54.0 kN。

与 N_m 一样,在升温→恒温→降温过程中,管片承受的弯矩也发生了明显的变化。如图 4-61、图 4-62 所示,当初始预加荷载较小($P_V/P_{u0} = 0.15$)时,管片跨中弯矩 M_m、加载点弯矩 M_P 随着时间的持续,从初始荷载(以及自重)产生的正弯矩逐渐减小,并转化为负弯矩,绝对值不断增大,之后,与 N_m 的变化同步,随着 N_m 的逐渐减小,M_m,M_P 也逐渐从

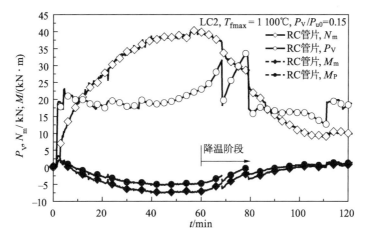

图 4-61 LC2,$T_{fmax} = 1\,100\ ℃$,$P_V/P_{u0} = 0.15$,竖向荷载、RC 管片弯矩
及跨中轴力随时间的变化(升温→降温全过程)

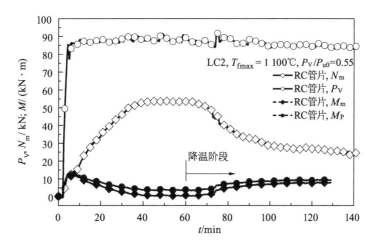

图 4-62 LC2,$T_{fmax} = 1\,100\ ℃$,$P_V/P_{u0} = 0.55$,竖向荷载、RC 管片弯矩
及跨中轴力随时间的变化(升温→降温全过程)

负弯矩向正弯矩过渡,并趋于初始值。而当初始预加荷载较大($P_V/P_{u0} = 0.55$)时,M_m,M_P 也随着管片的升温,从初始正弯矩不断减小,但是,由于 N_m 增量引起的负弯矩尚不能完全抵消初始正弯矩,在整个升温→恒温过程中,管片弯矩仍保持为正值,但与初始值相比,降低幅度可观。之后,在降温阶段,随着管片温度的逐渐降低,N_m 逐渐减小,M_m,M_P 也逐渐增大,并趋于初始值。

在升温→恒温→降温过程中管片轴力的先增大后减小,以及管片弯矩的先减小后增大(或者先减小并发生变号,后又恢复到初始值)的现象,对于管片而言,相当于经历了一次加卸载循环,加重了管片的损伤。特别是当弯矩发生变号时,对于非对称设计的截面,将极大地影响截面高温时的安全性。

图 4-63 给出了 RC 管片、SFRC 管片在不同初始荷载、升温→恒温→降温过程中跨中截面偏心距 e_m 随跨中轴力 N_m 的变化规律。可以看到,不论初始荷载的大小,两种管片的偏心距 e_m 均随着跨中轴力 N_m 的增大而减小,甚至发生变号。偏心距 e_m 的减小或变号意味着跨中截面的受力状态由压弯状态(正弯矩)逐渐向轴心受压状态过渡,并随初始预加荷载的不同而继续向负方向的压弯状态发展或保持在近似轴心受压状态附近。例如,以 RC 管片为例,在本试验中,当初始预加荷载 $P_V/P_{u0} = 0.15$ 时,随着 N_m 的增加,RC 管片的偏心距 e_m 逐渐减小并转化为负值,管片跨中截面的受力状态由正方向的压弯状态过渡到了负方向的压弯状态。而当初始预加荷载 $P_V/P_{u0} = 0.55$ 时,由于初始弯矩较大,随着 N_m 的增加,RC 管片的偏心距 e_m 逐渐减小并接近于 0,RC 管片由初始的正方向压弯状态过渡到了准轴心受压状态。

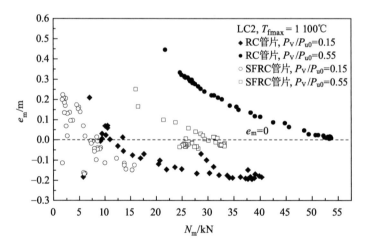

图 4-63 LC2,$T_{fmax} = 1\,100\,℃$,RC 管片、SFRC 管片跨中截面偏心距 e_m 随轴力 N_m 的变化(升温→降温全过程)

图 4-64 给出了 $T_{fmax} = 1\,100℃$ 下,RC 管片、SFRC 管片高温加载时,$M_m(M_P)$-N_m 关系曲线的变化规律,图 4-65 给出相应条件下,高温加载时,管片跨中截面偏心距 e_m 随轴力

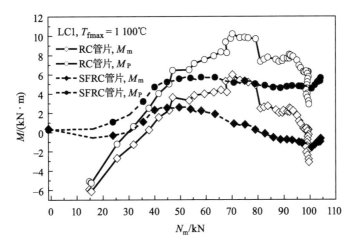

图 4-64   LC1,高温加载时,RC 管片、SFRC 管片弯矩与跨中截面轴力的关系

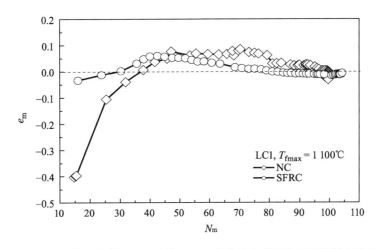

图 4-65   LC1,高温加载时,RC 管片、SFRC 管片跨中截面偏心距随轴力的变化

N_m 的变化关系。

可以看到,当对经历自由升温后的管片进行加载时,随着竖向荷载 P_V 的不断增大,管片跨中(加载点)处的弯矩 M_m,M_P 由负弯矩逐渐向正弯矩转变,并不断增大,直到达到高温时的极限弯矩。如图 4-65 所示,跨中截面的偏心距随着竖向荷载 P_V 的增加,也经历了从初始负偏心距→0→正偏心距的变化,并随着管片的破坏,不论是 RC 管片,还是 SFRC 管片,都最终趋近于 0。这表明,随着竖向荷载 P_V 的增加,管片的受力状态逐渐从压弯状态过渡到轴心受压状态,同时也表明,截面上混凝土的力学性能越来越对管片的承载力起到主导作用。

此外,RC 管片与 SFRC 管片相比,由于高温下受拉区钢筋力学性能降低,因此,破坏时的极限荷载 P_V 相差不大,大约为 160 kN(图 4-66)。

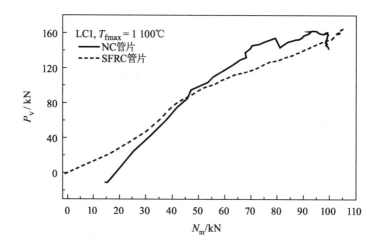

图 4-66　LC1,高温加载时,RC 管片、SFRC 管片竖向荷载与跨中截面轴力的关系

4.4.2　经历火灾高温后衬砌管片的承载力

图 4-67、图 4-68 给出了 $T_{\text{fmax}}=1\,100\,℃$,不同初始预加荷载($P_{\text{V}}/P_{\text{u0}}=0,0.15,0.55$),高温时、高温后加载时,RC 管片、SFRC 管片 $M_{\text{m}}(M_{\text{P}})\text{-}N_{\text{m}}$ 关系曲线的变化规律;图 4-69、图 4-70 给出了相应条件下,高温时、高温后加载时,RC 管片、SFRC 管片 $P_{\text{V}}\text{-}N_{\text{m}}$ 关系曲线的变化规律。

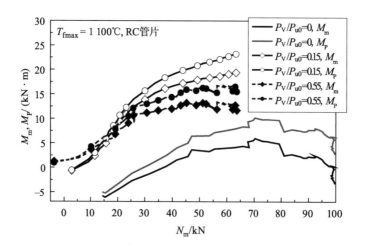

图 4-67　$T_{\text{fmax}}=1\,100\,℃$,不同工况下 RC 管片弯矩与跨中截面轴力的关系

可以看到,与高温加载($P_{\text{V}}/P_{\text{u0}}=0$)时的情形类似,管片经历火灾高温,冷却后重新加载($P_{\text{V}}/P_{\text{u0}}=0.15,0.55$)时,随着 P_{V} 的增大,管片 $M_{\text{m}}(M_{\text{P}})$、$N_{\text{m}}$ 都在增大,但偏心距 e_{m} 在减小,管片的受力状态由压弯状态向轴心受压状态转变,直到破坏。

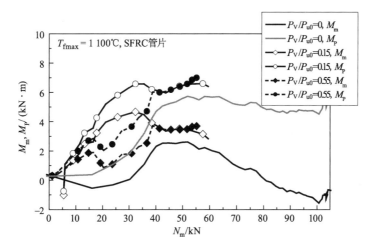

图 4-68　$T_{\text{fmax}}=1\,100\ ℃$，不同工况下，SFRC 管片弯矩与跨中截面轴力的关系

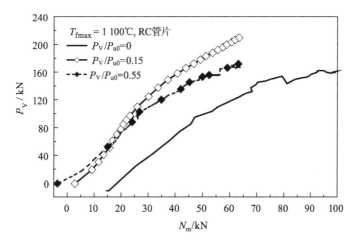

图 4-69　$T_{\text{fmax}}=1\,100\ ℃$，不同工况下，RC 管片竖向荷载与跨中截面轴力的关系

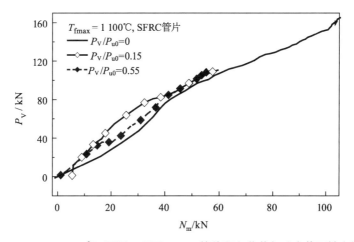

图 4-70　$T_{\text{fmax}}=1\,100\ ℃$，不同工况下，SFRC 管片竖向荷载与跨中截面轴力的关系

但是,高温后重新加载($P_V/P_{u0}=0.15,0.55$)与高温时加载($P_V/P_{u0}=0$)相比,管片的力学性能有如下的区别:

(1) 高温后加载时,管片破坏时的弯矩均大于高温时的值(RC 管片最明显),但是达到破坏时的轴力却远小于高温时的相应值。这说明,高温加载时,由于管片刚度下降明显,在同样的竖向荷载作用下,管片的变形(+)明显超过高温后加载时的值,管片变形(+)的增加使得水平力 P_H 也不断增大,以约束管片的水平变形;而水平力 P_H(数值上等于 N_m)的增加,减小了管片的弯矩。

(2) 对于 RC 管片而言,高温后加载时的极限荷载 P_V 一般要高于相同条件下,高温加载时的值;而对于 SFRC 管片,从试验结果来看,高温后加载时的极限荷载 P_V 却低于高温加载时的值。这是由于,对于 RC 管片,尽管降温过程使受拉区混凝土产生了新的损伤,但是由于高温后钢筋强度、力学性能的恢复明显提高了 RC 管片高温后的承载力。而对于 SFRC 管片,在升温、恒温过程中,高温作用已使其内部裂缝发展、混凝土力学性能降低、同时削弱了钢纤维与混凝土间的黏结。冷却后虽然可以恢复钢纤维的力学性能以及部分混凝土的力学性能,但是降温过程又进一步加剧了混凝土的损伤,综合起来,使得 SFRC 管片高温后的残余承载力低于高温时的相应值。

(3) 高温加载($P_V/P_{u0}=0$)时,管片受拉区裂缝主要分布在加载点附近,裂缝较宽,肉眼可见;而高温后再加载($P_V/P_{u0}=0.15,0.55$)时,裂缝分布较均匀,较细。

如图 4-67—图 4-70 所示,初始预加荷载对于高温后管片的残余承载力具有明显的影响。试验结果表明,初始预加荷载越大,高温后的残余承载力越小。例如,当 $P_V/P_{u0}=0.15$ 时,高温后加载时 RC 管片、SFRC 管片的竖向极限荷载 P_V 分别为 209.8 kN,110.5 kN,均高于 $P_V/P_{u0}=0.55$ 时的 172.2 kN,108.4 kN。这是由于初始预加荷载越大,升温→恒温→降温过程中混凝土的热损伤也越大。这一现象同时也表明:承受水土压力较大的隧道(如深埋隧道)衬砌结构,火灾后承载力下降的幅度越大,火灾后衬砌结构越不安全。

同时,综合对比 RC 管片、SFRC 管片高温时、高温后的力学性能可以发现:尽管高温时,两种管片的极限荷载 P_V 相差不大(由于 RC 管片受拉区钢筋软化,刚度、强度下降明显),都为 160 kN 左右,但是,经历高温后,由于钢筋力学性能的恢复,RC 管片的极限荷载 P_V(209.8 kN,172.2 kN)明显大于 SFRC 管片(110.5 kN,108.4 kN)的极限荷载。因此,综合起来考虑,RC 管片的抗火能力要优于 SFRC 管片。

4.4.3 最高温度对衬砌管片承载力的影响

图 4-71、图 4-72 给出了 $P_V/P_{u0}=0$,不同高温($T_{fmax}=600$ ℃,1100 ℃),高温加载时,RC 管片、SFRC 管片弯矩 $M_m(M_P)$-N_m 关系曲线的变化规律。

可以发现,管片经受的最高温度 T_{fmax} 越高,高温加载时,达到破坏时截面上的弯矩

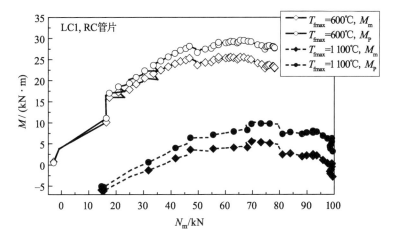

图 4-71　LC1,高温加载时,RC 管片弯矩与跨中轴力的关系

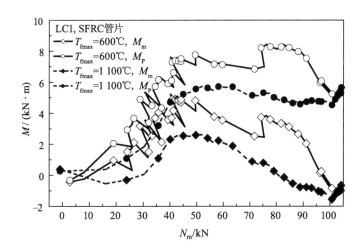

图 4-72　LC1,高温加载时,SFRC 管片弯矩与跨中轴力的关系

M_m、M_P 越小,但相应的跨中截面的轴力 N_m(数值上等于支座水平约束反力 P_V)却有增大的趋势(特别是 RC 管片最为明显)。例如,对于 RC 管片,$T_{fmax}=600\ ℃$,高温加载时,跨中弯矩 M_m、加载点弯矩 M_P 分别达到了 28.1 kN·m,23.4 kN·m,均明显高于 $T_{fmax}=1\ 100\ ℃$ 时的 6.3 kN·m,0.4 kN·m,而轴力 $N_m=78.2$ kN 则明显小于 $T_{fmax}=1\ 100\ ℃$ 的轴力值 99.0 kN。

图 4-73、图 4-74 给出了 $P_V/P_{u0}=0$,不同高温($T_{fmax}=600\ ℃$,$1\ 100\ ℃$),高温加载时,RC 管片、SFRC 管片 P_V-N_m 关系曲线的变化规律。

可以看到,对于 RC 管片,最高温度 T_{fmax} 明显影响管片高温加载时的极限荷载 P_V 的大小,且 T_{fmax} 越高,P_V 越小。例如,$T_{fmax}=600\ ℃$ 时,高温加载时的极限荷载 P_V 为 255.3 kN,而当 T_{fmax} 升高到 $1\ 100\ ℃$ 时,P_V 减小到了 160.2 kN。而对于 SFRC 管片,$T_{fmax}=600\ ℃$ 的 P_V-N_m 曲线与 $T_{fmax}=1\ 100\ ℃$ 时的曲线差别不太明显,这表明,最高温度

117

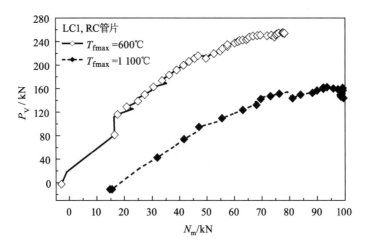

图 4-73 LC1,高温加载时,RC 管片竖向荷载与跨中轴力的关系

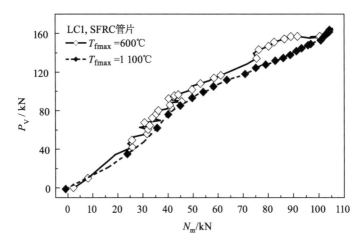

图 4-74 LC1,高温加载时,SFRC 管片竖向荷载与跨中轴力的关系

对于 SFRC 管片高温加载时的极限荷载 P_v 影响较小。

RC 管片、SFRC 管片高温加载时 P_v-N_m 关系曲线的差异可以解释为:钢筋的力学性能对 RC 管片高温时的承载力起控制作用,而最高温度会明显影响钢筋高温时的力学性能,进而影响到 RC 管片高温时的力学性能。从这一点考虑,通过采取措施(如施加隔热层、抑制保护层混凝土爆裂或加厚保护层等),降低传递到钢筋的热量,是改善 RC 管片高温耐火能力的一个主要方向。

同时,由于隧道火灾温度高(最高超过 1 300 ℃),持续时间长,因此,火灾高温将极大地降低隧道衬砌结构火灾时以及火灾后的承载力和安全性。

5 隧道结构接头火灾高温力学行为

5.1 衬砌接头火灾高温试验方法及设备

5.1.1 接头形式及尺寸

　　如图 5-1、图 5-2 所示,接头试验中,包含接头的管片(以下简称"接头")由两块管片(弧长为 1/8 整环)通过 2 根直径 10 mm 的螺栓连接在一起,接头面上考虑了凸凹榫。拼装好的接头几何尺寸与第 3 章中的管片(弧长为 1/4 整环)相同。试验中的接头没有考虑弹性衬垫、橡胶止水带的影响。接头混凝土等级、类型、配筋与第 3 章中的管片相同。

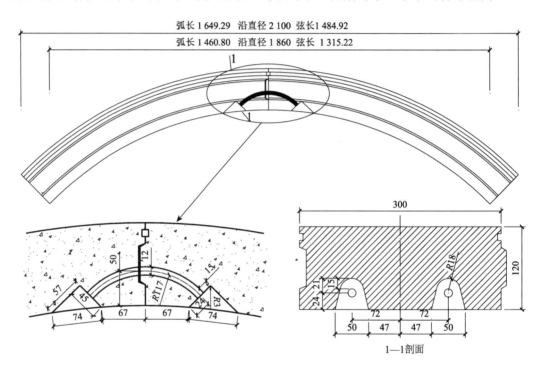

图 5-1　接头详图(单位: mm)

（a）拼装前的接头

（b）拼装后的接头

图 5-2　拼装前、后的接头

5.1.2 测点布置及测量方法

接头试验中测试的参量包括试验炉内温度、管片内温度、管片位移、接头张角(张开量)、竖向(水平向)荷载。测点详细布置如图 5-3 所示,共布置 1 个测温截面,每个截面沿管片厚度方向布置 4 个热电偶;布置 6 个竖向位移测点和 1 个水平位移测点;布置接头张角(张开量)测点 1 个;布置竖向、水平向荷载测点各 1 个。

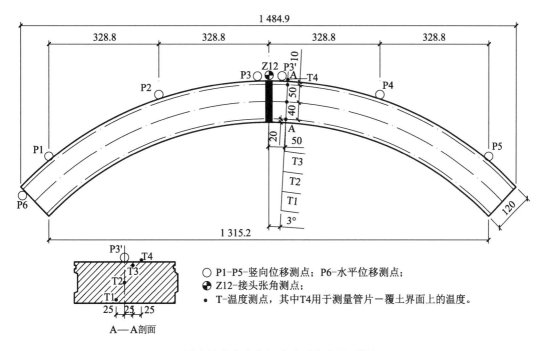

图 5-3 衬砌接头火灾高温试验测点布置(单位: mm)

试验时,炉内温度、管片内温度、管片位移、竖向(水平向)荷载等测量、采集方法与第 3 章管片试验相同,详见 3.1.3 节。

对于接头张角(张开量),由于高温的影响,只能在管片外弧面测量。基于平截面假定(图 5-4),接头张角 θ 及张开量 Δ(内侧张开为正)按下述方法求得:

$$\Delta L_1 = L_1 - L_1' \tag{5-1}$$

$$\Delta L_2 = L_2 - L_2' \tag{5-2}$$

$$\theta = 2\arctan \frac{\Delta L_1 - \Delta L_2}{2 D_1} \tag{5-3}$$

$$\Delta = \theta \cdot h = 2h \cdot \arctan \frac{\Delta L_1 - \Delta L_2}{2 D_1} \tag{5-4}$$

式中 θ——接头张角(弧度);

Δ—— 接头张开量；

h—— 衬砌管片厚度；

L_1，L_1'—— 变形前、后位移计 P1 处两测杆间距；

L_2，L_2'—— 变形前、后位移计 P2 处两测杆间距；

D_1—— 位移计 P1 与 P2 的距离；

D_2—— 位移计 P2 与待测管片表面的距离；

ΔL_1—— 位移计 P1 实测的位移变化；

ΔL_2—— 位移计 P2 实测的位移变化。

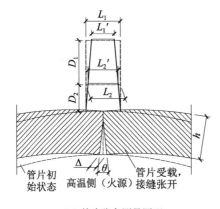

（a）接头张角测量原理　　　　（b）接头张角测试装置

图 5-4　接头张角测量

5.1.3　温度-荷载工况及位移边界

考虑到接头在实际火灾中可能经历的热-荷载历程，试验设定了两种温度-荷载工况：

（1）工况一（以下简称"LC1"）：根据选定的火灾场景，接头在无外加荷载的情况下自由升温，达到预定温度后恒温一段时间；然后，对接头开始加载直到接头破坏（加载过程中保持接头处偏心距不变）；

（2）工况二（以下简称"LC2"）：升温前，对接头施加初始预加荷载；然后，保持初始荷载不变，根据选定的火灾场景升温，达到预定温度后恒温一段时间；之后，停止加热，接头自然冷却；接头完全冷却后，重新加载直到接头破坏（加载过程中保持接头处偏心距不变）。

接头试验时的荷载位移边界条件如图 5-5 所示。LC1 时，为了保证接头处的偏心距保持不变，试验时同比例增加 P_V，P_H。

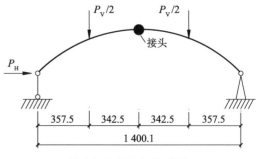

图 5-5　接头位移边界条件（单位：mm）

122

LC2 时,根据试验要求的偏心距,对接头施加初始的 P_V,P_H,并在升温过程中通过调整千斤顶保持 P_V,P_H 不变。

在接头试验中,P_V,P_H(或 N)与偏心距的关系根据图 5-6 确定。定义接头处偏心距 $e = M/N$(M,N 以图示方向为正,则当内侧接缝有张开的趋势时,偏心距为正,反之为负)。

对 A 点取弯矩,可得:

$$M + N \cdot L_3 = (W_g + W_s) L_2 + (P_1 + P_V/2)(L - L_1) \tag{5-5}$$

将 $e = M/N$ 代入,可得:

$$N = \frac{(W_g + W_s) L_2 + (P_1 + P_V/2)(L - L_1)}{e + L_3} \tag{5-6}$$

式中 L_1—— 分载梁两支点间距的一半,

$L_1 = 342.5$ mm $= 0.342\ 5$ m(分载梁两加载点间距为 68.5 cm);

L_2—— $L_2 = 350$ mm $= 0.35$ m;

L_3—— $L_3 = 290$ mm $= 0.29$ m;

L—— $L = 700$ mm $= 0.7$ m;

P_1—— 加载架重量,$P_1 = 0.19$ kN（加载架总质量 38 kg);

P_V—— 竖向荷载(竖向千斤顶的总顶力);

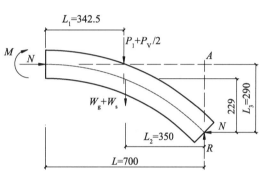

图 5-6　接头荷载计算图式(单位: mm)

W_g—— 管片自重,$W_g = 0.72$ kN(管片总质量 144 kg);

W_s—— 上覆土体重量,$W_s = 0.044\ 5$ kN(土体总质量 8.9 kg)。

将各数值代入式(5-6),可得在设定偏心距情况下,竖向与水平向千斤顶加载值间的关系为

$$P_H = N = \frac{0.335\ 5 + 0.178\ 75\ P_V}{e + 0.29} \tag{5-7}$$

同时,可以得到接头处弯矩 M 与 P_V,P_H 的关系为

$$M = 0.335\ 5 + 0.178\ 75\ P_V - 0.29\ P_H \tag{5-8}$$

同理,加载点($P_1 + P_V/2$ 作用处)处的弯矩 M_P 与 P_V,P_H 的关系为

$$M_P = 0.272\ 85 + 0.178\ 75\ P_V - 0.229\ P_H \tag{5-9}$$

5.1.4 接头火灾高温试验系统

接头火灾高温试验系统同第 3 章管片试验,内容详见 3.1.5 节。

5.2 衬砌接头高温时(高温后)的变形性能

5.2.1 衬砌接头高温时(高温后)的破坏模式

从宏观上来看,试验结果表明,火灾高温对衬砌接头的破坏主要体现在如下几个方面:

(1) 火灾高温使得受火面一定区域内的混凝土强度、刚度等力学性能严重劣化。由于混凝土力学性能下降,当接头承受负弯矩时(此时,受火面一侧为受压区),为了能够抵抗该负弯矩,接头变形增大,背火面一侧张角和张开量急剧增大,使得接头防水措施失效;而当接头承受正弯矩时(受火面为受拉区),由于高温使得螺栓的抗拉、抗剪强度大幅度降低,接头不断张开。接头的张开,又使得高温热流沿着接头缝隙蔓延到更深处,使得更多的混凝土受到高温的作用,同时可能会使止水橡胶受到高温的烧蚀,丧失止水性能。

(2) 火灾高温降低了接头的力学性能。由于火灾高温的作用,接头的抗弯、抗剪性能急剧下降,表现为接头张角、张开量量值较大,且接头部位发生错台现象,如图 5-7 所示。

图 5-7 RC 接头的破坏形式

(3) 与常温时 RC 管片的破坏模式不同,高温下 RC 接头的破坏因受载状态的不同而表现出不同的模式:当接头承受正弯矩时,接头最终因螺栓伸长(螺栓承受高温,强度、刚度明显下降),接头张开过大而破坏,此时,受压区混凝土由于处于低温区,强度损失有限,尚未达到极限状态;当接头承受负弯矩时,由于螺栓远离受火面,强度损失有限,接头最终由于受压区混凝土的压碎而破坏(由于直接遭受火灾高温的作用,受压区混凝土强度、刚度严重下降)。

(4) SFRC 接头的破坏形式一般表现为接头部位整体拉裂,如图 5-8 所示。这是由于火灾高温使得混凝土的力学性能严重劣化,由于没有配备 U 形加强钢筋,使得混凝土发生局部拉裂。这一现象表明,对于 SFRC 接头而言,提高其高温力学性能的一个关键措施是加强接头部位的局部受力性能。

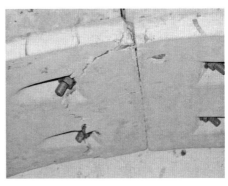

图 5-8　SFRC 接头的破坏形式

5.2.2　衬砌接头火灾高温时(高温后)的变形

下文分别对不同温度-荷载工况下 RC 管片、SFRC 管片接头的力学性能进行了研究。

为方便起见,所述结果中,荷载、内力、位移、张角的正向均以如图 5-9 所示为准。同时,结果中各符号的含义为:LC1 为工况一,LC2 为工况二,f_m 为跨中竖向位移(即挠度,文中简称"跨中位移"),P_V 为竖向力,T_{fmax} 为试验中炉内的最高温度,t 为时间,P_{u0} 为常温下接头的竖向极限荷载,θ 为接头张角,Δ 为接头张开量,N_J 为接头轴力,M_J 为接头弯矩,M_{Ju} 为接头极限弯矩,e_J 为接头偏心距,$e_J = M_J / N_J$,K_J 为接头刚度,f_H 为支座处的水平位移。

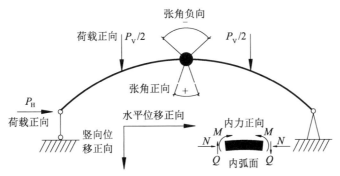

图 5-9　接头火灾高温试验中变形、荷载方向的规定

图 5-10 给出了 $T_{fmax} = 1\,100\ ℃$,LC1($P_V/P_{u0}=0$),RC 接头、SFRC 接头在升温、恒温阶段(高温加载前,约束支座水平位移)跨中位移 f_m 随时间的变化。

可以看到,与 RC 管片、SFRC 管片的变形规律一致,RC 接头、SFRC 接头在升温、恒温过程中,由于截面上不均匀温度的分布产生了不均匀热膨胀,导致接头向外侧弓起,表

现为跨中位移 f_m 为负。同时,随着受火时间的持续,截面上温度不断升高,接头向外侧弓起(f_m 为负)的幅度也越来越大,但增加的幅度变缓。

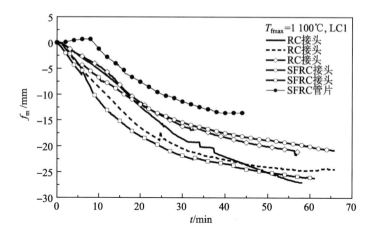

图 5-10　LC1, $T_{fmax} = 1\,100\,℃$,升温、恒温阶段,RC 接头、SFRC 接头跨中位移随时间的变化

此外,在相同的边界条件,相同的升温、恒温阶段下,相同尺寸的 RC 接头、SFRC 接头跨中向外侧弓起 f_m 明显大于不包含接头时 RC 管片、SFRC 管片的相应值。其原因是:火灾高温下,接头的抗弯刚度要低于管片本身,因而,接头的存在削弱了管片抵抗自身向外侧弓起的能力。从这一点讲,接头的存在,会增大衬砌环在火灾高温下的变形,劣化了衬砌环的力学性能。

图 5-11、图 5-12 分别给出了 $T_{fmax} = 1\,100\,℃$,不同初始预加荷载($P_V/P_{u0} = 0.15$,0.55)时,RC 接头、SFRC 接头升温 → 恒温 → 降温过程中跨中位移 f_m、支座处水平位移 f_H 随时间的变化。需要注意的是,与图 5-10 所示的 LC1 不同,在 LC2 中,在升温→恒温→降温过程中除了保持竖向荷载 P_V 不变外,同时通过调整支座处的水平位移 f_H 以保持接头处偏心距 $e_J = M_J/N_J$ 不变。

可以看到,与 RC 管片、SFRC 管片的变形规律相似(详见 4.3.2 节),在升温→恒温→降温过程中,随着截面上温度分布的变化,RC 接头、SFRC 接头的变形也发生了明显的变化。一方面,在升温、恒温阶段,随着火灾高温的持续,截面上温度不断升高,由于不均匀热膨胀,接头支座向外侧伸展,接头支座处水平位移 f_H 为负,并不断增大;另一方面,由于温度的升高,混凝土及接头螺栓的力学性能不断劣化,使得在初始预加荷载的作用下,接头跨中位移 f_m 在初始值的基础上不断增大。当停止加热,RC 接头、SFRC 接头进入降温阶段后($t \geqslant 65\,min$),随着截面温度的不断降低,混凝土的热膨胀逐渐减小,同时螺栓的力学性能逐渐恢复,接头跨中位移 f_m、支座处水平位移 f_H 也逐渐减小,并趋于初始值。但是需要注意的是,当初始预加荷载较大时,在降温阶段,接头的变形几乎没有恢复,残余变形较大。例如,当 $P_V/P_{u0} = 0.55$ 时,对于 RC 接头,进入降温阶段后,跨中位移 f_m、支座处水平位移 f_H 基本没有恢复,甚至有继续增加的趋势,最大值分别达到了 17.9 mm,-9.3 mm。

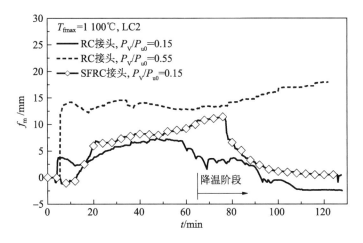

图 5-11 LC2，$T_{fmax}=1\,100\,℃$，$P_V/P_{u0}=0.15,0.55$，RC 接头、SFRC 接头
跨中位移随时间的变化（升温→降温全过程）

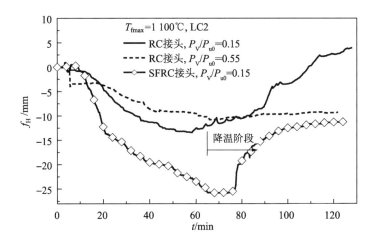

图 5-12 LC2，$T_{fmax}=1\,100\,℃$，$P_V/P_{u0}=0.15,0.55$，RC 接头、SFRC 接头
支座处水平位移随时间的变化（升温→降温全过程）

图 5-13 给出了不同最高温度（$T_{fmax}=1\,100\,℃,600\,℃$）时，RC 接头自由升温时（$P_V/P_{u0}=0$），跨中位移 f_m 随时间的变化。

可以看到，最高温度 T_{fmax} 越高，由于不均匀升温而引起的热膨胀越大，包含接头的管片向外侧的弓起（f_m 为负值）越大。例如，当升温后 30 min，$T_{fmax}=1\,100\,℃$ 时，各次试验测得的 f_m 为 $-16.3\sim-20.6$ mm，而同一时刻，$T_{fmax}=600\,℃$ 时测得的 f_m 仅为 -3.8 mm。

5.2.3 衬砌接头火灾高温时（高温后）的张角及张开量

图 5-14 给出了 $T_{fmax}=1\,100\,℃$，$P_V/P_{u0}=0$，RC 接头、SFRC 接头在升温、恒温阶段（高温加载前，约束支座水平位移）接头张角 θ、张开量 Δ 随时间的变化。

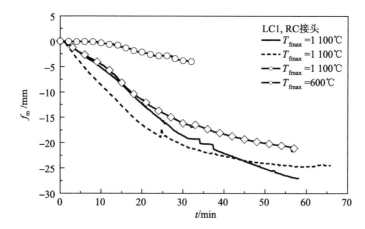

图 5-13　LC1,升温、恒温阶段,RC 接头跨中位移随时间的变化

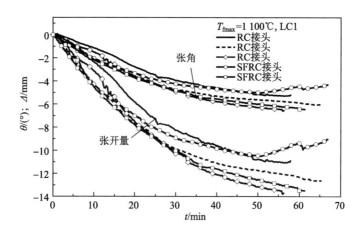

图 5-14　LC1,$T_{\text{fmax}}=1\,100\ ^{\circ}\text{C}$,升温、恒温阶段,RC 接头、SFRC 接头张角、张开量随时间的变化

可见,与接头位移 f_{m} 的变化规律相对应,在升温、恒温过程中,由于接头支座处水平自由度被约束,接头向外侧弓起(f_{m} 为负),接头张角 θ、张开量 Δ 为负值(接头外侧张开),且不断增大,但增加的速度逐渐减缓(原因详见 4.3.2 节)。同时,不论是 RC 接头还是 SFRC 接头,自由升温时接头张角、张开量的量值均较接近,达到的最大值分别为 $-6.6\ \text{mm}$,$-13.8\ \text{mm}$。

图 5-15、图 5-16 分别给出了 $T_{\text{fmax}}=1\,100\ ^{\circ}\text{C}$,不同初始预加荷载($P_{\text{V}}/P_{\text{u0}}=0.15$,$0.55$)时,RC 接头、SFRC 接头升温→恒温→降温过程中接头张角 θ、张开量 Δ 随时间的变化(升降温过程中接头处偏心距 $e_{\text{J}}=M_{\text{J}}/N_{\text{J}}$ 保持不变)。

可见,当对接头施加初始荷载升温时($P_{\text{V}}/P_{\text{u0}}=0.15$,$0.55$),随着时间的推移,截面上温度不断升高,接头张角 θ、张开量 Δ 也在初始值的基础上不断变化。但由于其量值大小受不均匀热膨胀、混凝土材料性能劣化、螺栓力学性能下降的综合影响,变化规律不如自由升温时明显。当初始预加荷载较小时($P_{\text{V}}/P_{\text{u0}}=0.15$),RC 接头、SFRC 接头的变化趋势为升温、恒温阶段,由于螺栓受热力学性能下降,接头张角 θ、张开量 Δ 在初始值基础上有一定幅度的增加,之后,在降温阶段,量值逐渐减小,趋于初值。当初始预加荷载较大时($P_V/P_{u0}=0.55$),接头张角 θ、张开量 Δ 在降温阶段没有减小,降温结束后残余值较为可观。例如,对于 RC 接头,$P_V/P_{u0}=0.55$ 时,降温结束后张角 θ、张开量 Δ 的残余值保持与预加荷载引起的初始值同向,且分别达到了 3.0 mm,6.3 mm。值得注意的是,与无预加荷载($P_V/P_{u0}=0$)相比,当初始预加荷载($P_V/P_{u0}=0.15,0.55$)产生的接头张角、张开量与不均匀热膨胀导致的接头张角、张开量方向相反时,初始预加荷载的存在将改善接头的变形性能(图 5-15、图 5-16);相反,如果二者导致的接头张角、张开量同向,则初始荷载的存在将劣化接头的变形性能。

综上所述,火灾高温时接头明显的变形(张角、张开量)不仅使得螺栓、弹性衬垫直接暴露在了热烟气流中,导致接头力学性能的降低,同时大的接头张开量也削弱了止水带功能的发挥,可能会导致接头漏水。

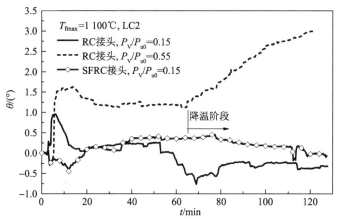

图 5-15　LC2,$T_{fmax}=1\,100\,^{\circ}C$,$P_V/P_{u0}=0.15,0.55$,RC 接头、SFRC 接头张角随时间的变化(升温→降温全过程)

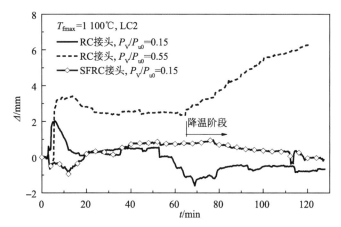

图 5-16　LC2,$T_{fmax}=1\,100\,^{\circ}C$,$P_V/P_{u0}=0.15,0.55$,RC 接头、SFRC 接头张开量随时间的变化(升温→降温全过程)

图 5-17、图 5-18 分别给出了 RC 接头、SFRC 接头高温时、高温后加载时,接头张开量 Δ 与竖向荷载 P_V 的关系。可以看到:

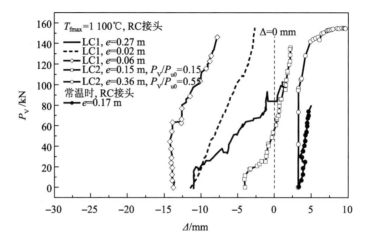

图 5-17 $T_{\text{fmax}}=1\,100\,℃$,不同工况下,RC 接头竖向荷载与张开量的关系

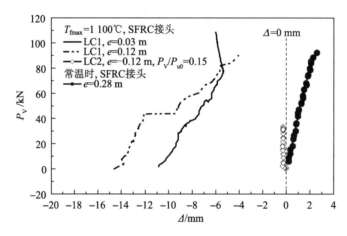

图 5-18 $T_{\text{fmax}}=1\,100\,℃$,不同工况下,SFRC 接头竖向荷载与张开量的关系

(1) 工况 LC1 时,无论是 RC 接头,还是 SFRC 接头,其不同试件在高温加载前由于自由升温而导致的接头张开量(一)较为接近。而当高温加载时,尽管最高温度相同($T_{\text{fmax}}=1\,100\,℃$),但是由于偏心距 e_J 不同,P_V-Δ 关系表现出不同的形式:偏心距 e_J 越大,破坏时的竖向极限荷载 P_V 越小,而由于 P_V 的作用引起的接头张开量的变化值越大,表现为 P_V-Δ 曲线的斜率越小;同时,当接头偏心距 e_J 相差不大时,不同接头试件的竖向极限荷载 P_V 以及 P_V-Δ 曲线的斜率也较接近。例如,对于 RC 接头,$e_J=0.02\,\text{m}$,$0.06\,\text{m}$ 时,极限竖向荷载 P_V 分别为 154.8 kN,146.2 kN,接头张开量分别从 $-11.3\,\text{mm}$,$-13.8\,\text{mm}$(负方向)变化到了 $-2.7\,\text{mm}$,$-7.8\,\text{mm}$(负方向),变化幅度分别为 8.6 mm,6.0 mm;而当 $e_J=0.27\,\text{m}$ 时,极限竖向荷载 P_V 仅为 102.4 kN,接头张开量则从 $-11.0\,\text{mm}$(负方向)变化到

1.1 mm(正方向),变化幅度达到了 12.1 mm。对于 SFRC 接头,e_J=0.03 m 时,极限竖向荷载 P_V 为 108.1 kN,接头张开量从-10.8 mm(负方向)变化到-6.0 mm(负方向),变化幅度为 4.8 mm;而当 e_J=0.12 m 时,极限竖向荷载 P_V 为 90.1 kN,接头张开量则从-14.6 mm(负方向)变化到-4.1 mm(负方向),变化幅度达到了 10.5 mm。此外,就高温加载时的极限竖向荷载而言,同等偏心距下,RC 接头的 P_V(e_J=0.02 m,154.8 kN)要高于 SFRC 接头(e_J=0.03 m,108.1 kN)。

上述试验结果表明:通过调整衬砌环的受力状态,设法使接头处的偏心距 e_J 尽可能小,将有助于提高接头在火灾高温时的力学性能。

(2)工况 LC2 时,初始荷载 P_V/P_{u0} 的大小会明显影响接头经历火灾高温后的残余变形(张开量、张角)的方向及大小。例如,对于 RC 接头,当初始荷载较小时(P_V/P_{u0}=0.15),冷却后的残余张开量为负;而当初始荷载较大时(P_V/P_{u0}=0.55),冷却后的残余张开量为正,与升温引起的张开量相反。

(3)对于 RC 接头,由于高温导致螺栓刚度、强度降低,因此,高温加载时,接头张开量的增量一般大于高温后加载(或常温下加载)时的增量;对于 SFRC 接头,该现象表现得更明显。

图 5-19 给出了不同温度(T_{fmax}=1 100 ℃,600 ℃)、RC 接头自由升温时(P_V/P_{u0}=0),接头张角 θ、张开量 Δ 随时间的变化。

可见,温度 T_{fmax} 越高,不均匀热膨胀越明显,接头的张角 θ(一)、张开量 Δ 越明显(一)。例如,对于 RC 接头,当温度 T_{fmax}=600 ℃ 时,接头张角 θ、张开量 Δ 的最大值分别为-1.8 mm,-3.7 mm;当温度 T_{fmax}=1 100 ℃ 时,对应的张角、张开量的最大值分别达到了-6.6 mm,-13.8 mm,张角、张开量变化幅度显著。

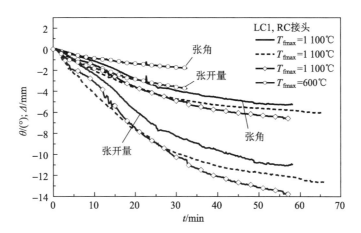

图 5-19 LC1,升温、恒温阶段,RC 接头张角、张开量随时间的变化

如图 5-20 所示,高温加载时,同等偏心距下,温度 T_{fmax} 越高,接头破坏时的极限竖向荷载 P_V 越小,而由于 P_V 的作用引起的接头张开量的变化值越大。例如,T_{fmax}=600 ℃ 时,

极限竖向荷载 P_V 为 116.3 kN，接头张开量从 -3.2 mm（负方向）变化到 0.4 mm（正方向），变化幅度为 3.6 mm；当 $T_{fmax}=1\,100\,℃$，时，极限竖向荷载 P_V 降为 102.4 kN，接头张开量则从 -11.0 mm（负方向）变化到 1.1 mm（正方向），张开量的变化幅度达到了 12.1 mm。

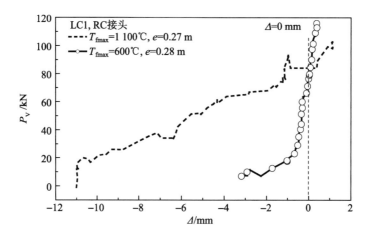

图 5-20　LC1，高温加载时，RC 接头竖向荷载与张开量的关系

5.3　衬砌接头高温时(高温后)的刚度

接头刚度是表征衬砌接头变形和受力特性的关键参数，其含义是：每增加单位张角，需要的弯矩增量。接头刚度受接头几何构造、连接螺栓布置、缓冲垫厚度及材料性能、连接螺栓预紧力、接头受力状态（偏心距、正负弯矩）等因素的影响，呈现典型的非线性变化特征。接头刚度可用下式计算：

$$K_J = \frac{dM_J}{d\theta} \tag{5-10}$$

式中　K_J—— 接头刚度，(kN·m)/rad；

　　　dM_J—— 接头弯矩增量，kN·m；

　　　$d\theta$—— 接头张角增量，rad。

图 5-21 给出了常温及高温（$T_{fmax}=600\,℃$，$1\,100\,℃$）加载时，不同偏心距下，RC 接头弯矩增量 ΔM_J 与接头张角增量 $\Delta\theta$ 的变化关系。图 5-22 给出了高温（$T_{fmax}=1\,100\,℃$）加载时，不同偏心距下，SFRC 接头弯矩增量 ΔM_J 与接头张角增量 $\Delta\theta$ 的变化关系。

需要说明的是，在高温加载之前，在自由升温阶段，由于高温的影响，接头处已产生了初始弯矩和张角。为了便于不同工况下 $M_J\text{-}\theta$ 关系曲线的对比，故从开始加载时起，将 $M_J\text{-}\theta$ 曲线起点移动到坐标原点，以增量的形式表达，即采用 $\Delta M_J\text{-}\Delta\theta$ 曲线来表达；此外，由于加载时间相对较短，在加载过程中衬砌内的温度分布变化较小，则 $\Delta M_J\text{-}\Delta\theta$ 曲线主要反映了由于外荷载增加而引起的张角增加。

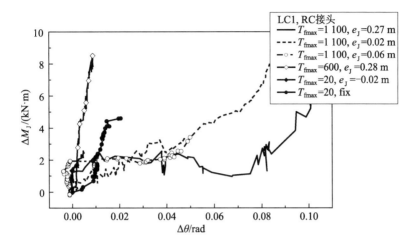

图 5-21 LC1,高温加载时,RC 接头弯矩增量与张角增量的关系

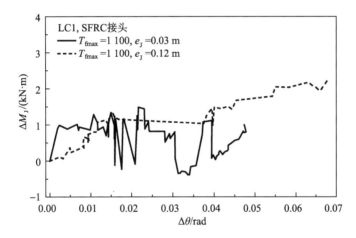

图 5-22 LC1,高温加载时,SFRC 接头弯矩增量与张角增量的关系

由图 5-21、图 5-22 可以发现,尽管由于影响因素众多,实测数据变化规律不太理想,但仍清楚地反映了火灾高温对衬砌接头刚度的影响:

(1)当接头张开后,施加的外加正弯矩由接头受压区混凝土和连接螺栓共同承担,由于连接螺栓在火灾高温的作用下强度、刚度显著下降,使得相同弯矩增量下,接头张角明显大于常温加载时的接头张角,且温度越高,张角的增量越大;而张角的显著增大则标示着接头刚度 K_J 的明显降低。

(2)当接头未张开时,由于在外加正弯矩作用下,接头的变形主要由接头面上受压区混凝土的压缩变形产生,而由于受压区远离受火面,温度相对较低,混凝土强度、刚度的降低有限,因此,火灾高温时的接头刚度 K_J 与常温相比,降低的幅度并不明显。

此外,可以看到,同样高温下,弯矩增量一定时,偏心距越大,接头张角增量越大,接头刚度 K_J 越小。

图 5-23、图 5-24 给出了高温($T_{fmax} = 1\,100\,℃$)加载时,不同偏心距下,RC 接头、SFRC 接头轴力增量 ΔN_J 与接头张角增量 $\Delta\theta$ 的变化关系。

可以看到,相同的轴力增量下,接头偏心距 e_J 越大,张角增量越大。例如,对于 RC 接头,当轴力增量 $\Delta N_J = 20$ kN 时,$e_J = 0.02$ m 时,张角增量 $\Delta\theta = 0.022$ rad,而当 $e_J = 0.27$ m 时,张角增量 $\Delta\theta$ 达到了 0.049 rad。

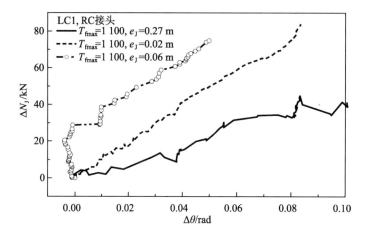

图 5-23 LC1,高温加载时,RC 接头轴力增量与张角增量的关系

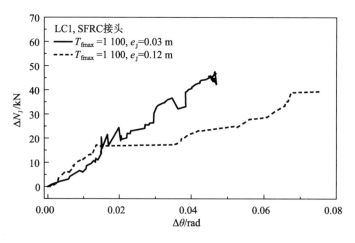

图 5-24 LC1,高温加载时,SFRC 接头轴力增量与张角增量的关系

以 RC 接头为例,图 5-25、图 5-26 给出了高温($T_{fmax} = 1\,100\,℃$)后加载时,不同初始预加荷载($P_V/P_{u0} = 0.15, 0.55$)下,接头弯矩、轴力增量 ΔM_J,ΔN_J 与接头张角增量 $\Delta\theta$ 的变化关系。

可以看到,当初始预加荷载较大($P_V/P_{u0} = 0.55$)时,当降温后重新加载时,接头的张

角增量 $\Delta\theta$ 与 $P_\mathrm{V}/P_\mathrm{u0}=0.15$ 时相比较小,这是由于在升温(恒温)过程中, $P_\mathrm{V}/P_\mathrm{u0}=0.55$ 时接头张角较大,且在降温过程中没有恢复(图 5-15),再加载时,接头已没有多少可变形的余地。而从接头达到破坏时的弯矩增量来看,不同初始预加荷载($P_\mathrm{V}/P_\mathrm{u0}=0.15,0.55$)下的 ΔM_J 值相差不大。但是,对于轴力增量 ΔN_J 而言,初始预加荷载 $P_\mathrm{V}/P_\mathrm{u0}=0.15$ 时的值明显大于 $P_\mathrm{V}/P_\mathrm{u0}=0.55$ 时的值,其原因一方面如前所述,另外由于高温后加载时后者的偏心距($e_\mathrm{J}=0.36$ m)大于前者($e_\mathrm{J}=0.15$ m),使得在相对较小的轴力增量下,即可达到接头的破坏弯矩。

此外,与高温时相比,高温冷却后再加载时,由于接头连接螺栓强度、刚度已大部分恢复,因此,接头破坏时的张角增量 $\Delta\theta$ 要小于高温加载时的值,且接头刚度 K_J 要大于高温时的值。

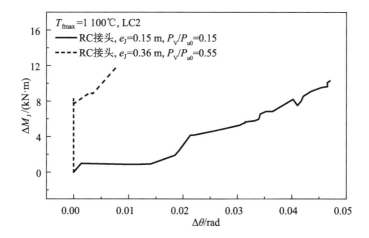

图 5-25　LC2,高温后加载时,RC 接头弯矩增量与张角增量的关系

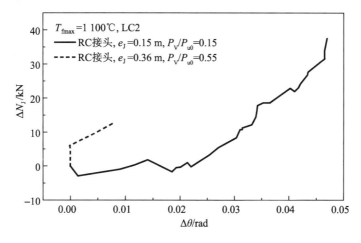

图 5-26　LC2,高温后加载时,RC 接头轴力增量与张角增量的关系

5.4 衬砌接头的临界偏心距

常温、高温时接头刚度 K_J 的大小与接头是否张开密切相关。当接头轴力 N_J 不同时，使接头刚好张开的弯矩 M_J 也各不相同，这使得在已知荷载组合 $(M_J，N_J)$ 下，判别接头是否张开，以及确定接头刚度 K_J 的取值存在不便。基于此，本章提出了接头临界偏心距 e_{Jcr} 的概念，并给出了常温、高温下，承受正、负弯矩时临界偏心距 e_{Jcr} 的计算方法。通过临界偏心距 e_{Jcr} 可以方便地判别接头是否张开，以及确定接头刚度 K_J 的取值点。

5.4.1 接头临界偏心距的概念

大量的研究成果表明，隧道衬砌接头 M_J-θ_J 曲线可近似用如图 5-27 所示的二折线形式表达（曾东洋和何川，2004，2005；何英杰和袁江，2001；张厚美等，2002，2003；黄钟晖，2003；蒋洪胜和侯学渊，2004）。可以看到，当接头轴力 N_J 保持不变时，随着弯矩 M_J 的增加，接头偏心距 e_J 逐渐增大，当 $M_J > M_{Jcr}$ 后，接头刚度 K_J 减小并保持不变，不再随弯矩 M_J 的增大而变化。同时，当 $M_J < M_{Jcr}$ 时，随着接头轴力 N_J 的增加，接头刚度 K_J 增大；而当 $M_J > M_{Jcr}$ 后，接头刚度 K_J 趋于平缓，不再随着接头轴力 N_J 的变化而变化。

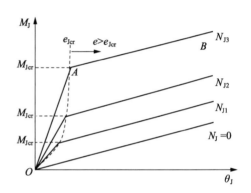

图 5-27 接头弯矩与张角的关系

根据接头刚度的变化规律，本章将接头刚度 K_J 发生转折时所对应的弯矩定义为接头临界弯矩 M_{Jcr}。接头轴力 N_J 不同，对应的临界弯矩 M_{Jcr} 也不同。相应地，将接头临界偏心距 e_{Jcr} 定义为临界弯矩 M_{Jcr} 与接头对应的轴力 N_J 的比值[式(5-11)]。当接头实际偏心距 $e_J < e_{Jcr}$ 时，接头刚度 K_J 取值点位于 OA 线上；当 $e_J > e_{Jcr}$ 时，接头刚度 K_J 取值点位于 AB 线上，且不随受载状态 $(M_J，N_J)$ 变化。

$$e_{Jcr} = \frac{M_{Jcr}}{N_J} \tag{5-11}$$

式中　e_{Jcr}——接头临界偏心距，m；

M_{Jcr}——接头临界弯矩，kN·m；

N_J——临界弯矩对应的轴力，kN。

基于上述定义，下文分别给出了承受正弯矩、负弯矩时，常温、高温下接头临界偏心距 e_{Jcr} 的确定方法。其中采用的计算模型如图 5-28 所示，计算中采用的假定有：

（1）平截面假定，即在接头未张开之前，认为接头全截面变形保持平面，混凝土应变为线性变化。

（2）由于螺栓孔所占据的面积与整个接头截面相比较小，故未考虑螺栓孔对截面承载能力的削弱，仍按全截面计算。

（3）没有考虑弹性衬垫和橡胶止水带的作用，接头按混凝土全截面受压考虑。

（4）接头承受正弯矩时，火灾高温的影响主要体现在接头螺栓弹性模量的下降；当接头承受负弯矩时，除了接头螺栓弹性模量的下降，火灾高温的影响还体现在受压区混凝土弹性模量的下降。

（5）接头未张开时，接头截面上的温度分布与管片温度分布一致，分布模式为

$$T(x) = A_1 \mathrm{e}^{-\frac{x}{A_2}} + A_3 。$$

（6）不考虑混凝土的瞬时高温徐变。

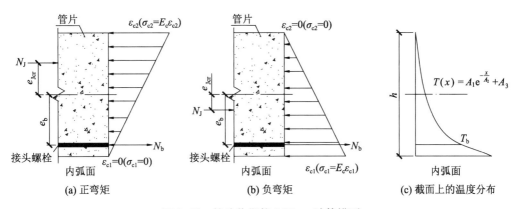

图 5-28 接头临界偏心距 e_{Jcr} 计算模型

5.4.2 承受正弯矩时常温、高温下接头的临界偏心距

根据假设(1)，可得接头截面上的静力平衡条件为

$$\begin{cases} N_{\mathrm{J}} + n N_{\mathrm{b}} = \dfrac{\sigma_{\mathrm{c2}}}{2} A_{\mathrm{J}} \\ N_{\mathrm{J}} e_{\mathrm{Jcr}} - n N_{\mathrm{b}} e_{\mathrm{b}} = \dfrac{\sigma_{\mathrm{c2}}}{2} A_{\mathrm{J}} \left(\dfrac{h}{2} - \dfrac{h}{3} \right) \end{cases} \tag{5-12}$$

式中　N_{J} ——接头轴力，kN；

$\quad\quad N_{\mathrm{b}}$ ——单根螺栓的预紧力，kN；

$\quad\quad n$ ——管片宽度上接头螺栓的根数；

$\quad\quad \sigma_{\mathrm{c2}}$ ——接头外弧面处的应力，kPa；

$\quad\quad A_{\mathrm{J}}$ ——接头面积，m^2；

h—— 管片厚度，m；

e_{Jcr}—— 接头临界偏心距，m；

e_b—— 接头螺栓中心距截面形心的距离，m。

由式(5-12)可得接头临界偏心距 e_{Jcr} 的计算式为

$$e_{Jcr} = \frac{(N_J + nN_b)h + 6nN_b e_b}{6N_J} = \frac{h}{6} + \frac{nN_b(h + 6e_b)}{6N_J} \tag{5-13}$$

当处于火灾高温状态时，由于截面混凝土温度升高，根据假设(5)，则任一时刻，螺栓的温度为

$$T_b = T\left(\frac{h}{2} - e_b\right) = A_1 e^{-\frac{-e_b + h/2}{A_2}} + A_3 \tag{5-14}$$

式中，T_b 为火灾高温时螺栓处的温度，℃。

由于螺栓受到高温后，弹性模量、强度下降，因此，当螺栓处温度达到 T_b 时，单根螺栓预紧力 N_b 下降为 N_b'，相应的高温时的临界偏心距 e_{Jcr} 的计算式为

$$N_b' = \frac{E_b(T)}{E_b} N_b = \alpha_{E_b} N_b \tag{5-15}$$

$$e_{Jcr} = \frac{(N_J + nN_b)h + 6nN_b e_b}{6N_J} = \frac{h}{6} + \frac{n\alpha_{E_b} N_b(h + 6e_b)}{6N_J} \tag{5-16}$$

式中　N_b'—— 火灾高温时螺栓实际的预紧力，kN；

$E_b(T)$—— 火灾高温时螺栓的弹性模量，kPa；

E_b—— 常温时螺栓的弹性模量，kPa；

α_{E_b}—— 火灾高温时螺栓弹性模量与常温时的比值。

5.4.3　承受负弯矩时常温、高温下接头的临界偏心距

常温时，根据接头面上的静力平衡条件，可得

$$\begin{cases} N_J + nN_b = \dfrac{\sigma_{cl}}{2} A_J \\ N_J e_{Jcr} + nN_b e_b = \dfrac{\sigma_{cl}}{2} A_J\left(\dfrac{h}{2} - \dfrac{h}{3}\right) \end{cases} \tag{5-17}$$

式中，σ_{cl} 为接头内弧面处的应力，kPa，其余符号含义同前。

由式(5-17)可得常温下承受负弯矩时接头临界偏心距 e_{Jcr} 的计算式为

$$e_{Jcr} = \frac{(N_J + nN_b)h - 6nN_b e_b}{6N_J} = \frac{h}{6} + \frac{nN_b(h - 6e_b)}{6N_J} \tag{5-18}$$

火灾高温时,由于截面混凝土温度升高,强度、刚度下降,截面上尽管应变仍然为线性分布,但混凝土应力为非线性分布。根据混凝土高温时弹性模量的试验成果,高温时混凝土的弹性模量可表述为

$$\frac{E_c(T)}{E_0} = a_E - b_E T \tag{5-19}$$

式中 E_0——常温时,混凝土的弹性模量,kPa;

   a_E, b_E——系数。

则根据假设(5),截面上距离内弧面 x 处的混凝土应力为

$$\sigma_c(x) = E_c(T)\varepsilon_c(T) = E_0 \left[a_E - b_E \left(A_1 e^{-\frac{x}{A_2}} + A_3 \right) \right] \left(1 - \frac{x}{h} \right) \varepsilon_{cl}$$

$$\sigma_c(x) = E_0 \varepsilon_{cl} Q(x) \tag{5-20}$$

式中 $\sigma_c(x)$——截面上距内弧面 x 处的混凝土应力,kPa;

   ε_{cl}——接头内弧面处的应变。

$$Q(x) - Q(x) = \left[a_E - b_E \left(A_1 e^{-\frac{x}{A_2}} + A_3 \right) \right] \left(1 - \frac{x}{h} \right) \tag{5-21}$$

由于螺栓受到高温后,弹性模量、强度下降,因此,当螺栓处温度达到 T_b 时,单根螺栓预紧力 N_b 下降为 N_b',N_b' 按式(5-15)计算,即

$$N_b' = \frac{E_b(T)}{E_b} N_b = \alpha_{E_b} N_b$$

则由静力平衡条件,可以得到:

$$\begin{cases} N_J + n\alpha_{E_b} N_b = E_0 \varepsilon_{cl} \int_0^h Q(x) \mathrm{d}x \\ N_J \left(\frac{h}{2} - e_{Jcr} \right) + n\alpha_{E_b} N_b \left(\frac{h}{2} - e_b \right) = E_0 \varepsilon_{cl} \int_0^h x Q(x) \mathrm{d}x \end{cases} \tag{5-22}$$

由式(5-22)可求得高温时,接头的临界偏心距 e_{Jcr} 为

$$e_{Jcr} = \frac{h}{2} + \frac{n\alpha_{E_b} N_b}{N_J} \left(\frac{h}{2} - e_b \right) - \left(1 + \frac{n\alpha_{E_b} N_b}{N_J} \right) \frac{\int_0^h x Q(x) \mathrm{d}x}{\int_0^h Q(x) \mathrm{d}x} \tag{5-23}$$

$$= \frac{h}{2} + \frac{n\alpha_{E_b} N_b}{N_J} \left(\frac{h}{2} - e_b \right)$$

$$- \left(1 + \frac{n\alpha_{E_b} N_b}{N_J} \right) \frac{\frac{h^2}{6}(a_E - b_E A_3) - b_E A_1 \left(A_2^2 e^{-\frac{h}{A_2}} + \frac{2A_2^3}{h} e^{-\frac{h}{A_2}} \right)}{\frac{h}{2}(a_E - b_E A_3) - b_E A_1 \frac{A_2^2}{h} e^{-\frac{h}{A_2}}}$$

5.4.4 临界偏心距的变化规律

1. 承受正弯矩时临界偏心距的变化

以厚 350 mm 的管片为例,图 5-29—图 5-31 给出了承受正弯矩时,常温及高温下接头临界偏心距 e_{Jcr} 随接头轴力 N_J、螺栓预紧力 N_b 及火灾高温(通过螺栓弹性模量比 α_{E_b} 反映)时的变化规律。

由图 5-29 可以看到,当螺栓预紧力 $N_b=0$ 时,接头临界偏心距 e_{Jcr} 不随接头轴力 N_J 变化,为一定值,大小取决于接头自身的特性(如厚度)。当螺栓施加预紧力($N_b>0$)后,接头临界偏心距 e_{Jcr} 随着接头轴力 N_J 的增大而很快降低,但当轴力 N_J 大于一定值后,临界偏心距 e_{Jcr} 不再随轴力降低,开始趋于定值。同时,当接头轴力 N_J 一定时,螺栓预紧力 N_b 越大,临界偏心距 e_{Jcr} 越大。但是,螺栓预紧力对临界偏心距的影响只有当轴力较小时才表现明显,当轴力大于一定值后,不论是否施加螺栓预紧力(以及螺栓预紧力的大小是否不同),临界偏心距 e_{Jcr} 均趋于相同的值,几乎不随轴力而变化(而此时,临界弯矩 $M_{Jcr}=N_J e_{Jcr}$ 则随着轴力的增大而增大)。

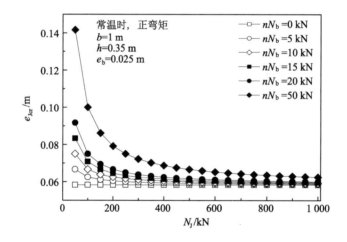

图 5-29 承受正弯矩时,常温时接头临界偏心距随接头轴力的变化

如图 5-30 所示,当螺栓预紧力 $N_b=0$ 时,接头临界偏心距 e_{Jcr} 为一定值,不受火灾高温(通过螺栓弹性模量比 α_{E_b} 反映)的影响,大小取决于接头自身的特性(如厚度)。而当螺栓施加预紧力($N_b>0$)后,相同的轴力 N_J 下,接头临界偏心距 e_{Jcr} 随着火灾温度的升高(表现为螺栓弹性模量比 α_{E_b} 降低)而降低,并趋于相同的最小值(对应的,临界弯矩 $M_{Jcr}=N_J e_{Jcr}$ 则随着火灾温度的升高而降低)。同时,在相同的火灾高温下(相同的螺栓弹性模量比 α_{E_b}),随着螺栓预紧力 N_b 的增大,接头临界偏心距 e_{Jcr} 增大。值得注意的是,与常温时不同,火灾高温下接头临界偏心距 e_{Jcr} 与接头所受的高温有关,温度大小、分布不同,则临界偏心距 e_{Jcr} 也不同。

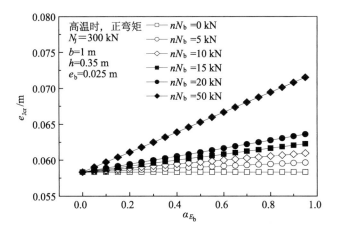

图 5-30　承受正弯矩时,高温时接头临界偏心距随螺栓弹性模量比 α_{E_b}(反映了高温的影响)的变化

图 5-31 给出了常温、高温时接头临界偏心距 e_{Jcr} 的对比。可以看到,不论是常温还是高温时,接头临界偏心距 e_{Jcr} 均表现出相同的变化规律:在同等的螺栓预紧力作用下,随着轴力的增大,临界偏心距 e_{Jcr} 快速降低,并趋于定值,几乎不随轴力的增大而变化。

火灾高温对临界偏心距 e_{Jcr} 具有明显的影响。同等条件下,随着火灾温度的升高(表现为螺栓弹性模量比 α_{E_b} 降低),接头临界偏心距 e_{Jcr} 降低,且常温时的临界偏心距 e_{Jcr} 为最大值。

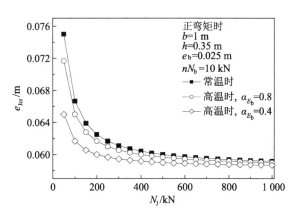

图 5-31　承受正弯矩时,常温、高温时
接头临界偏心距的对比

2. 承受负弯矩时临界偏心距的变化

以厚 350 mm 的管片为例,图 5-32—图 5-33 给出了承受负弯矩时,常温及高温下接头临界偏心距 e_{Jcr} 随接头轴力 N_J、螺栓预紧力 N_b 及火灾高温的变化规律。

值得注意的是,与承受正弯矩时不同,承受负弯矩时,临界偏心距 e_{Jcr} 与接头轴力 N_J、螺栓预紧力 N_b 的变化规律因 e_b(接头螺栓中心距截面形心的距离)的取值范围不同而表现出不同的规律。

当 $e_b < h/6$ 时(图中 $e_b = 0.025$ m $< h/6 = 0.0583$ m),如图 5-32 所示,接头临界偏心距 e_{Jcr} 随轴力 N_J、螺栓预紧力 N_b 的变化规律与承受正弯矩时相同。但是,与承受正弯矩时相比,由于接头螺栓位置的影响,同等轴力、预紧力下,承受负弯矩时的临界偏心距 e_{Jcr} 较小。例如,当 $N_J = 100$ kN,$N_b = 50$ kN 时,承受正弯矩时临界偏心距 $e_{Jcr} = 0.1$ m,而同等条件下,承受负弯矩时 $e_{Jcr} = 0.075$ m。

当 $e_b > h/6$ 时(图中 $e_b = 0.06$ m $> h/6 = 0.058\,3$ m),如图 5-32 所示,接头临界偏心距 e_{Jcr} 随轴力 N_J、螺栓预紧力 N_b 的变化规律与承受正弯矩时不同。起先临界偏心距 e_{Jcr} 随着接头轴力 N_J 的增大而很快增大,但当轴力 N_J 大于一定值后,临界偏心距 e_{Jcr} 不再随轴力增加,开始趋于定值。同时,当接头轴力 N_J 一定时,螺栓预紧力 N_b 越大,临界偏心距 e_{Jcr} 反而越小。

图 5-33 给出了承受负弯矩时,常温、高温下(接头内弧面温度为 600 ℃)接头临界偏心距 e_{Jcr} 的对比。可以看到,不论是常温还是火灾高温时,接头临界偏心距 e_{Jcr} 均表现出相同的变化规律:在同等的螺栓预紧力作用下,随着轴力的增大,临界偏心距 e_{Jcr} 快速降低($e_b < h/6$)或升高($e_b > h/6$),并趋于定值,几乎不随轴力的增大而变化。

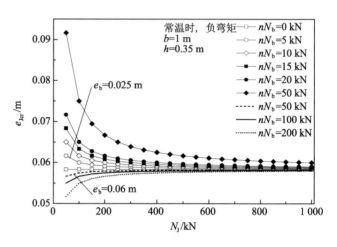

图 5-32 承受负弯矩时,常温时接头临界偏心距随接头轴力的变化

与承受正弯矩时一样,火灾高温对临界偏心距 e_{Jcr} 具有明显的影响,同等条件下,随着火灾温度的升高(表现为螺栓弹性模量比 α_{E_b}、混凝土弹性模量降低),接头临界偏心距 e_{Jcr} 降低,且常温时的临界偏心距 e_{Jcr} 为最大值。

综合常温、高温时,承受正、负弯矩的接头临界偏心距 e_{Jcr} 的变化规律,可以发现临界偏心距 e_{Jcr} 的一个重要特点是:临界偏心距反映了接头固有的属性(如厚度、螺栓位置、螺栓数目、螺栓预紧力、截面上温度分布等),受外加荷载的影响较小(特别是当轴力大于一定量值后)。因此,采用临界偏心距 e_{Jcr}(只需比较实际偏心距 $e_J = M_J/N_J$ 与临界偏心距 e_{Jcr} 的大小)比采用临界弯矩 M_{Jcr} 更能方便地确定在不同受载状态下(M_J、N_J)接头的张开与否以及接头抗弯刚度 K_J 的取值点。

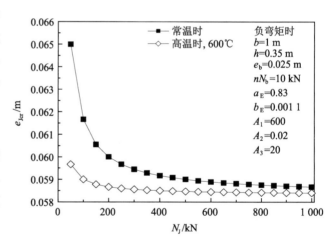

图 5-33 承受负弯矩时,常温、高温下接头临界偏心距的对比

5.4.5 临界偏心距的试验验证及应用

作为对临界偏心距概念、计算方法的验证,图 5-34 给出了高温试验时($T_{fmax} = 1\,100$ ℃)实测的接头刚度 K_J 与偏心距 e_J 的关系。

可以看到,对于处于常温或高温某一时刻(对应于截面上某一种温度分布)的接头而言,当 $e_J < e_{Jcr}$ 时,随着 e_J 增大,接头刚度 K_J 急剧减小,并趋于平缓,接头刚度 K_J 非定值;当 $e_J > e_{Jcr}$ 时,接头刚度 K_J 基本与接头受载状态(M_J、N_J)无关,保持为一定值。实测 K_J-e_J 曲线所表现的规律与临界偏心距的概念相吻合,说明了采用临界偏心距描述接头刚度变化的合理性。此外,如图5-34 所示,计算的临界偏心距 e_{Jcr} 基本位于试验实测 K_J-e_J 曲线的转折点(横坐标即实测临界偏心距 e_{Jcr})附近,与试验实测确定的临界偏心距比较接近。这说明前述的常温、高温时临界偏心距 e_{Jcr} 的计算方法也是合理的。

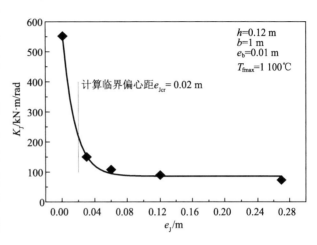

图 5-34　高温加载时,试验实测的接头刚度与偏心距的关系

作为进一步的验证,图 5-35—图 5-38 分别给出了高温试验时($T_{fmax} = 1\,100$ ℃)实测的 RC 接头、SFRC 接头弯矩 M_J、轴力 N_J 与接头刚度 K_J 的关系。

可以看到,由于试验中 RC 接头、SFRC 接头的实际偏心距($e_J = 0.27$ m,0.02 m,0.06 m,0.03 m,0.12 m)都大于或等于接头的临界偏心距($e_{Jcr} = 0.02$ m),故 K_J-ΔM_J、K_J-ΔN_J 曲线基本为水平线(表明接头弯矩、轴力对接头刚度几乎没有影响)。这进一步说明了临界偏心距概念的合理性。

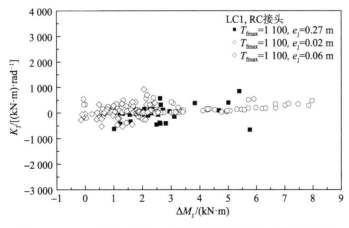

图 5-35　LC1,高温加载时,RC 接头弯矩增量与接头刚度的关系

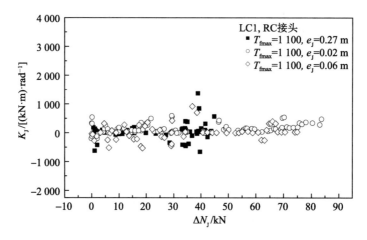

图 5-36　LC1,高温加载时,RC 接头轴力增量与接头刚度的关系

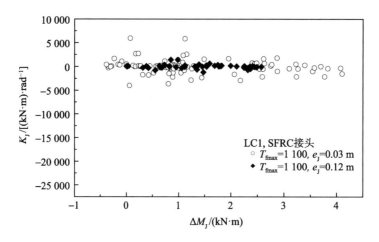

图 5-37　LC1,高温加载时,SFRC 接头弯矩增量与接头刚度的关系

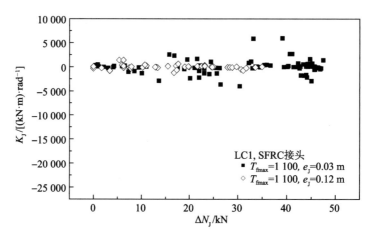

图 5-38　LC1,高温加载时,SFRC 接头轴力增量与接头刚度的关系

根据接头刚度 K_J 变化规律及临界偏心距 e_{Jcr} 的概念,可得到如下几点认识:

(1) 在接头刚度设计中,在保证 $e_J < e_{Jcr}$($M_J < M_{Jcr}$) 时,通过调整轴力的大小可以调整接头刚度的大小。当 $e_J > e_{Jcr}$($M_J > M_{Jcr}$) 时,由于接头刚度 K_J 与接头弯矩 M_J、轴力 N_J 无关,此时,需改变接头自身参数(混凝土等级,螺栓根数、强度等级等)来调整刚度。

(2) 由于在 $e_J < e_{Jcr}$($M_J < M_{Jcr}$) 时,设法增大轴力 N_J 可以提高接头的刚度 K_J。因此,从这一点来看,承受正弯矩时,预应力管片比普通管片具有更优越的性能,特别是抗火性能。原因在于:对于预应力管片,在弯矩保持不变的情况下,通过加大预应力,可以增大接头处的临界弯矩 M_{Jcr},这样可以保证在设计荷载下接头不张开,而接头的刚度主要由未受火区域混凝土的变形确定。同时,由于接头没有张开,这样不仅削弱了火灾高温对接头螺栓的影响,避免了接头刚度快速下降、张开量增大、承载力下降的后果,同时由于接头不张开,也保护了弹性衬垫、止水带的安全。

6 隧道结构体系火灾高温力学行为

在火灾升温及降温过程中,隧道结构体系作为多次超静定结构,构件的热膨胀和变形会受到相邻构件及周围地层的约束,同时材料性能随着温度变化也有相应的劣化和恢复,多重因素的相互作用使隧道结构圆环整体体系的力学反应变得极为复杂:既有管片间荷载的传递和重新分配,又有结构的力学性能演化及接头的变形渐进性变化。另外,受火时间、隧道埋深、结构混凝土爆裂、错缝拼接等因素均会对隧道结构体系的力学行为产生影响。鉴于此,本章从整体性角度出发,针对不同边界条件及影响因素的隧道整环结构体系的温度场、变形及应力分布等进行研究。

6.1 隧道结构体系火灾高温下的力学响应

6.1.1 概述

对于越江跨海的大直径隧道结构体系而言,由于其埋植于地层中,在服役期将承受水土压力的作用,结构混凝土的含水量较高。在火灾高温的作用下,由于隧道结构混凝土内水分的蒸发和迁移(Khoury 等,2002),使隧道结构混凝土的升温曲线呈现出显著的"温度平台"(图 6-1)。此外,如图 6-2 所示,由于隧道结构混凝土热容大、热传导系数小,导致温度在隧道结构内传导缓慢,在隧道结构厚度方向上产生显著的不均匀非线性温度分布(Colombo 和 Felicetti,2007),这种不均匀温度分布不仅导致了隧道结构混凝土、钢筋、接头等的不均匀性能劣化,同时会在隧道结构截面上产生显著的不均匀热膨胀和附加应力(Rafi 和 Nadjai,2011)。由于隧道结构体系是一个超静定体系,不均匀温度分布导致的截面应力和内力重分布引起的附加变形会非常严重,对隧道结构体系会产生不利的影响。

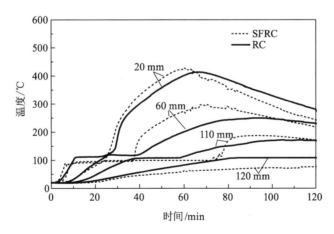

图 6-1　隧道结构内距受火面不同距离处混凝土温度随时间的变化

此外,由于隧道结构体系为超静定体系,在火灾高温作用下,由于下述热力耦合作用,隧道结构体系发生了显著的变形和内力重分布:

(1)隧道结构体系内的不均匀温度场分布导致隧道结构体系各部分发生不均匀的热变形。

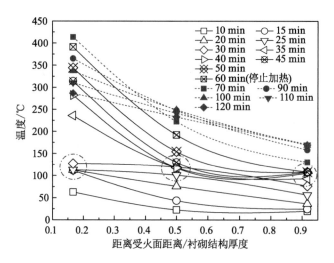

图 6-2　火灾高温下沿隧道结构厚度方向的不均匀温度分布

（2）火灾高温导致隧道结构混凝土、钢筋及其之间的黏结性能劣化（Lau 等，2006；Xiao 和 König，2004）。

（3）火灾高温下，隧道结构接头处连接螺栓的强度及刚度降低，导致隧道结构接头力学性能显著降低。

（4）隧道结构体系内不同管片间的相互作用。

6.1.2　隧道结构体系火灾高温缩尺试验方法

1. 衬砌环的形式及尺寸

试验考虑了两种类型的衬砌环：钢筋混凝土衬砌环（以下简称"RC 环"）、钢纤维混凝土衬砌环（以下简称"SFRC 环"）。

如图 6-3、图 6-4 所示，整环由 4 块管片（管片尺寸、材料等详见第 3 章）通过连接螺栓（每个接头两根弯螺栓）拼装而成。衬砌环直径 2 100 mm，管片厚 120 mm，环宽 300 mm。

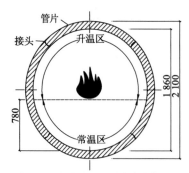

说明：（1）每环衬砌由4块管片通过接头连接螺栓组成；
　　　（2）单块管片尺寸详见试验Ⅱ：构件试验；
　　　（3）单位：mm。

图 6-3　衬砌环组成形式

图 6-4　拼装后的衬砌环

2. 测点布置及测量方法

衬砌环试验中测试的参量包括试验炉内温度、管片内温度、管片位移、管片接头张角、竖向(水平向)荷载及管片内力。测点详细布置如图6-5、图6-6所示,共布置4个管片测温截面,每个截面沿管片厚度方向布置3个热电偶;布置8个径向位移测点;布置4个接头张角测点;布置竖向、水平向荷载测点各1个;布置2个管片内力测量截面。

试验时,炉内温度采用铠装热电偶测量,共在靠近衬砌环拱顶(F1)、拱腰(F2)及拱脚部位(F3)布置3个热电偶(图6-5、图6-6)。管片内温度、竖向(水平向)荷载测量方法与第4章管片试验相同。

为避免高温对位移计的影响,衬砌环径向位移通过具有足够刚度的钢架将位移计引出到常温区进行量测。钢架通过膨胀螺栓固定在试验衬砌环外弧面。

衬砌环接头张角(张开量)测试、计算方法同第5章接头试验。衬砌环接头张角(张开量)测试装置及布置如图6-7所示。

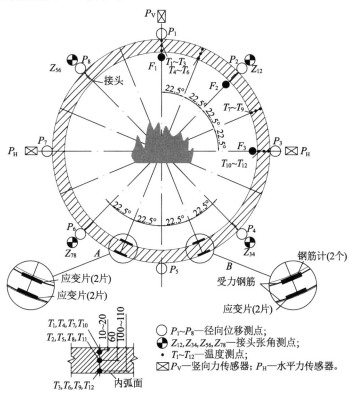

图6-5 结构体系测点布置(工况1、工况2)(单位:mm)

由于衬砌环为一超静定结构,为了求得不同时刻环内的内力分布情况,根据结构的对称性,在常温区布置了2个内力测试截面,通过测量钢筋应力计算截面内力。其中,为了确保数据的可靠性,钢筋应力采用两种方法测量,一种方法为钢筋计测量,另一种方法为应变片测量(图6-8)。

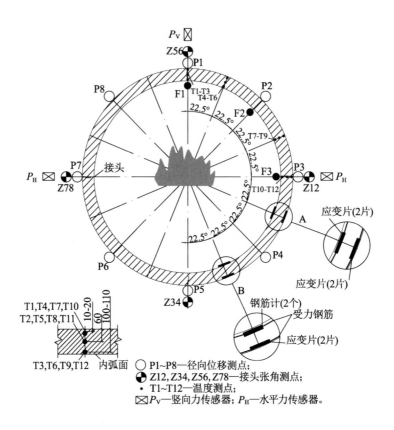

图6-6 结构体系测点布置(工况3)(单位:mm)

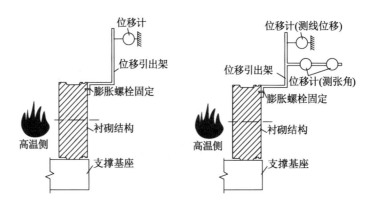

图6-7 衬砌环径向位移、接头张角(张开量)测量方法

3. 温度-荷载工况及位移边界条件

考虑到衬砌结构体系在实际火灾中可能经历的热荷载历程,试验设定了三种温度荷载工况(图6-9、图6-10):

（a）应变片布置

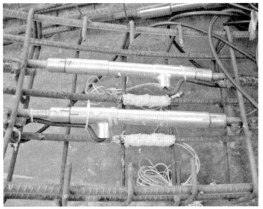

（b）钢筋计布置

图 6-8 衬砌环截面内力测量

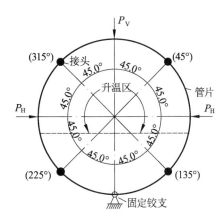

图 6-9 结构位移边界条件（LC1，LC2）

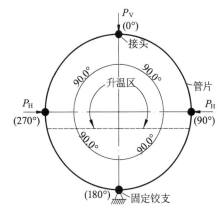

图 6-10 结构体系位移边界条件（LC3）

（1）工况一（以下简称"LC1"）：根据选定的火灾场景，衬砌环在无外加荷载的情况下自由升温，达到预定温度后恒温一段时间；然后，对衬砌环开始加载直到衬砌环被破坏。

（2）工况二（以下简称"LC2"）：升温前，对衬砌环施加初始预加荷载（加载点位于管片中部）；然后，保持初始荷载不变，根据选定的火灾场景升温，达到预定温度后恒温一段时间；之后，停止加热，衬砌环自然冷却；衬砌环完全冷却后，重新加载直到衬砌环被破坏。

（3）工况三（以下简称"LC3"）：升温前，对衬砌环施加初始预加荷载（加载点位于管片接头处）；然后，保持初始荷载不变，根据选定的火灾场景升温，达到预定温度后恒温一段时间；之后，停止加热，衬砌环自然冷却；衬砌环完全冷却后，重新加载直到衬砌环被破坏。

其中，根据土体侧压力系数的一般取值，LC1 加载时，荷载 P_H 与 P_V 的比例选为 $P_H/P_V=0.7$（王如路等，2001）。LC2，LC3 时，初始预加荷载 P_H 与 P_V 的比例也选为 $P_H/P_V=0.7$，对于 RC 环，初始预加荷载 $P_V=20$ kN，$P_H=14$ kN；对于 SFRC 环，初始预

加荷载 $P_V = 10$ kN, $P_H = 7$ kN。同时,对于工况 LC2,LC3,高温后加载时,荷载 P_H 与 P_V 的比例仍为 $P_H/P_V = 0.7$。

4. 隧道结构体系火灾高温试验系统

衬砌结构体系火灾高温试验系统总体布置如图 6-11、图 6-12 所示,主要包括火灾热

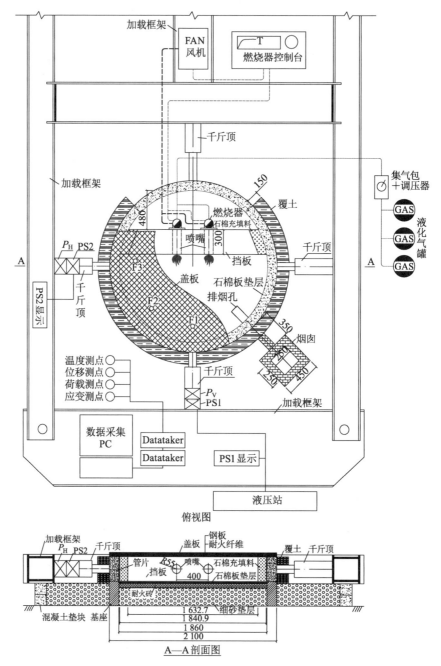

说明:P_V—竖向力传感器,与数据采集系统连接; P_H—水平向力传感器,与数据采集系统连接;
PS1—竖向力传感器,用来指导施加竖向力;PS2—水平向力传感器,用来指导施加水平力。

图 6-11 结构体系试验总体布置图(单位:mm)

环境模拟子系统、隔热保温子系统、基座及衬砌结构体系力学边界模拟子系统、加载子系统、测量子系统、数据采集子系统及衬砌结构体系热边界模拟子系统。

由于整环直径较大(外径 2.1 m),空间布置上,采用卧式布置。试验时,衬砌结构体系平放于支撑基座上。由于采用卧式布置,使得结构体系安装、荷载施加、测点布置、热边界施加(覆土)、升温和保温隔热都非常便利。

(a) 试验总体布置　　　　　　　　　　　　　　(b) 试验局部

图 6-12　衬砌结构体系试验实景图

根据衬砌结构体系的受热特点:局部受到火灾高温的作用,本试验系统利用衬砌结构体系自身、隔热挡板和隔热盖板共同构成加热空间。这种空间布局既模拟了衬砌结构体系单面受火的特点,又反映了隧道断面内温度分布的特点,同时也简化了试验装置(图6-13)。其中,采用的升温方法及升温设备(工业级燃烧器及配套控制设备)同第 4 章、5 章管片、接头试验。

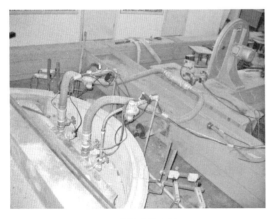 

(a) 升温系统布置　　　　　　　　　　　　　　(b) 加热产生的火焰

图 6-13　火灾热环境模拟子系统

为保证炉内的快速升温和达到要求的高温,同时,避免炉内高温对外部测试设备、加载设备及周围环境的影响,隔热保温子系统主要由耐火砖垫层、耐火纤维垫板、隔热挡板、隔热纤维及隔热盖板组成。其中,隔热盖板由外层钢板和内层耐火纤维组合而成(图6-11、图6-14)。试验时,平放于衬砌结构体系上。由于隔热盖板重量较轻,同时内层为柔软的可变形耐火纤维,这样,一方面可以起到耐火隔热的作用,另一方面,当衬砌结构体系变形时,借助耐火纤维的变形缓冲,可以减弱隔热盖板对衬砌结构体系变形的影响。

基座及衬砌结构体系力学边界模拟子系统主要包括支撑基座及竖向(水平向)加载千斤顶。试验时,衬砌结构体系平放在支撑基座上,为了消除支撑基座对衬砌结构体系变形的影响,在衬砌结构体系与支撑基座间垫入了细钢棒和柔软的耐火纤维。细钢棒的作用是使支撑基座与衬砌结构体系之间的滑动摩擦转化为多点接触的滚动摩擦,减弱了支撑基座11对衬砌结构体系变形的影响。耐火纤维的作用一方面填充支撑基座与衬砌结构体系之间的孔隙,避免热量的散失,另一方面保护细钢棒不受炉内高温的影响(图6-14)。

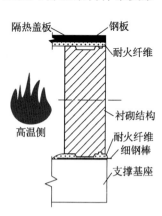

图 6-14　衬砌结构隔热方式

同时,通过竖向(P_V)、水平向(P_H)加载千斤顶的配合,可以对衬砌结构体系施加不同的力学边界条件(图6-15):

(1) 自由边界。撤掉水平向千斤顶,衬砌结构体系可沿着支撑基座自由滑动。

(2) 同步加载。通过水平向千斤顶的伸缩,可以同步对衬砌结构体系施加荷载。

(3) 固定边界。固定水平向千斤顶,则衬砌结构体系不能沿着支撑支座滑动。

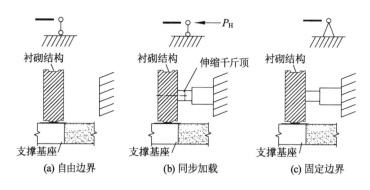

图 6-15　衬砌结构体系力学边界条件模拟

为考察地下岩土体对衬砌内温度分布、受力特性等的影响,试验时,通过对结构体系覆土进行模拟(图6-16),覆土厚度取为 10～15 cm,土体采用上海地区典型 4 号饱和软黏土。

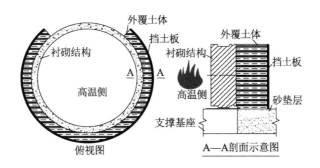

图 6-16　衬砌结构体系热边界条件模拟

6.1.3　隧道结构体系火灾高温力学行为

如图 6-17、图 6-18 所示,在试验升温阶段,隧道结构体系受热区的管片发生了显著的拱起(径向位移为负),同时,位于该区域的接头在外侧张开(接头张角为负)。由于隧道结构体系内接头刚度、强度一般均低于管片自身,因此,试验中观察到的隧道结构体系最大径向位移和接头张角均发生在±45°接头位置处。值得注意的是,由于隧道结构体系整体变形的协调性,尽管位于常温区的管片未直接受到火灾高温的作用,但仍发生了显著的变形。这一现象表明了火灾高温下隧道结构体系内各构件间的相互作用。当试验停止加热后,由于不均匀热变形的减小以及接头连接螺栓、钢筋等力学性能的恢复(Xiao 和 König,2004),隧道结构体系的变形在逐渐减小,但未能完全恢复,试验中观察到显著的残余变形,且隧道结构体系受火区的残余变形显著大于未受火区的残余变形。总的来看,火灾高温导致的显著变形会对隧道结构体系产生不良的影响:

(1)隧道结构体系为高次超静定体系,火灾高温时,管片变形增加、刚度降低都会引起隧道结构体系内力重分布,使得不同部位的结构安全度发生变化,甚至会导致非受火部位的隧道结构由于额外承受了受火部位结构传递的荷载增量而发生破坏。

(2)火灾高温时,隧道结构体系产生可观的变形,不仅会导致隧道结构防水失效,同时也会影响隧道运营环境的安全。此外,当降温后,隧道结构体系产生的变形不能完全恢复,较大的残余变形也会对今后隧道的运行环境产生影响。

特别值得关注的是,对于装配式隧道结构这样一个由多块管片拼装而成,且受周围地层约束的高次超静定体系而言,火灾时,受火处管片的膨胀变形会受到相邻管片的约束,同时也会对后者产生作用;此外,在火灾高温作用过程中,受损管片所承担的荷载会通过内力重分布逐渐转移给结构体系的其他部分,导致未受火部分管片由于火灾中的内力重分布而出现安全性降低的不利情况。如图 6-19 所示,在火灾高温作用下,试验中,隧道结构体系内发生显著的内力动态重分布现象:受火区(以 0°位置为例)隧道结构截面弯矩显著增大,而非受火区(以 180°位置为例)隧道结构截面弯矩由于内力重分布而减小;同时,受火区隧道结构轴力逐渐减小,而非受火区隧道结构截面轴力则由于内力重分布而逐渐

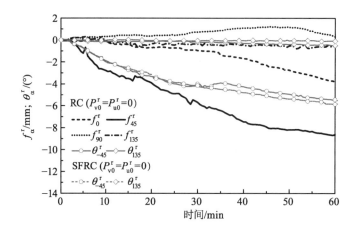

图 6-17　火灾高温下隧道结构体系径向位移 f_α^r 和接头张角 θ_α^r
随时间的变化规律(无初始预加荷载)

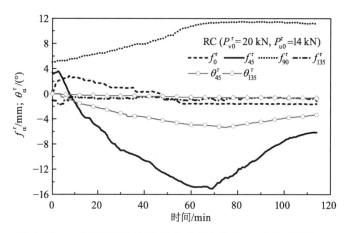

图 6-18　火灾高温下隧道结构体系径向位移 f_α^r 和接头张角 θ_α^r
随时间的变化规律(施加初始预加荷载)

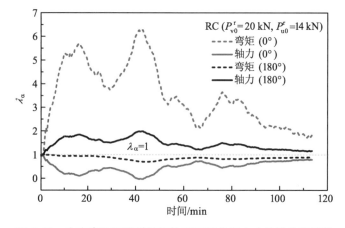

图 6-19　火灾高温下隧道结构体系不同位置内力的重分布规律
(λ_α 为隧道结构体系内实时内力与初始内力之比)

增加,使得非受火区隧道结构需要承担更多的外荷载。由于火灾高温导致的隧道结构体系内力重分布将显著改变隧道结构体系不同位置在火灾高温下的火灾安全性。

如图 6-20 所示,试验结果表明,接头位置对隧道结构体系火灾高温下单力学特性及破坏模式具有显著的影响。这是装配式隧道结构体系的一个显著特点。例如,对于如图 6-20(a)所示的接头位置,火灾高温下加载时,由于隧道结构混凝土(钢筋)强度、弹性模量的急剧降低,隧道结构体系拱顶承受正弯矩的管片最终由于受火侧混凝土拉裂、钢筋高温屈服而破坏,同时伴随着过大的接头张角(高温时,由于接头承受负弯矩,而接头受压区混凝土由于高温的作用强度、弹性模量已明显降低,此时,接头刚度已非常小,相当于一个单铰)。而对于如图 6-20(b)所示的接头位置而言,高温后再加载时,隧道结构体系最终由于管片受压区混凝土(经受火灾高温后,受压区混凝土强度、弹性模量已严重降低)被压碎而破坏,同时伴随过大的张角(拱顶部位)。

(a) □-外侧张角过大,○-混凝土受拉破坏   (b) □-内侧张角过大,○-混凝土受压破坏

图 6-20 接头位置对大直径隧道结构体破坏模式的影响

6.2 隧道结构体系火灾渐进性破坏模式及机理

6.2.1 概述

作为超静定体系,隧道结构在火灾过程中(火灾升温阶段、稳定阶段、降温阶段、冷却后阶段),由于不均匀火灾高温导致的不均匀热应力及不均匀材料劣化,结构体系内部会产生荷载转移及内力重分布;同时,由于火灾高温随时间变化的特性以及混凝土材料力学特性对温度的依赖性(混凝土材料力学特性在常温、火灾高温时及火灾高温后具有显著的差异),两方面的原因使得隧道结构体系会在时间及空间上表现出渐进性破坏的特征。

6.2.2 隧道结构体系火灾高温足尺试验

开展了足尺隧道结构体系火灾试验,系统探讨了火灾高温下隧道结构体系的破坏模式及其渐进性破坏的机理(图 6-21—图 6-23)。

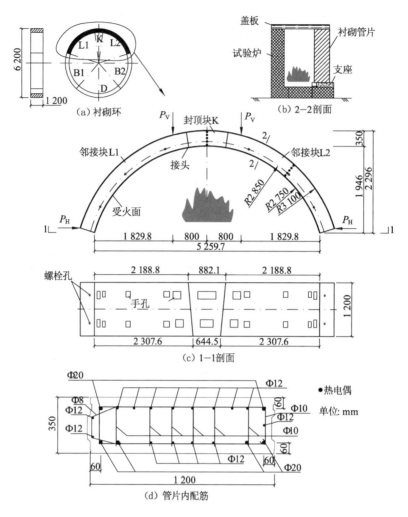

图 6-21 隧道结构体系火灾高温足尺试验整体布置

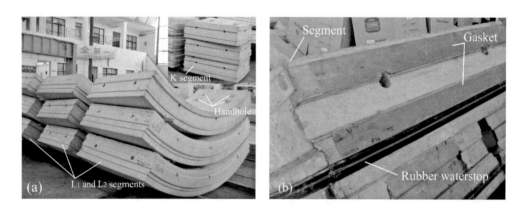

图 6-22 用于试验的隧道衬砌管片

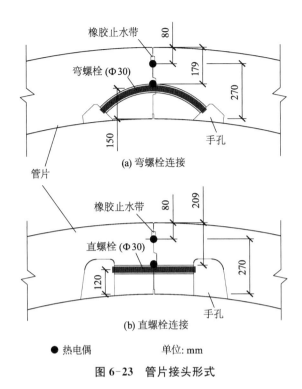

图 6-23 管片接头形式

6.2.3 衬砌结构体系火灾高温力学特性

1. 火灾高温导致隧道结构混凝土的爆裂

火灾高温会导致隧道管片混凝土发生爆裂,这一现象在各次火灾案例中的表现最突出。爆裂是盾构隧道管片在火灾高温下面临的主要损害形式,需引起足够的重视。由于混凝土自身结构复杂,高温下混凝土爆裂理论预测和评估较为困难(Boström 和 Larsen,2006;Khoury,2000)。混凝土爆裂的机理包含蒸汽压理论及热应力理论(Khoury,2000;Schrefler 等,2002)。对于大直径装配式隧道结构体系而言,由于其所处的周围环境特点,蒸汽压力是控制混凝土高温爆裂的关键因素。根据蒸汽压理论(Khoury 等,2002;Behnood 和 Ghandehari,2009;Beneš 和 Mayer,2008),混凝土高温爆裂的机理是:混凝土表面受热后,表层混凝土内的水分形成蒸汽,并向温度较低的混凝土内层流动,进入内层孔隙。这种水分和蒸汽的迁移速度决定于内层混凝土孔隙结构和加热升温速度。一旦温度迅速升高,外层的饱和蒸汽不能及时地进入内层孔隙结构,就会使蒸汽压力急速增大,在混凝土内部产生拉应力,如果混凝土的抗拉强度不足以抵抗蒸汽产生的拉压力,混凝土表层的薄层就会突然脱落,形成爆裂,同时新裸露的混凝土又暴露于高温之中,从而引发进一步的爆裂。爆裂是一个普遍现象,不论是普通混凝土还是高强混凝土都可能发生,特别是越密实的混凝土越容易发生爆裂。混凝土高温爆裂的概率及严重程度主要与升温速度、混凝土自身的渗透性及含水量,混凝土内的钢筋配置以及荷载状态相关(Boström 和

Larsen,2006;Khoury,2000;Noumowe 等,2009)。

火灾高温试验表明:火灾高温下,隧道结构混凝土爆裂深度 26～51 mm,爆裂面积 13.1%～55.7%,与升温持续时间、混凝土含水量及隧道结构体系的荷载状态等相关。此外,试验观察到隧道结构混凝土的爆裂形式主要为连续的片状爆裂。同时,在手孔边缘发生了边角形式的爆裂。同时,试验中观察到:当隧道结构混凝土温度升到大约 170℃时,持续且猛烈的混凝土爆裂开始发生。当隧道结构混凝土温度超过 500℃之后,爆裂开始逐渐减弱。此外,如图 6-24 所示,由于混凝土保护层爆裂剥落,局部位置露出钢筋。

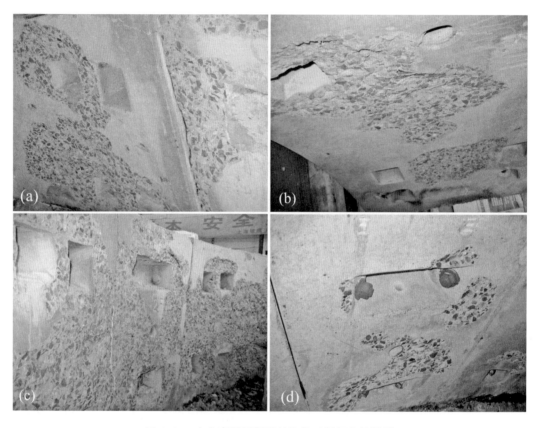

图 6-24 火灾高温下隧道结构体系混凝土的爆裂

火灾高温除了导致隧道管片发生爆裂外,还由于高温和不均匀热膨胀、导致管片混凝土烧损并产生明显的裂缝(图 6-25)。同时,由于非受火侧混凝土对受火侧混凝土热膨胀的约束(Boström 和 Larsen,2006),导致隧道结构非受火侧发生显著开裂,且与无初始预加荷载相比,由于初始预加荷载的作用,升温过程中,隧道管片外侧裂缝多且明显。

爆裂是火灾高温对地铁管片的主要损害形式需引起足够的重视。这是由于:

(1)隧道火灾升温速度快,最高温度高,使得管片非常易于爆裂,且管片内的温度梯度非常大。

（2）管片混凝土一般等级较高、密实性好；而混凝土越密实，越容易发生爆裂。

（3）混凝土的含湿量往往较大。

（4）管片主要承受压应力，易于发生爆裂。

（5）隧道结构体系为超静定结构，火灾时会在隧道结构内产生巨大的热应力。

此外，由于隧道火灾持续时间较长，不断发生的混凝土爆裂还会使内侧受力钢筋暴露于火灾高温中，严重降低隧道结构的承载力和可靠性，甚至导致管片结构坍塌。

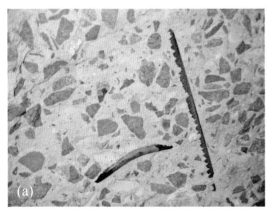

（a）混凝土保护层爆裂导致钢筋外露

（b）受火面混凝土开裂

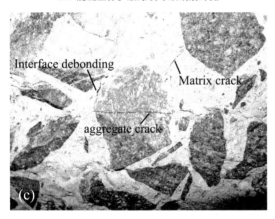
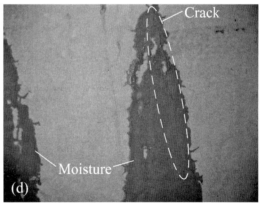

（c）火灾高温导致骨料、砂浆及其界面开裂

（d）隧道结构体系背火面混凝土开裂及水气蒸发

图 6-25　隧道结构体系受火面火灾高温下的破坏

2. 火灾高温导致隧道结构体系混凝土性能渐进性劣化

火灾高温除了导致隧道结构混凝土爆裂外，还会导致混凝土物理力学性能发生显著劣化，表现为强度及弹性模量降低以及渗透性增加等（图 6-26）。由于火灾高温导致混凝土内部裂缝扩展及孔隙结构粗糙化（Noumowe 等，2009；Poon 等，2003），隧道结构混凝土渗透性在 160 ℃ 和 300 ℃ 时分别增大到常温时的 2 倍及 15.3 倍。火灾高温导致隧道结构混凝土渗透性的增加，也会显著劣化隧道结构混凝土的耐久性，特别是对于用于隧道管片的高性能混凝土，影响的程度更为严重。

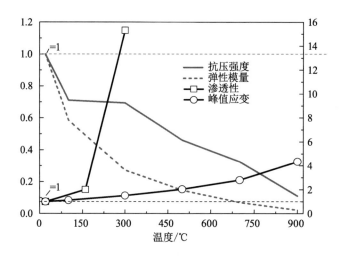

图 6-26   火灾高温导致的隧道结构体系混凝土力学性能的劣化

3. 火灾高温导致隧道结构体系内力状态变化及承载力降低

火灾高温对隧道结构体系内力分布的影响表现在：

（1）发生火灾时，高温导致隧道结构体系产生不均匀的热应力。

（2）发生火灾时，由于混凝土为热惰性材料，导致隧道结构内温度分布不均匀，引起各点材料的劣化程度不同，引起结构内力重分布。

（3）隧道结构体系为超静定体系，遭受高温的混凝土的变形会受到周围地层及相邻构件的约束，产生激烈的内力重分布，最终导致出现与常温时不同的破坏形态。

由于火灾高温时，隧道环各部分之间内力的转移和重分布使常温区未受火隧道结构截面承受的荷载增加，降低了其安全系数，甚至会导致其破坏。同时，对于升温区的隧道截面而言，在火灾高温的作用下，一方面，由于内力重分布使其承受的荷载增加；另一方面，其自身承载力、刚度在急剧降低（由于混凝土、钢筋材料力学性能的劣化），两方面因素的共同作用使得升温区隧道截面安全系数降低的幅度要远大于常温区。在同等条件下，发生火灾时，升温区隧道截面是隧道环发生破坏的薄弱环节。

4. 火灾高温导致隧道结构体系接头性能劣化

从宏观上来看，试验结果表明，火灾高温对隧道接头的破坏主要体现在如下几个方面：

（1）火灾高温使得受火面一定区域内的混凝土强度、刚度等力学性能严重劣化。由于混凝土力学性能下降，当接头承受负弯矩时（此时，受火面一侧为受压区），为了能够抵抗该负弯矩，接头变形增大，背火面一侧张角和张开量急剧增大，使得接头防水措施失效；而当接头承受正弯矩时（受火面为受拉区），由于高温使得螺栓的抗拉、抗剪强度大幅度降低，接头不断张开。接头的张开，又使得高温热流沿着接头缝隙蔓延到更深处，使得更多的混凝土受到高温作用，同时可能会使止水橡胶受到高温的烧蚀，丧失止水性能。

（2）火灾高温降低了接头的力学性能。由于火灾高温的作用,接头的抗弯、抗剪性能急剧下降,表现为接头张角、张开量量值较大,且接头部位发生错台现象。

（3）与常温时 RC 管片的破坏模式不同,高温下 RC 接头的破坏因受载状态的不同而表现出不同的模式:当接头承受正弯矩时,接头最终因螺栓伸长(螺栓承受高温,其强度和刚度明显下降),接头张开过大而破坏,此时,受压区混凝土由于处于低温区,强度损失有限,尚未达到极限状态;当接头承受负弯矩时,由于螺栓远离受火面,强度损失有限,接头最终由于受压区混凝土的压碎而破坏(由于直接遭受火灾高温的作用,受压区混凝土强度、刚度严重下降)。

（4）相比与 RC 接头,尽管钢纤维能够控制裂缝的开展同时改善混凝土高温时及高温后的力学性能,但 SFRC 接头发生整体拉裂破坏的风险较高。这是由于火灾高温使得混凝土的力学性能已严重劣化,由于没有配备 U 形加强钢筋,使得混凝土局部被拉裂。这一现象表明,对于 SFRC 接头而言,提高其高温力学性能的一个关键措施是加强接头部位的局部受力性能。

火灾高温除了导致接头产生显著的变形,同时由于接头螺栓、橡胶止水带等高温影响,还会导致隧道结构接头力学性能和功能性能的劣化。如图 6-27 所示,在火灾高温的作用下,接头连接螺栓温度发生显著升高,导致其弹性模量和强度发生劣化,进而导致接头刚度显著降低。试验结果表明:火灾高温时及经受火灾高温后接头刚度与常温时的56 645 kN·m/rad 相比,下降到了 2 853 kN·m/rad 和 21 090 kN·m/rad。

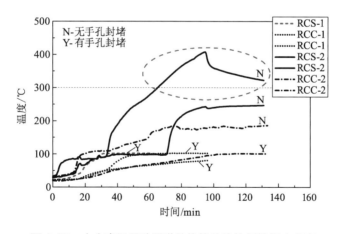

图 6-27　火灾高温导致隧道结构接头连接螺栓温度升高

火灾高温下隧道结构接头连接螺栓温度升高可归结于热传导,接头连接螺栓处混凝土温度升高;螺栓端部裸露于火灾高温中;由于接头变形张开,高温烟气蔓延入接缝,导致接头连接螺栓温度升高。

同时,火灾高温还会对接头止水带产生影响(图 6-28)。高温烟气沿接头缝隙蔓延,导

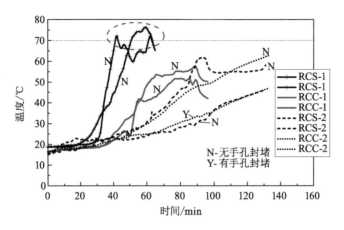

图 6-28　火灾高温导致接头橡胶止水带温度升高

致橡胶止水带温度升高；橡胶止水带附近混凝土的温度升高。

此外，由于接头的张开，火灾高温对隧道结构接头的弹性衬垫也造成了显著的损伤（图 6-29）。

5. 火灾高温导致隧道结构体系的变形

1）隧道结构产生不均匀变形

在火灾高温的作用下，由于不均匀温度分布（既有隧道断面上温度的不均匀温度分布，也有隧道管片截面上的不均匀温度分布），隧道环升温区管片发生不均匀热

图 6-29　火灾高温对接头的损坏

膨胀，导致隧道结构产生不均匀变形（图6-30、图 6-31）。

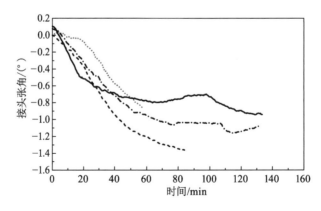

图 6-30　火灾高温下隧道结构体系接头张角的变化

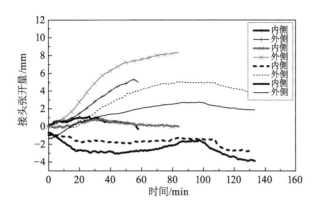

图 6-31 火灾高温下隧道结构体系接头张开量的变化

（1）火灾高温引起的隧道结构体系的变形，一方面引起内力重分布，另一方面，还会导致管片接头等薄弱部位的性能下降，引起隧道漏水，甚至坍塌。

（2）火灾高温导致隧道结构体系残余变形，会改变隧道原有的内部空间形式，可能影响隧道内部的正常运行环境。

（3）隧道结构在火灾高温下的变形会影响到地面建筑物及临近地层中其他建筑物的安全，特别是在城区修建的隧道。典型的案例是 2001 年美国霍华德城市隧道火灾中，大火造成隧道上部地层中直径 1 m 的铸铁水管破裂。

2）火灾高温下大直径装配式隧道结构体系渐进性破坏机理

火灾高温下大直径装配式隧道结构体系渐进性破坏机理可简要归纳为下述几个方面：

（1）火灾高温作用过程中，温度在隧道结构内呈现渐进性扩散增加的过程，使得隧道结构体系的混凝土、钢筋、接头连接螺栓等力学性能也在时间上呈现出渐进性劣化的过程，逐渐从初始值向失效状态过渡。

（2）由于火灾时隧道结构内温度场分布的不均匀性不仅表现为沿隧道结构厚度上的不均匀，同时也表现为隧道结构体系不同部位温度分布的不均匀，使得隧道结构体系的破坏表现出空间上的渐进性演变过程。

（3）火灾高温作用过程中，隧道结构体系各位置初始受力状态不同，隧道结构体系各位置达到破坏状态的时间也不一致。隧道结构体系表现为从最先破坏的薄弱环节开始，随着内力重分布和转移，破坏状态逐渐蔓延，在空间上隧道结构体系呈现出渐进性破坏的现象。

（4）由于隧道结构体系变形的延迟，在火灾高温作用过程中，由于荷载的变化及内力重分布，隧道结构体系的变形、内力状态都处在逐渐调整、演化的过程。

5）隧道结构体系与周围地层之间的相互作用及渐进性调整与演化。目前，国内外关于隧道结构火灾高温下的力学行为、破坏机理方面的研究开展得尚不多，特别是针对盾构隧道，这类装配式隧道结构体系的研究更少见。就已有的研究来看，Savov 等（2005）通过对梁-弹簧模型的扩展,建立了可以考虑隧道混凝土爆裂的分层梁模型,并利用该模型对不同荷载工况下浅埋公路隧道结构的变形、安全性进行了数值分析。Pichler 等(2006)借助数值分析手段,分析了火灾荷载作用下,聚丙烯纤维增强混凝土公路隧道结构的火灾安全性。Caner 等(2005)建立了集热传导分析及非线性结构力学行为分析于一体的隧道结构火灾高温力学行为分析方法,用于评估隧道结构的火灾性能。此外,在隧道结构混凝土损伤方面,Yasuda 等(2004)为研究合适的隧道管片耐火措施,开展了复合管片火灾试验(RABT 曲线)。Caner 和 Böncü(2009)对单块封顶块开展了火灾试验。然而,对于装配式隧道结构这样一个由多块管片拼装而成,且受周围地层约束的高次超静定体系而言,火灾时其力学行为将更为复杂。研究成果有助于深刻认识大直径隧道结构体系火灾高温下的力学特性,为评价大直径隧道结构体系火灾高温下的安全性提供了依据。

7 隧道结构材料高温下力学行为计算方法

7.1 概述

弹性模量不仅是工程结构抗火设计的重要参数,还是工程结构灾后评估和重建的重要参数(Lv 等,2019;Olsen-Kettle,2019)。采用多尺度方法来评估纤维水泥基复合材料的弹性性质,这有助于工程人员理解材料热损伤的本质;例如,Zhao 等(2012,2014)首先提出一个数值方法来描述水泥硬化水泥浆体的热分解;随后建立模型预测水泥浆体的杨氏模量(Zhao 等,2014);类似的研究还有 Lee 和 Xi 等(2009)多尺度模型。但是,以上模型均未考虑骨料与基体的热不相容引起的基体开裂,以及骨料与基体界面损伤。在上述模型基础之上,本节建立新的描述混杂纤维水泥基复合材料弹性性质高温(20~600 ℃)损伤的多尺度模型,并考虑基体热开裂和骨料界面损伤的影响。

7.2 基本理论

与常温下预测混杂纤维水泥基复合材料弹性模量一样,需要建立局部应变与总体平均应变之间的关系;并在代表单元体内采用集一体平均获得平均应力与平均应变之间的关系(Ju 和 Chen,1994a,1994b;Lin 等,2018;Lv 等,2019;Olsen-Kettle 等,2018)。依据 Ju 和 Chen(1994a,1994b)理论,混杂纤维水泥基各层次的有效弹性刚度张量可由 7.4 节确定。

7.3 水泥水化产物的分解

7.3.1 水泥水化产物

水泥浆体的有效性质是由其微观结构和组成决定的。通常,水泥水化生成水化硅酸钙(C-S-H),氢氧化钙(CH)和铝酸盐水合物。除了这些水化产物,水泥浆体中还含有未水化水泥颗粒、凝胶孔和毛细孔。而关于水化产物,纳米压痕测试表明水化硅酸钙由内部产物(Inner product)和外部产物(Outer product)组成(Constantinides 和 Ulm,2004)。事实上,纳米压痕测试的水化硅酸钙的宏观性质是水化产物和凝胶孔的综合效应(Sun 等,2016;高岳毅,2014)。因此,本节将凝胶孔视为水化产物的一部分。同时,由于铝酸盐水化物分布于水化硅酸钙中,且与水化硅酸钙性质相似,难以区分,本节视其为水化产物的一部分。

7.3.2 水化产物高温分解分析

在高温作用下,水泥水化产物会发生分解反应;因此,水泥浆体中各组分体积分数高度依赖水化产物的分解转化程度(Conversion degree)。依据 Lee 等(2009)和 Zhao 等(2012)研究分析,反应产物高温失水实际上会导致水泥浆体中孔隙率的升高。水化硅酸钙(C-S-H)和氢氧化钙(CH)在高温下的分解可以表示为

$$3.4CaO \cdot 2SiO_2 \cdot 3H_2O \longrightarrow 3.4CaO \cdot 2SiO_2 + 3H_2O \tag{7-1}$$

$$Ca(OH)_2 \longrightarrow CaO + H_2O \tag{7-2}$$

显然,水化产物高温分解的程度决定着水泥浆体各组分的含量。依据 Zhao 等(2012)等的模型,采用参数转化程度来描述水化产物的分解程度。转化程度可以定义为

$$\phi_{d,i} = a_i \phi_i \tag{7-3}$$

式中 a_i ——水化产物 i 的转化程度;

ϕ_i, $\phi_{d,i}$ ——水化产物 i 的初始体积分数和分解的体积分数。

转化程度通常可以根据化学分解动力学和化学计量分析来确定 Zhao 等(2012)。在本节中,采用热重分析数据 Harmathy(1970)拟合表达来定量描述水化产物的转化程度:

$$\begin{cases} a_{CSH} = a_{CSH,T10} + a_{CSH,T11}T + a_{CSH,T12}T^2 + a_{CSH,T13}T^3 , 100 \sim 570\ ℃ \\ a_{CSH} = a_{CSH,T20} + a_{CSH,T21}T + a_{CSH,T22}T^2 + a_{CSH,T23}T^3 , 570 \sim 860\ ℃ \\ a_{CH} = a_{CH,T0} + a_{CSH,T1}T + a_{CH,T2}T^2 + a_{CH,T3}T^3 + a_{CH,T4}T^4 + a_{CH,T5}T^5 , \\ \qquad 375 \sim 600\ ℃ \end{cases} \tag{7-4}$$

式中,T 为最高加热温度。

如前所述,水化产物高温失水会导致它们的孔隙率增大;故而分解产物的孔隙率可以有以下两式估算确定(Zhao 等,2012):

$$\phi_{d,CaO}^p = n_{CH}^w \frac{\dfrac{\rho_{CH}}{M_{CH}}}{\dfrac{\rho_w}{M_w}} \tag{7-5}$$

$$\phi_{d,CS}^p = n_{CSH}^w \frac{\dfrac{\rho_{CSH}}{M_{CSH}}}{\dfrac{\rho_w}{M_w}} + \frac{\phi_{gel,pore}}{\phi_{gel,pore} + \phi_{CSH}} \tag{7-6}$$

式中 n_{CH}^w, n_{CSH}^w ——由 CH 和 C-S-H 热分解产生水的摩尔量;

ρ_i, M_i ——产物 i 的密度和摩尔质量;

$\phi_{d,CH}^p$, $\phi_{d,CS}^p$ ——CaO 产物和 C-S-H 分解产物的孔隙率。

7.4 建立模型

7.4.1 混杂纤维水泥基复合材料的多尺度表达

在本节中,混杂纤维水泥基复合材料分为四个层次:等效 C-S-H 产物层次、水泥浆体层次、混凝土层次和混杂纤维水泥基复合材料层次,如图 7-1 所示。与第二节不同的是,由于水化产物分解使得水泥浆体中组分发生变化,故本节重新对混杂纤维水泥基复合材料进行尺度划分。

在层次一上,等效的 C-S-H 产物包含 C-S-H 产物及其分解产生的产物。该层次各组分的特征长度为 $10^{-9} \sim 10^{-6}$ m,为纳米压痕可测尺度(Constantinidies 等,2004;Bernard 等,2003)。在该层次,C-S-H 产物为基体,分解产物为夹杂相。因此,层次一是本节多尺度热损伤模型的起始点。

在层次二上,等效的 C-S-H 产物,CH,CaO 产物,未水化的水泥颗粒和毛细孔构成了水泥浆体层次。在该层次上,尺度范围在 $10^{-6} \sim 10^{-4}$ m,单元体包含水泥浆体的各组分信息。等效的 C-S-H 产物为基体;氢氧化钙(CH),CaO 产物,未水化的水泥颗粒和毛细孔为夹杂相。因此,水泥浆体为一个五相复合材料。

在层次三上,混凝土为三相复合材料(Sun 等,2016;Zhang 等,2019),尺度在 $10^{-4} \sim 10^{-2}$ m。在该尺度上,本节忽略了界面过渡区;取而代之,采用弹簧-界面模型来描述界面性能以及在高温下的损伤。此外,依据 Pichler 等(2008,2011)和 Chen 等(2016a,2016b)的研究,骨料可被视为球形夹杂。

在层次四上,短纤维是随机乱向分布的。材料各组分的特征尺度在 $10^{-2} \sim 10^{0}$ m,为工程应用尺度。与层次二相似,混杂纤维水泥基复合材料是多相复合材料(依赖于纤维类型的数目)。如第二节所述,采用分步均匀化实现由混凝土层次向混杂纤维层次过渡。纤维被认为是椭球形夹杂(针形;Zhang 等,2017)。

7.4.2 等效弹性性质预测

(1) 等效 C-S-H 产物(层次一)。在层次一上,C-S-H 产物为基体;分解产物(CS)是夹杂相。常温下 C-S-H 产物的初始性质可由 Zhang 等(2017)的模型确定。考虑颗粒之间的相互作用,则等效 C-S-H 产物的体积模量和剪切模量可以表达为

$$k_{\text{CSHP}, T} = k_{\text{CSHP}} \left[1 + \frac{30(1 - \nu_{\text{CSHP}}) f_{\text{CS}} (3\gamma_{1, \text{CSHP}} + 2\gamma_{2, \text{CSHP}})}{3\alpha_{\text{CSHP}} + 2\beta_{\text{CSHP}} - 10(1 + \nu_{\text{CSHP}}) f_{\text{CS}} (3\gamma_{1, \text{CSHP}} + 2\gamma_{2, \text{CSHP}})} \right]$$

$$\mu_{\text{CSHP}, T} = \mu_{\text{CSHP}} \left[1 + \frac{30(1 - \nu_{\text{CSHP}}) f_{\text{CS}} \gamma_{2, \text{CSHP}}}{\beta_{\text{CSHP}} - 4(4 - 5\nu_{\text{CSHP}}) f_{\text{CS}} 2\gamma_{2, \text{CSHP}}} \right]$$

$$(7-7)$$

式中 f_{CS}——分解产物的体积分数 f_{CS} 可以由 $f_{CS} = \dfrac{\phi_{CS}}{\phi_{CSHP}}$ 确定；

　　　k_{CSHP}，μ_{CSHP}——C-S-H 产物的体积模量和剪切模量；

　　　ν_{CSHP}——泊松比。

（2）水泥浆体（层次二）。对于一个五相复合材料，不能直接考虑夹杂之间的相互作用来得到材料的有效性质。本节采用分步均匀化策略来确定水泥基体的有效性质。具体描述如图 7-1 所示，首先在第一步均匀化中考虑两相夹杂；然后，在第二步均匀化中考虑另两类夹杂，并以第一步均匀化所得等效体为基体。同时，在每一子步中，考虑颗粒之间的相互作用来计算复合材料的有效性质。

因此，在第一步均匀化中，复合材料的有效体积模量和剪切模量可表示为

$$k_{eq, T} = k_{CSHP, T} \left\{ 1 + \frac{30(1 - \nu_{CSHP, T})[\omega_2 \phi_1 (3r_1 + 2r_2) + \omega_1 \phi_2 (3r_3 + 2r_4)]}{\omega_1 \omega_2 - 10(1 + \nu_{CSHP, T})[\omega_2 \phi_1 (3r_1 + 2r_2) + \omega_1 \phi_2 (3r_3 + 2r_4)]} \right\}$$

$$\mu_{eq, T} = \mu_{CSHP, T} \left[1 + \frac{30(1 - \nu_{CSHP, T})(\beta_2 \phi_1 r_2 + \beta_1 \phi_2 r_4)}{\beta_1 \beta_2 - 4(4 - 5\nu_{CSHP, T})(\beta_2 \phi_1 r_2 + \beta_1 \phi_2 r_4)} \right]$$

$$(7-8)$$

式中 $\omega_i = \alpha_i + \beta_i$，$i = 1, 2$。

　　　$\nu_{CSHP, T}$——C-S-H 产物在温度 T 时的泊松比。

在第二步中，可以计算水泥浆体在温度 T 时的有效弹性性质，只需替换相应夹杂相和基体相的参数，这里不再重复表述。

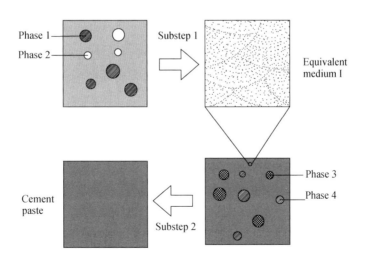

图 7-1　水泥浆体的均匀化策略

尽管采用上述步骤可以计算水泥浆体的弹性性质；但是，需要考虑不同的均匀化次序。如表 7-1 所示，共有 6 种均匀化策略。因此，为保证模型的合理性，需要研究不同均

匀化策略对计算结果的影响。考虑不同基体性质和水灰比；同时，由于 CH 转化程度会对 CaO 产物含量有影响，考虑不同体积分数 CaO 产物的影响。参照 Haecker 等（2005）试验测试结果，获得不同水灰比水泥浆体的水化程度。其中，在第一均匀化中是以等效 C-S-H 产物为基体。

表 7-1　水泥浆体（层次二）的均匀化策略

策略编号	第一步均匀化	第二步均匀化
S1	CH + CaO product	Unhydrated clinker + Capillary pore
S11	Unhydrated clinker + Capillary pore	CH + CaO product
S2	CH + Capillary pore	Unhydrated clinker + CaO product
S22	Unhydrated clinker + CaO product	CH + Capillary pore
S3	CH + Unhydrated Clinker	Capillary pore + CaO product
S33	Capillary pore + CaO product	CH + Unhydrated clinker

图 7-2 给出了 6 种均匀化策略计算所得水泥浆体有效体积模量和剪切模量随不同含量 CaO 产物的变化。虽然均匀化策略对预测结果有影响，但是这种影响较小；同时，不同水灰比、不同含量 CaO 产物的水泥浆体的体积模量和剪切模量结果相近，它们之间的差别可以忽略不计。因此，模拟结果表明均匀化次序对有效性质预测结果产生的影响较小，表明本节均匀化策略具有较好的稳定性和可靠性。

（3）混凝土（层次三）。在层次三，水泥浆体为基体相，砂浆和骨料为夹杂相。混凝土的热损伤来源于水泥浆体、砂和粗骨料的热退化以及基体相与夹杂相之间热失配产生的损伤。高温下水泥基体的热损伤主要来源于水化产物的分解，可以由热分解动力学或试验确定（Lee 等，2009；Zhao 等，2012，2014）。粗骨料和砂的损伤可由相关试验测得。事实上，在高温荷载作用下，水泥浆体会先发生膨胀，然后随着温度的升高而收缩。而骨料和砂在高温下会一直膨胀。与水泥浆体相比，骨料在高温下为刚体，限制水泥浆体的收缩；但这种限制会导致混凝土开裂甚至爆裂。为描述这种损伤，本节采用界面弹簧单元来考虑基体与骨料之间的相互作用（Duan 等，2007；Yanase 和 Ju，2012，2014），如图 7-3 所示。

基于能量等效原理，采用损伤颗粒等效的弹性性质来描述界面损伤（Duan 等，2007），则其等效的体积模量和剪切模量可以表示为

$$k_{eq} = \frac{k_1}{1 + 3\alpha'_n k_1} \tag{7-9}$$

$$\mu_{eq} = \mu_1 \frac{5c_{a1} + 8\mu_1(7 + 5\nu_1)(2\alpha'_s + 3\alpha'_n)}{5c_{a1} + 2\mu_1\alpha'_s c_{a2} + \mu_1\alpha'_n(3c_2 - 5c_1) + 80(\mu_1)^2(7 + 5\nu_1)\alpha'_s\alpha'_n} \tag{7-10}$$

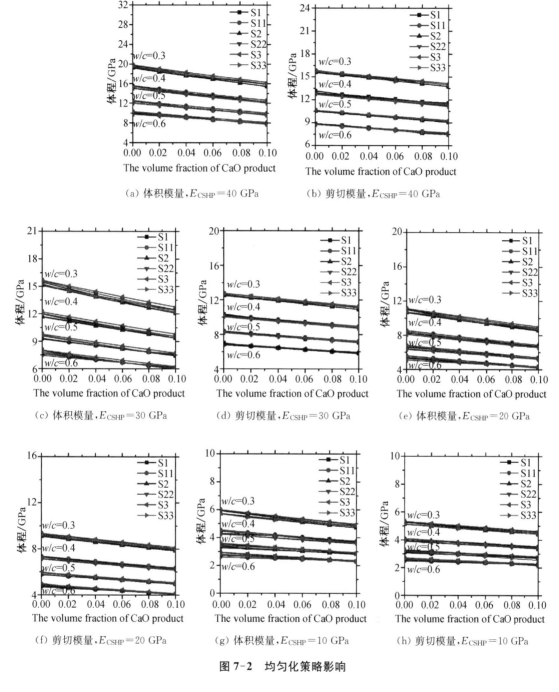

(a) 体积模量, $E_{CSHP}=40$ GPa   (b) 剪切模量, $E_{CSHP}=40$ GPa

(c) 体积模量, $E_{CSHP}=30$ GPa   (d) 剪切模量, $E_{CSHP}=30$ GPa   (e) 体积模量, $E_{CSHP}=20$ GPa

(f) 剪切模量, $E_{CSHP}=20$ GPa   (g) 体积模量, $E_{CSHP}=10$ GPa   (h) 剪切模量, $E_{CSHP}=10$ GPa

图 7-2　均匀化策略影响

式中　μ_0，μ_1——基体和颗粒的剪切模量；

　　　k_1——颗粒的体积模量；

　　　ν_1——颗粒的泊松比；

　　　α_s'，α_n'——界面在切向和法向上的柔度参数。

明显,当 α'_s 和 α'_n 等于 0 时,界面是完好的,无界面损伤发生。当它们趋于无穷大时,则界面发生完全脱黏。假设下面方程可以捕捉界面损伤随温度的演化:

$$\alpha'_n = a_{coe0} \tan a_{coe1} \Delta T$$
$$\alpha'_s = b_{coe0} \tan b_{coe1} \Delta T$$

(7-11)

式中 ΔT ——温度增量;

a_{coe0},a_{coe1},b_{coe0},b_{coe1} ——系数可以由试验数据校正获得。

界面损伤演化依赖于骨料类型和水泥浆体的性质以及加载条件。

在已知骨料和基体性质的条件下,混凝土的热损伤 d_C 可以定义为

$$d_C = 1 - \frac{E_{C,T}}{E_{C,0}}$$

(7-12)

式中,$E_{C,T}$ 和 $E_{C,0}$ 分别为混凝土在高温时或高温后以及常温下的杨氏模量。

为了讨论界面参数对混凝土的损伤程度的影响,采用 Haecker(2005)试验中水灰比为 0.61 的水泥浆体为基体。水泥浆体/砂/骨料的体积比为 1∶1.45∶1.38。砂和骨料的热损伤由 Liu 和 Xu(2015)(sandstone)和 Kumari(2017)(granite)的试验数据拟

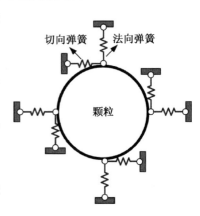

图7-3   界面弹簧模型(Yanase 和 Ju,2012,2014)

合而得。并假设砂子和骨料的界面参数相同。Yanase 等(2012)讨论结果表明界面的切向参数对混凝土弹性模量的影响较小。因此,可以假设切向参数与法向参数一致。模拟计算结果如图 7-4 所示。由图 7-4 可知,当 $a_{coe0} = 1$ 时,损伤程度在温度升至 150 ℃以上时达到 0.8,与试验结果不符(Xiao 等,2004)。因此,可以推知 a_{coe0} 的值在 0.1 和 0 之间。与 a_{coe0} 相比,a_{coe1} 在 400 ℃ 以下时几乎对损伤程度无影响。当 a_{coe1} 等于 π/1 200,损伤程度在 600 ℃时接近 1。另外两种情况在 20～700 ℃时并无明显差别。

(4) 混杂纤维水泥基复合材料(层次四)。两种及两种以上的纤维掺入到水泥基材料中形成混杂纤维水泥基复合材料。在混杂纤维水泥基复合材料中,ST 纤维和 PP 纤维的组合是最常见的一种。本节以此类混杂纤维水泥基复合材料研究对象。纤维的形状为椭球针状物。正如第二节和第三节中的描述,采用分步均匀化方法来获得混杂纤维水泥基复合材料的宏观有效性质。采用概率平均和方向平均来考虑纤维的随机乱向分布。测试结果(Abdallah 等,2017a)表明纤维-基体的界面在 600 ℃ 以前无明显的退化。故本节不再考虑纤维与基体界面的损伤。应当注意的是,在高温下,合成纤维将会熔化失效;此时,纤维的弹性性质为 0。

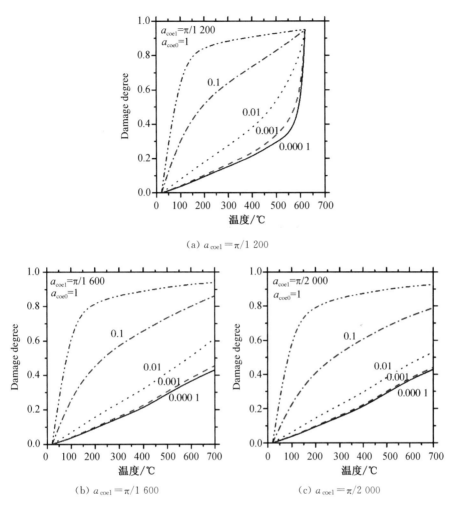

(a) $a_{coe1}=\pi/1\,200$

(b) $a_{coe1}=\pi/1\,600$

(c) $a_{coe1}=\pi/2\,000$

图 7-4 a_{coe0} 对混凝土热损伤的影响

7.5 模型验证与讨论

采用 Li 等(1993)混凝土试验测得的损伤数据来验证本节混杂纤维水泥基复合材料多尺度力学损伤模型。在他们的试验中,使用了两种不同类型的粗骨料:石灰石和花岗岩。细骨料为石灰石,粗骨料为花岗岩;采用两种水灰比:0.61 和 0.46;分别制作了两种强度的混凝土 C20 和 C40。对于每一个强度等级,分别浇筑两种类型的粗骨料混凝土。因此,对于每一个强度等级有两组试件,一共有四组试件分别为 C20L,C20G,C40L 和 C40G。L 和 G 代表粗骨料分别是石灰石和花岗岩。水泥浆体 28 天的水化程度取自 Haecker 等试验数值(2005)。参照 Lee 等(2009),C-S-H 水化产物和 CH 的杨氏模量分别为 32 GPa 和 38 GPa。对应的泊松比分别为 0.24 和 0.3。同时,分解产物 CS 的杨氏模量采用 Lee(2009)

建议方法计算,为 24.7 GPa。CS 产物和 CaO 产物的泊松比假设在高温作用下仍然保持不变。水泥浆体中其他相的参数参见 Zhang 等(2017)。此外,砂石、石灰石和花岗岩的热损伤利用 Liu 等(2015),Zhang 等(2017)和 Kumari 等(2017)试验数据拟合而得。如图 7-5 所示,本节模型计算所得混凝土的损伤演化与试验数值非常接近。从而证明了本节模型可以合理地预测高温下或高温后的混凝土损伤。

采用 Suhaendi 等(2006)的试验数据来进一步验证本节多尺度模型在混杂纤维水泥基的适用性。试验中使用了 ST 纤维和 PP 纤维。PP 纤维和 ST 纤维的体积分数都为0.5%。在混杂纤维水泥基复合材料中,利用 0.25% PP 纤维和 0.5% ST 纤维混杂组合。采用 Lv 等(1996)试验测得 ST 的温度损伤演化数据。图 7-6 给出了预测和试验数据的对比分析。由图可知,本节模型预测结果可以很好地捕捉混杂纤维水泥基复合材料的损伤发展趋势;但是,在 400 ℃时,模型低估了损伤的发展。理论预测与试验数据之间的偏差主要是由于忽略了基体中高温产生的裂纹。随着温度的升高,骨料与水泥浆体的热不相容和蒸汽压的共同作用会使基体发生严重的开裂;进而导致材料在高温作用下发生严重损伤。另一方面,纤维掺入也会导致基体中裂纹密度的增加,也是导致模型预测结果与试验结果存在偏差的原因。因此,有必要定量地描述裂纹密度对混杂纤维水泥基复合材料热损伤演化的影响。

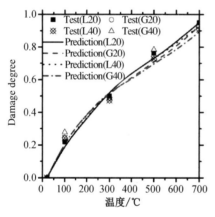

图 7-5 混凝土损伤预测与试验数据对比(Li 和 Guo, 1993):($a_{coe0} = b_{coe0} = 0.04$, $a_{coe1} = b_{coe1} = \pi/1\ 400$ 砂石;$a_{coe0} = b_{coe0} = 0.06$,$a_{coe1} = b_{coe1} = \pi/1\ 400$,石灰石;$a_{coe0} = b_{coe0} = 0.06$,$a_{coe1} = b_{coe1} = \pi/1\ 400$,花岗岩)

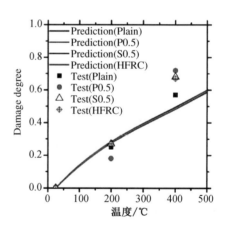

图 7-6 混杂纤维水泥基复合材料损伤理论预测与试验数据对比(Suhaendi 等 2006):($a_{coe0} = b_{coe0} = 0.04$, $a_{coe1} = b_{coe1} = \pi/1\ 400$, 砂;$a_{coe0} = b_{coe0} = 0.06$,$a_{coe1} = b_{coe1} = \pi/1\ 400$,粗骨料)

8 隧道结构构件火灾高温力学行为计算方法

在火灾高温作用下,一方面衬砌截面的力学性能显著降低,另一方面由于不均匀温度分布和热膨胀,衬砌管片的力学反应和破坏模式也发生了明显变化。在上一章中已经较为系统地对火灾下不同荷载及边界条件下的衬砌管片进行了试验研究,对其在高温条件下的力学反应及破坏模式有了相应的认识。但由于火灾试验会耗费大量的时间和物力,因此有必要提出适用于高温下(高温后)衬砌管片的力学计算模型,以方便工程应用和安全设计。本章建立了火灾下衬砌管片的力学计算模型,分析了弹性约束下平面曲梁在火灾影响下的非线性问题。

8.1 模型介绍

盾构隧道内发生火灾时,衬砌结构的损伤不仅严重降低了衬砌结构的安全性,大大降低衬砌结构的承载能力和使用的安全性,甚至会由于衬砌混凝土的力学性能劣化、爆裂引起的衬砌截面厚度减少(Both 等,2003)。前人针对隧道衬砌结构在火灾下的力学表现进行了一定的试验研究和数值分析工作(Yan 等,2012;Yan 等,2013;Choi 等,2013;Lilliu 和 Meda,2013),较为全面地描述了衬砌结构的热力耦合行为,但仍未有可用的定量的理论计算方法能用于火灾高温下的隧道衬砌结构。且火灾试验的成本昂贵,周期漫长;数值分析除了需要投入高性能计算机之外,全过程分析也需要大量时间。所以,提出一个高效准确的理论计算方法对隧道结构火灾的研究及工程应用非常关键。管片作为盾构隧道的基本组成单元,是首要的研究对象。

火灾高温对钢筋及混凝土的力学性能均有显著影响,对构件截面进行分层可有效解决该问题。同时,当构件单面受火时,材料分层效应更加明显。过镇海和时旭东(2003)采用组合模型编制了大量的计算表格对火灾高温下的混凝土构件截面进行了力学计算。该方法也在高温下钢筋混凝土结构计算中得到了认可(刘利先等,2004;吴波,2003;李昀晖,2007;Kodur 和 Yu,2012;Ibañez 等,2013)。当钢筋和混凝土之间的黏结较好,可以认为二者之间无滑移时,可采用组合模型。在组合模型中,一种方法是将钢筋混凝土截面分成许多条带,假定每一条带上的应力是均匀分布的,在工程上一般可分为 7~10 层计算弯矩和曲率的关系即能满足工程需求;另一种方法则是在分层组合式纤维模型中,根据截面不同部分的材料受力性能差别按一定规则进行分区,在横截面上分成一系列的层或纤维,并对截面的应变做出某些假定,根据材料的实际应力-应变关系和平衡条件可以导出截面的刚度表达式。当一个构件内部弯矩变化比较剧烈时,应通过适当细分单元来减少这种不协调带来的误差。纤维模型从材性和截面配筋布置出发,可以同时考虑轴力和弯矩对截面的影响,理论上精度较高,适用范围广,特别适用于轴力变化较大的情况。但是由于每次计算都要对截面的各个纤维受力进行积分迭代并分别运算,因而工作量大,编程难度高(江见鲸和陆新征,2013)。韩海涛等(2010)基于一阶剪切梁理论,得到含分层复合材料结构在全域范围内更精确的一般性结论,导出了含分层复合材料梁黏合段和分层段的位移解答。王奇志等(1998)研究于对称正交铺层复合材料层合梁在横向载荷作用下的分层问题,为进一步研究层合板的三维分层问题奠定基础。针对火灾下的框架混凝土结构,可以纤维梁单元和混凝土分层壳单元的火灾破坏数值构建模型,通过在截面层次上来考虑构件截面的不均匀温度场分布及其材料非线性和几何非线性问题(陈适才等,2009;陈适才和任爱珠,2011)。Yin 和 Wang(2004;2005a,2005b)针对火灾高温下的钢梁截面进行了力学分析,提出了不规则温度分布下的计算方法。但隧道管片适用于曲梁模型,与某些文献中所述的直梁模型有较大区别。

对曲梁的力学模型研究方面,白静等(2003)根据工程梁理论,对对称正交铺层复合材料层合曲梁在横向载荷作用下的分层问题进行了分析。李世荣和周凤玺(2008)基于 Euler-Bernoulli 梁的几何非线性理论,建立了弹性曲梁在任意分布机械载荷和热载荷共同作用下的几何非线性静平衡控制方程。Heidarpour 等(2009;2010a;2010b)先后用非线性弹性及非弹性方法对钢曲梁在火灾下的力学模型进行了研究,并使用有限元数值方法进行验证。Heidarpour 等(2010c)还尝试使用弹性非线性方法对中间层用销钉固定的钢-混凝土复合构件在火灾下的力学行为进行描述。Ružić等(2015)采用水-热-力耦合的分析方法对火灾下受约束的钢筋混凝土曲梁建立了有限元分析模型,考虑了高温下水分迁移对混凝土本构关系的影响,并与 LUSAS 软件的计算结果进行了对比。这些分析方法对火灾升温条件下约束构件会产生热应变和热应力的描述比较全面,对构件的几何非线性和材料非线性的受力特征在某一方面能够准确地描述,但都存在模型假设偏离隧道管片受火的实际情况,结果表述复杂,计算问题难度大。

在高温下,由于在径向特定位置存在钢筋,使得钢筋混凝土构件的热传导系数不均匀。因此,采用多层模型是一种较为合理和有效的方法,Guo 和 Shi(2003)开发了一个组合模型来分析混凝土构件在火灾中的力学行为。钢筋和混凝土之间的界面被认为是完美的和不滑移。在假定钢筋混凝土截面上的应力分布均匀的情况下,将钢筋混凝土截面划分为多条截面。结果表明,采用7~10个条带可以得到令人满意的弯矩与曲率关系(李昀晖,2007;Bañez等,2013;Kodur 和 Sultan,2003;Kudor 和 Yu,2013;Kudor 等,2005)。另一种方法是纤维模型,根据试样中材料的力学性能将截面划分为不同的区域(Chen 等,2009;Chen 和 Ren,2011)。该模型考虑了钢筋的布置和材料特性,可以表示出弯矩和轴力组合的影响。

本章结合前人对曲梁的受力分析以及纤维截面法的优点,以变形后管片曲梁的切向位移和轴向位移作为基本未知量,进行求解。基于平截面假定,对梁截面进行分层之后,结合连续性条件和外力平衡条件建立基本方程。该方法可以考虑管片在单面受火情况下,温度沿纵向均匀分布,沿横向非均匀分布的真实情况。为增加该方法的适用性,本章引入欧洲规范 Eurocode 2 的相关内容加以整合利用,对该模型的使用进行了进一步分析。

8.2 模型推导

8.2.1 截面分析

为了便于火灾下隧道衬砌管片多层模型的建立,采用了以下假设:

(1) 混凝土在宏观层面上是各向同性的,温度引起的损伤在各层上也是各向同性的。

(2) 螺栓与相应的螺栓孔紧密接触,在这种接触下不产生附加变形。

(3) 假设变形较小。因此,隧道衬砌管片的弯曲变形对内力分布的影响可以忽略不计。

根据隧道衬砌截面上的力学和热特性分布,将受弯矩和轴向推力作用的隧道衬砌截面划分为多层截面。采用平截面假设推导截面上的应力。因此,该截面上的应变可表示为

$$\varepsilon_t = (y + y_n)\kappa \tag{8-1}$$

式中　κ——截面曲率;

　　　y_n——截面受压区高度($0 \sim h$)。

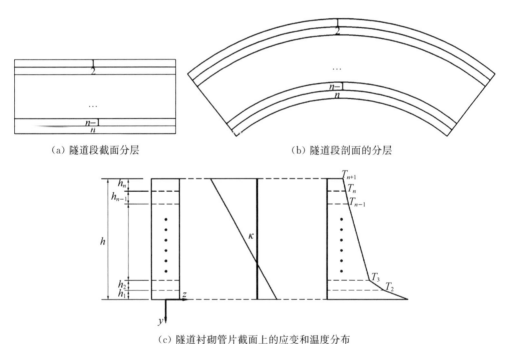

(a) 隧道段截面分层　　　　　　　　　(b) 隧道段剖面的分层

(c) 隧道衬砌管片截面上的应变和温度分布

图 8-1　截面分析模型

固定时刻,管片截面的温度函数是确定的。采用分层计算的手段,可以解决因温度函数过于复杂而不易积分计算的问题。可先考虑三段温度区间各区间为线性分布的情况:

$$T_a(y) = T_t + y\ \nabla_a + \widetilde{\nabla}_a \qquad (\alpha = 1, 2, \cdots, n) \qquad (8\text{-}2)$$

式中 λ_a——该层热传导率；

$T_a(y)$——该层温度分布函数。

固定时刻，管片截面的温度函数是确定的。采用分层计算的手段，可以解决因温度函数过于复杂而不易积分计算的问题。可先考虑三段温度区间各区间为线性分布的情况：

$$\nabla_a = \frac{T_a - T_{a+1}}{h_a}, \ \widetilde{\nabla}_a = \sum_1^a h_{a-1}\ \nabla_{a-1} \qquad (8\text{-}3)$$

式中，h_0 为任意层的高度；在 $h_0 = 0$，$\nabla_0 = 0$ 时，$\alpha = 1$。n 是截面的总层数。一般情况下，弹性应变可定义为总应变减去热应变：

$$\varepsilon_e = \varepsilon_t - \varepsilon_\theta \qquad (8\text{-}4)$$

式中，热应变 $\varepsilon_\theta(y) = \lambda_a\ T_a(y)$。

截面上的正应力 σ_a 可表示为

$$\sigma_a = E_T(y)\ \varepsilon_e = E_T(y)(-\varepsilon_c + y_n\kappa + y(\kappa - \lambda_a\ \nabla_a)) \qquad (8\text{-}5)$$

式中，$E_T(y)$ 表示截面弹性模量沿温度分布的函数。将与温度梯度有关的应变设为温度耦合应变 ε_c：

$$\varepsilon_c = \lambda_a(T_t + \widetilde{\nabla}_a) \qquad (8\text{-}6)$$

进而可以得到截面轴力：

$$N_a = \int_{A_a} \sigma_a \mathrm{d}A_a = -(\varepsilon_c - y_n\kappa)\ \overline{EA_a} + (\kappa - \lambda_a\ \nabla_a)\ \overline{EB_a} \qquad (\alpha = 1, 2, \cdots, n)$$

$$(8\text{-}7)$$

式中，$\overline{(EA)_a} = \int_{A_a} E_T^a(y)\mathrm{d}A_a$，$\overline{(EB)_a} = \int_{A_a} y E_T^a(y)\mathrm{d}A_a$。需要注意的是 α 层包括了钢筋，$E_T^a(y)$ 可以按照复合材料计算确定：

$$E_T^a(y) = \frac{E_c A_c + E_s A_s}{A_c + A_s} \qquad (8\text{-}8)$$

式中 E_c，E_s——混凝土和钢筋的弹性模量；

A_c，A_s——混凝土和钢筋的面积。

截面受压区高度可表达为

$$y_n = \frac{1}{\sum\limits_{\alpha=1}^{n} \overline{(EA)_\alpha}} \left(\sum\limits_{\alpha=1}^{n} \overline{(EB)_\alpha} - \frac{N_{int} + N_{II}}{\kappa} \right) \tag{8-9}$$

式中　N_{int}，N_{II}——$N_{int} = \sum\limits_{\alpha=1}^{3} N_\alpha$，$N_{II} = \sum\limits_{\alpha=1}^{3} (\lambda_\alpha \nabla_\alpha \overline{E B_\alpha} + \varepsilon_c \overline{E A_\alpha})$。

　　　E_α——该层弹性模量；

　　　N_{II}——截面耦合轴力。

　　同理，可以推得截面弯矩为

$$M_\alpha = \int_A \sigma_\alpha y \, d A_\alpha = -(\varepsilon_c - y_n \kappa) \overline{(EB)_\alpha} + (\kappa - \lambda_\alpha \nabla_\alpha) \overline{(EI)_\alpha} \tag{8-10}$$

式中，$\overline{(EI)_\alpha} = \int_{A_\alpha} y^2 E_T^\alpha(y) \, d A_\alpha$。

　　于是截面受压区高度还可表达为

$$y_c = \frac{1}{\sum\limits_{\alpha=1}^{n} \overline{(EB)_\alpha}} \left(\sum\limits_{\alpha=1}^{n} \overline{(EI)_\alpha} - \frac{M_{int} + M_{II}}{\kappa} \right) \tag{8-11}$$

式中，$M_{int} = \sum\limits_{\alpha=1}^{3} M_\alpha$，$M_{II} = \sum\limits_{\alpha=1}^{3} (\lambda_\alpha \nabla_\alpha \overline{E I_\alpha} + \varepsilon_c \overline{E B_\alpha})$。

　　由式(8-9)和式(8-11)，可以推出截面曲率：

$$\kappa = \frac{\sum\limits_{\alpha=1}^{n} \overline{(EA)_\alpha}}{\left(\sum\limits_{\alpha=1}^{n} \overline{(EA)_\alpha}\right) \left(\sum\limits_{\alpha=1}^{n} \overline{(EI)_\alpha}\right) - \left(\sum\limits_{\alpha=1}^{n} \overline{(EB)_\alpha}\right)^2} \left[M_{int} + M_{II} - \frac{\sum\limits_{\alpha=1}^{n} \overline{(EB)_\alpha}}{\sum\limits_{\alpha=1}^{n} \overline{(EA)_\alpha}} (N_{int} + N_{II}) \right]$$

$$\tag{8-12}$$

8.2.2　构件分析

　　在实际工程中，衬砌管段承受的水土压力是连续的。在分析中，连续分布压力通常用等效点荷载表示，分析隧道衬砌段的弯曲行为(沈奕，2015；Yan 等，2016；闫治国，2007)。试验中也采用了类似的简化方法(沈奕，2015；Yan 等，2016)。为模拟螺栓与连接管片的边界条件，管片两端采用一组水平、竖直、弯曲的等效刚度弹簧。k_{0h}，k_{0v} 和 k_{0r} 分别为水平、垂直和左端抗弯刚度，k_{Lh}，k_{Lv} 和 k_{Lr} 为另一端对应的刚度。

　　如图 8-2 所示，在一般情况下，两端的刚度是不同的。构件任意截面弯矩为

$$M_{int} = M_0 - H_0 y^* + V_0 z^* \quad \left(z^* \leqslant \frac{L}{2} - l \right) \tag{8-13}$$

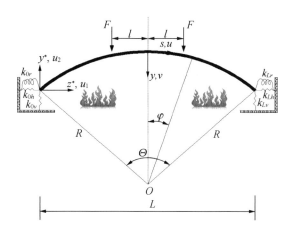

图 8-2　一般情况构件分析

$$M_{int} = M_0 - H_0\, y^* + V_0\, z^* - F\left(z^* + l - \frac{L}{2}\right) \quad \left(\frac{L}{2} - l < z^* \leqslant \frac{L}{2} + l\right) \quad (8\text{-}14)$$

$$M_{int} = M_0 - H_0\, y^* + V_0\, z^* - 2Fl \quad \left(z^* > \frac{L}{2} + l\right) \quad (8\text{-}15)$$

式中　$y^* = R\left[\cos\varphi - \cos\left(\dfrac{\Theta}{2}\right)\right]$，　$z^* = R\left[\sin\left(\dfrac{\Theta}{2}\right) + \sin\varphi\right]$。

　　L——管片跨度；

　　l——中轴线和竖向力作用线间距；

　　H_0, V_0, M_0——直角坐标原点处支座反力；

　　H_0, V_0——均以对应直角坐标系水平及竖直正方向为正方向；

　　M_0——以逆时针方向为正方向。

任意截面轴力为

$$N_{int} = H_0 \cos\varphi + V_0 \sin\varphi \quad \left(z^* \leqslant \frac{L}{2} - l\right) \quad (8\text{-}16)$$

$$N_{int} = H_0 \cos\varphi + V_0 \sin\varphi - F \sin\varphi \quad \left(\frac{L}{2} - l < z^* \leqslant \frac{L}{2} + l\right) \quad (8\text{-}17)$$

$$N_{int} = H_0 \cos\varphi + V_0 \sin\varphi - 2F \sin\varphi \quad \left(z^* > \frac{L}{2} + l\right) \quad (8\text{-}18)$$

任意截面剪力为

$$V_{int} = H_0 \sin\varphi - V_0 \cos\varphi \quad \left(z^* \leqslant \frac{L}{2} - l\right) \quad (8\text{-}19)$$

$$V_{\text{int}} = H_0 \sin\varphi - V_0 \cos\varphi + F\cos\varphi \quad \left(\frac{L}{2} - l < z^* \leqslant \frac{L}{2} + l\right) \tag{8-20}$$

$$V_{\text{int}} = H_0 \sin\varphi - V_0 \cos\varphi + 2F\cos\varphi \quad \left(z^* > \frac{L}{2} + l\right) \tag{8-21}$$

为方便下文中边界条件的推导,设定:

$$\varphi = -\Phi, \quad z^* = \frac{L}{2} - l, \quad \varphi = \Phi, \quad z^* = \frac{L}{2} + l \tag{8-22}$$

式中,Φ 为构件中点至加载点段的圆心角。

8.2.3　位移推导

（1）径向位移。求曲梁某一点的径向位移,需要先求得该点的转角,经过积分即可得到相应位移。曲率与转角 θ、位移 v 的关系为

$$\kappa = \frac{\mathrm{d}\theta}{\mathrm{d}s} = \frac{\mathrm{d}^2 v}{\mathrm{d}s^2} \tag{8-23}$$

当 $z^* \leqslant \dfrac{L}{2} - l$ 时,截面曲率 κ 为

$$\kappa = \lambda\left[M_0 + M_{\Pi} - H_0\left(y^* + \frac{\sum\limits_{\alpha=1}^{n}\overline{(EB)_\alpha}}{\sum\limits_{\alpha=1}^{n}\overline{(EA)_\alpha}}\cos\varphi\right) + V_0\left(z^* - \frac{\sum\limits_{\alpha=1}^{n}\overline{(EB)_\alpha}}{\sum\limits_{\alpha=1}^{n}\overline{(EA)_\alpha}}\sin\varphi\right)\right.$$

$$\left. - \frac{\sum\limits_{\alpha=1}^{n}\overline{(EB)_\alpha}}{\sum\limits_{\alpha=1}^{n}\overline{(EA)_\alpha}}N_{\Pi}\right] \tag{8-24}$$

然后利用式(8-23),通过积分与关系式,可以得到弯曲角度和径向位移的关系,如式(8-55)—式(8-56)所示。同理,当 z^* 满足 $\dfrac{L}{2} - l < z^* \leqslant \dfrac{L}{2} + l$ 和 $z^* > \dfrac{L}{2} + l$ 时,可得到相应的弯曲角和径向位移 v,如式(8-57)—式(8-60)所示。有关测定相关连接常数的详细资料在表达式(8-47)—式(8-54)中列出。

（2）切向位移。根据 Bradford(2006,2011)的理论,曲梁截面应变和切向位移 u 有如式(8-25)中的几何关系：

$$\varepsilon_t = \frac{\mathrm{d}u}{\mathrm{d}s} + \frac{1}{2}\left(\frac{\mathrm{d}v}{\mathrm{d}s}\right)^2 - \frac{v}{R} - y\left(\frac{\mathrm{d}^2 v}{\mathrm{d}s^2}\right) \tag{8-25}$$

当式(8-25)与式(8-1)在 $y = 0$ 相等时,可得切向位移如下:

$$u(s) = \int \left[-y_n \kappa - \frac{1}{2}\left(\frac{\mathrm{d}v}{\mathrm{d}s}\right)^2 + \frac{v}{R} \right]\mathrm{d}s + C_{e3} \quad (e=1,2,3) \tag{8-26}$$

z^* 在三个不同的区间内,可以分别得到相应的切向位移 u,在式(8-61)—式(8-70)中可以详细查阅。

(3) 边界条件如下所述:

① 连续性条件

$$\begin{cases} \theta\left|z^* = \left(\frac{L}{2}-l\right)^- = \theta\right|z^* = \left(\frac{L}{2}-l\right)^+, \\ v\left|z^* = \left(\frac{L}{2}-l\right)^- = v\right|z^* = \left(\frac{L}{2}-l\right)^+, \\ u\left|z^* = \left(\frac{L}{2}-l\right)^- = u\right|z^* = \left(\frac{L}{2}-l\right)^+ \end{cases} \tag{8-27}$$

$$\begin{cases} \theta\left|z^* = \left(\frac{L}{2}+l\right)^- = \theta\right|z^* = \left(\frac{L}{2}+l\right)^+, \\ v\left|z^* = \left(\frac{L}{2}+l\right)^- = v\right|z^* = \left(\frac{L}{2}+l\right)^+, \\ u\left|z^* = \left(\frac{L}{2}+l\right)^- = u\right|z^* = \left(\frac{L}{2}+l\right)^+ \end{cases} \tag{8-28}$$

将位移(u,v)和转角(θ)表达式代入式(8-27)和式(8-28),导出包含有 C_{11},C_{12},C_{13},C_{21},C_{22},C_{23},C_{31},C_{32},and C_{33} 的 6 个方程。

当管片两端的位移条件确定后,相关的反力表达式如下:

$$\begin{cases} H_0 = -k_{0h}(u\cos\varphi + v\sin\varphi)\left|_{s=-R\Theta/2}\right., \quad V_0 = -k_{0v}(u\cos\varphi - v\sin\varphi)\left|_{s=-R\Theta/2}\right. \\ H_L = k_{Lh}(u\cos\varphi - v\sin\varphi)\left|_{s=R\Theta/2}\right., \quad V_L = k_{Lv}(u\sin\varphi + v\cos\varphi)\left|_{s=R\Theta/2}\right. \\ M_0 = k_{0r}\theta\left|_{s=-R\Theta/2}\right., \quad M_L = k_{Lr}\theta\left|_{s=R\Theta/2}\right. \end{cases} \tag{8-29}$$

式中　H_0,V_0,M_0——左侧水平、竖向、弯曲反力;

　　　H_L,V_L,M_L——右侧水平、竖向、弯曲反力。

② 力平衡条件。管片两侧反力必须满足力的平衡,即:

$$H_0 = H_L, \quad V_0 + V_L = 2F, \quad M_0 = M_L + V_L L - FL \tag{8-30}$$

将式(8-29)、式(8-30)代入 u,v 的对应方程,可以得到 12 个未知数:C_{11},C_{12},C_{13},C_{21},C_{22},C_{23},C_{31},C_{32},C_{33},H_0,V_0,M_0。由于未知量多,且它们之间存在耦合,直接求解这些方程是困难的。需要重新组织解决方案的顺序逐步解开一些未知量。观察这些方程,很容易发现先解 C_{11},C_{12},C_{13},C_{31},C_{32},C_{33},然后解 C_{21},C_{22},C_{23},然后是 H_0,V_0,M_0。当求解这些未知量时,将所求解代入相应的方程即可直接求得位移和弯曲变形。

（4）温度场的确定。当隧道遭受火灾时，传热可以用单侧混凝土受热来表示。在隧道纵向，最高温度随着距离火灾的距离而降低，这通常受到火灾规模和通风条件（风速）的影响（沈奕，2015；闫治国，2007）。闫治国（2007）对特定火灾场景下隧道纵向温度分布进行了测量和分析。这里忽略纵向的温度差，因为它对弯曲挠度的影响可以忽略不计（沈奕，2015）。

当钢筋混凝土板或梁从单面暴露于标准火灾（如 ISO 834 和 ASTM E119）时，可以通过经验方法预测不同深度的温度上升（Kodur 等 2013；Gao 等 2014）。在地下空间，通常使用欧洲 HC 曲线。据此，可通过一维热流方程确定沿截面深度的温度分布。

$$\frac{\partial\left(\lambda_c \frac{\partial T}{\partial y}\right)}{\partial y} = \rho c(T) \frac{\partial T}{\partial t} \tag{8-31}$$

式中　λ_c——混凝土的导热系数；

　　　ρ——混凝土密度，假设保持不变（2 400 kg/m³）；

　　　$c(T)$——温度 T 时混凝土的比热容。

在实际情况中，隧道段的内侧暴露在高温下，而另一侧则与周围的土壤紧密接触。因此，边界条件可以表示为

$$\begin{cases} -\lambda_c \frac{\partial T}{\partial n} = \beta(T)(T - T_a)，& 受火侧 \\ T_c = T_s，\quad \lambda_c \frac{\partial T_c}{\partial n} = \lambda_s \frac{\partial T_s}{\partial n}，& 土层侧 \end{cases} \tag{8-32}$$

式中　T_a——热空气温度；

　　　$\beta(T)$——热流与混凝土之间的换热系数；

　　　λ_s——土壤热导率，

　　　n——边界法向量；

　　　T_c，T_s——边界处混凝土和土壤的温度。

采用有限差分法计算温度场（过镇海和时旭东，2003；Ju 等，1998）。以上热参数 $[\beta(T), \lambda_c, c(T)]$ 可以从已有数据中得到（过镇海和时旭东，2003）。过镇海和时旭东（2003）采用显式差分格式来预测受 ISO 834 火灾影响的混凝土温度。此外，还提供了不同厚度混凝土的温度图。在该模型中，采用上述方法对衬砌段温度场进行了评价。

（5）混凝土的热损伤。水泥的水化产物主要包括水合硅酸钙（C-S-H）和氢氧化钙（CH）。此外，水泥浆体中还存在孔隙和未水化熟料（Zhang 等，2017，2018）。在高温下，C-S-H 和 CH 会分解。另一方面，骨料可经历结晶转变（硅质骨料）或脱碳（钙质骨料）。因此，混凝土的热降解一般是由热分解和热不相容引起的水泥浆体损伤、骨料的劣化以及骨料与水泥浆体基质的界面损伤引起的（Zhao 等，2012，2014）。在微尺度上，水泥浆体组

分(C-S-H,CH)的分解会导致水泥浆体的失水。

水的损失预计会增加反应物的孔隙率,这是水泥浆体的主要力学退化(Zhao 等, 2014)。为了考虑水泥浆体和骨料变形不匹配的影响,Lee 等人(2009)使用了从试验数据回归曲线得到的函数。这里,为了简单起见,省略推导过程。因混凝土热损伤引起的混凝土的温度差可以表示为

① 温度在 120~400 ℃:

$$d(T) = 1 - \frac{(39.21 \times 10^{-3} + e^{-0.002T}) \times (697.126 \times 10^{-3} - 253.828 \times 10^{-6}T)}{651.437 \times 10^{-3} + 126.914 \times 10^{-6}T}$$

(8-33)

② 温度在 400~530 ℃:

$$d(T) = 1 - 563.948 \times 10^4 \times (39.21 \times 10^{-3} + e^{-0.002T}) \times$$
$$(697.126 \times 10^{-3} - 253.828 \times 10^{-6}T) \times$$
$$(178.434 \times 10^{-2} - 279.418 \times 10^{-5}T) \div$$
$$[(77.182\,5 + T) \times (5\,132.91 + T)]$$

(8-34)

③ 温度在 530~800 ℃:

$$d(T) = 1 - 357.689 \times 10^{-3} \times (39.21 \times 10^{-3} + e^{-0.002T}) \times$$
$$(697.126 \times 10^{-3} - 253.828 \times 10^{-6}T) \div$$
$$(651.437 \times 10^{-3} + 126.914 \times 10^{-6}T)$$

(8-35)

显然,温度是上述三个方程中唯一的变量;而相变和热不相容损伤是在微观尺度上考虑的。还需要注意的是,这些方程是基于水灰比为 0.67 的水泥浆体建立的,但由于水泥浆体只占很小的体积,因此这些方程可以获得较好的精度(Zhao 等,2014)。如前所述,混凝土的劣化也取决于骨料类型。根据试验结果,通过修改第一个括号中的项,可以将上述公式推广到其他类型的骨料。

8.2.4 对称情况

1. 一般对称情况

在实际的隧道工程中,对称情况更为普遍,需要专门对其进行研究。若构件两端约束对称,或两端支座刚度相同或可以忽略其差异时,边界条件简化如下。

(1) 连续性条件:

$$\begin{cases} \theta|_{z^* = (\frac{L}{2}-l)^-} = \theta|_{z^* = (\frac{L}{2}-l)^+} \\ v|_{z^* = (\frac{L}{2}-l)^-} = v|_{z^* = (\frac{L}{2}-l)^+} \\ u|_{z^* = (\frac{L}{2}-l)^-} = u|_{z^* = (\frac{L}{2}-l)^+} \end{cases}$$

(8-36)

（2）支座边界条件：

$$\begin{cases} H_0 = -k_{0h}(u\cos\varphi + v\sin\varphi)\big|_{s=-R\Theta/2} \\ V_0 = -k_{0v}(u\cos\varphi - v\sin\varphi)\big|_{s=-R\Theta/2} \qquad \varphi = -\Theta/2, \quad z^* = 0 \qquad (8\text{-}37) \\ M_0 = k_{0r}\theta\big|_{s=-R\Theta/2} \end{cases}$$

（3）跨中边界条件：

$$\begin{cases} \theta\big|_{z^*=\frac{L}{2}} = 0 \\ u\big|_{z^*=\frac{L}{2}} = 0 \qquad \varphi = 0, \quad z^* = \frac{L}{2} \qquad (8\text{-}38) \\ V_{\text{int}}\big|_{z^*=\frac{L}{2}} = 0 \end{cases}$$

将这些边界条件代入相应的方程，可以逐步确定相关未知数。

当满足 $\theta\big|_{s=0}=0$ 及 $V_{\text{int}}\big|_{s=0}=0$ 时，可以得到 $C_{21}=C'=0$。当 $u\big|_{s=0}=0$。时，可得 $C_{23}=0$。所有的未知数可以通过给定的对称边界条件得出。在接下来的章节中，我们将讨论一些特定的类型，为隧道衬砌的耐火设计提供参考。

2. 静定约束

在实际工程中，隧道衬砌管片通常设计为超静定体系。然而，通过对静定情况的分析，为衬砌管片的承载能力提供一个下限，在边界条件难以估计的情况下，这对评估承载能力是有用的。

静定约束情况如图 8-3 所示，其边界条件如下：

（1）连续性条件按式(8-36)计算。

（2）支座边界条件则简化为

$$\begin{cases} H_0 = N \\ (u\cos\varphi - v\sin\varphi)\big|_{s=-R\Theta/2} = 0 \qquad \varphi = -\Theta/2, \quad z^* = 0 \qquad (8\text{-}39) \\ M_0 = 0 \end{cases}$$

（3）跨中边界条件按式(8-38)计算。

本边界条件，在结构所受内力的表达式中，可将 N 代替 H_0。同上节的推导过程，根据连续性条件和跨中边界条件，可解出所有未知数。

3. 两端铰支座

两端铰支座情况是另外一种典型情况。

如图 8-4 所示的边界条件如下。

（1）连续性条件按式(8-36)计算。

（2）支座边界条件简化为

$$\begin{cases} (u\cos\varphi + v\sin\varphi)\big|_{s=-R\Theta/2} = 0 \\ (u\cos\varphi - v\sin\varphi)\big|_{s=-R\Theta/2} = 0 \qquad \varphi = -\Theta/2, \quad z^* = 0 \qquad (8\text{-}40) \\ M_0 = 0 \end{cases}$$

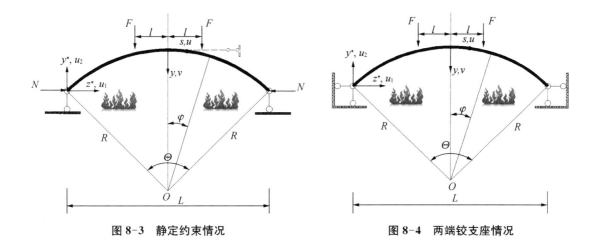

图 8-3 静定约束情况   图 8-4 两端铰支座情况

（3）跨中边界条件按式(8-38)计算。

同理，根据连续性条件和跨中边界条件，可以解出所有未知数。

4. 两端固定

两端固定支座情况代表了两端支座刚度更大的情况。

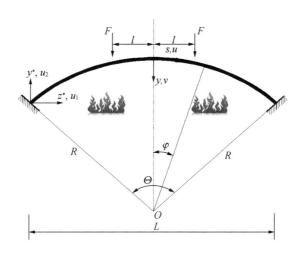

图 8-5 支座两端固定情况

如图 8-5 所示，其边界条件如下。

（1）连续性条件按式(8-36)计算。

（2）支座边界条件简化为

$$
\begin{cases}
(u\cos\varphi + v\sin\varphi)\,|_{s=-R\Theta/2} = 0 \\
(u\cos\varphi - v\sin\varphi)\,|_{s=-R\Theta/2} = 0 \qquad \varphi = -\Theta/2, \quad z^* = 0 \\
\theta\,|_{s=-R\Theta/2} = 0
\end{cases}
\tag{8-41}
$$

（3）跨中边界条件按式(8-38)计算。

同理,根据连续性条件和跨中边界条件,可以解出所有未知数。

8.3 模型验证

前述模型的分层层数可以根据管片的特点增加以提高计算准确性。将相关材料参数(CEN,2004)及试验过程中测得的温度场代入该火灾下的衬砌管片的力学计算模型与 RC 试件试验结果进行对比示意。

高温后的正弯矩受荷、支座超静定约束工况如图 8-8 所示。高温后工况的计算均以混凝土的历史最高温度作为材料性能的计算依据,钢筋的材料性能则认为在高温后得到了完全恢复(Haddad 等,2004;Chen 等,2009)。如图 8-6—图 8-8 所示,基于火灾下的衬砌管片的力学计算模型理论计算得到的荷载—跨中位移曲线与相应的试验值基本吻合,理论计算模型得到了很好的验证。

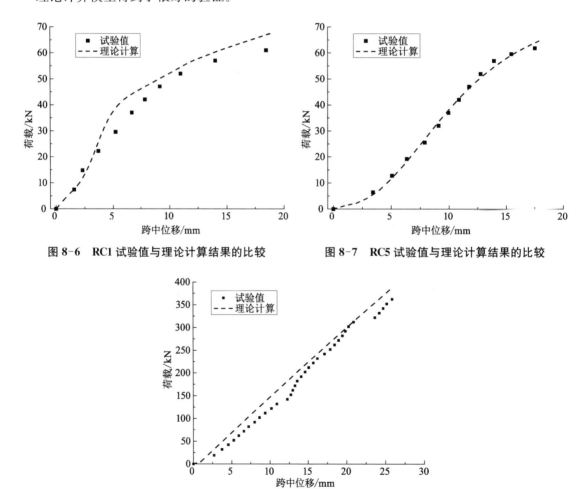

图 8-6 RC1 试验值与理论计算结果的比较   图 8-7 RC5 试验值与理论计算结果的比较

图 8-8 RC4 试验值与理论计算结果的比较

8.4 工程计算

8.4.1 荷载模式的变化

为方便与试验结果进行对比验证,模型推导选用了集中荷载的加载模式。在实际管片的受荷模式中,主要是受到均布力;在特殊情况下(如地表堆载偏压、地下水渗流等)也有可能出现均布力和集中力的组合荷载。均布荷载模式下,模型计算结果的推导过程与集中荷载模式相同,只需改变构件截面内力表达式即可。当构件受到竖向均布荷载 q 时,构件任意截面弯矩为

$$M_{int} = M_0 - H_0 y^* + V_0 z^* - \frac{1}{2} q z^{*2} \tag{8-42}$$

任意截面轴力为

$$N_{int} = H_0 \cos \varphi + V_0 \sin \varphi - q z^* \sin \varphi \tag{8-43}$$

任意截面剪力为

$$V_{int} = H_0 \sin \varphi - V_0 \cos \varphi + q z^* \cos \varphi \tag{8-44}$$

在均布荷载模式下,由于构件各内力有统一的表达式,需要求解未知数减少为 6 个,不需要引入连续性条件,只需通过支座边界条件建立方程。与集中荷载模式相比,符号求解更为容易,在此不再赘述。将均布荷载模式下的求解结果与集中荷载模式下的求解结果进行叠加,则可以得到组合荷载模式下的求解结果。

8.4.2 欧洲规范的应用

欧洲规范给出了明确的高温混凝土结构的计算规定和方法(CEN,2002,2004,2005),故被广泛应用于工程计算中(Annerel 和 Taerwe,2013;Bisby 等,2013;Woodrow 等,2013)。Eurocode 2 中给出的混凝土的高温本构模型如下所示。

受压阶段: $\sigma_{c,T} = \begin{cases} f_{c,T} \left[\dfrac{3\left(\dfrac{\varepsilon_{c,T}}{\varepsilon_{cu,T}}\right)}{2 + \left(\dfrac{\varepsilon_{c,T}}{\varepsilon_{cu,T}}\right)^3} \right], & \varepsilon_c < \varepsilon_{cu}, \quad \text{非线性弹性阶段} \\ \dfrac{f_{c,T}}{\varepsilon_{cu,T} - \varepsilon_{ult}}(\varepsilon_{c,T} - \varepsilon_{ult}), & \varepsilon_c \geqslant \varepsilon_{cu}, \quad \text{线性阶段} \end{cases}$

$$\tag{8-45}$$

受拉阶段: $\sigma_{t,T} = \begin{cases} E_t \varepsilon_t, & \varepsilon_t < \varepsilon_{tu} \\ f_{t,T}, & \varepsilon_t \geqslant \varepsilon_{tu} \end{cases} \tag{8-46}$

式中 $\sigma_{c,T}$——温度 T 下混凝土的压应力；

$\varepsilon_{c,T}$——温度 T 下混凝土的压应变；

$\varepsilon_{cu,T}$——温度 T 下混凝土的极限应变；

ε_{ult}——对应于混凝土本构下降段的温度 T 下的调整应变；

$f_{c,T}$——温度 T 下混凝土的极限压应力；

$\sigma_{t,T}$——温度 T 下混凝土的拉应力；

ε_t——混凝土拉应变；

ε_{tu}——温度 T 下混凝土的极限拉应变；

$f_{t,T}$——温度 T 下混凝土的极限拉应力。

由于混凝土的受拉一般被忽略，该本构关系主要考虑阶段为受压阶段，主要参数如表 8-1 所示。

表 8-1　Eurocode 2 中给出的硅质混凝土在高温下的本构关系的主要参数

温度 T	$k_{c,T} = f_{c,T}/f_c$	$\varepsilon_{cu,T} \times 10^3$	$\varepsilon_{ult} \times 10^3$
20	1.0	2.5	20.0
100	0.95	3.5	22.5
200	0.90	4.5	25.0
300	0.85	6.0	27.5
400	0.75	7.5	30.0
500	0.60	9.5	32.5
600	0.45	12.5	35.0
700	0.30	14.0	37.5
800	0.15	14.5	40.0
900	0.08	15.0	42.5
1 000	0.04	15.0	45.0
1 100	0.01	15.0	47.5
1 200	0	15.0	50.0

由于以上本构关系为非线性，且表达式中没有弹性模量，在应用前述模型时极为不便，需要转换为与弹性模量相关的新形式来应用，由于表 8-1 中各温度区间的应变值一定，故根据该本构模型探究混凝土各个温度阶段对应的应力-应变关系，并进行了线性拟合，如图 8-9 所示。

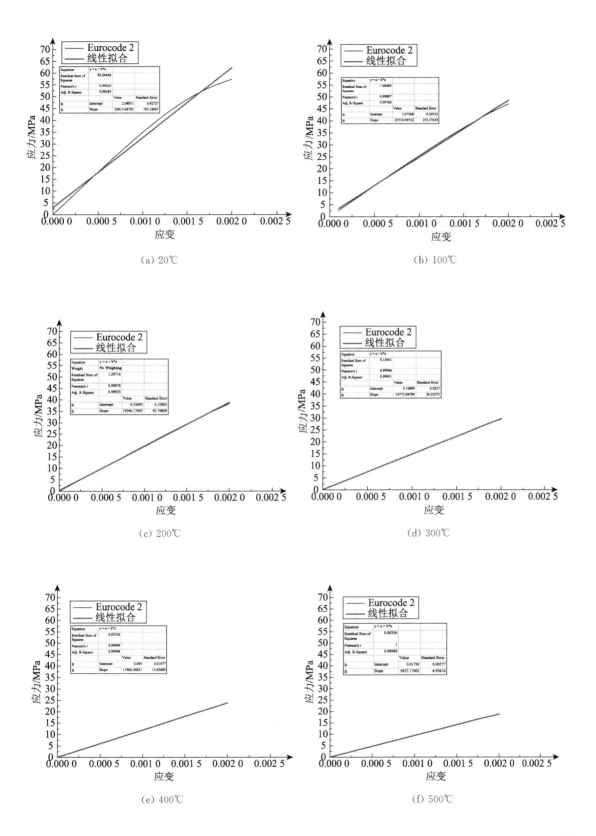

(a) 20℃

(b) 100℃

(c) 200℃

(d) 300℃

(e) 400℃

(f) 500℃

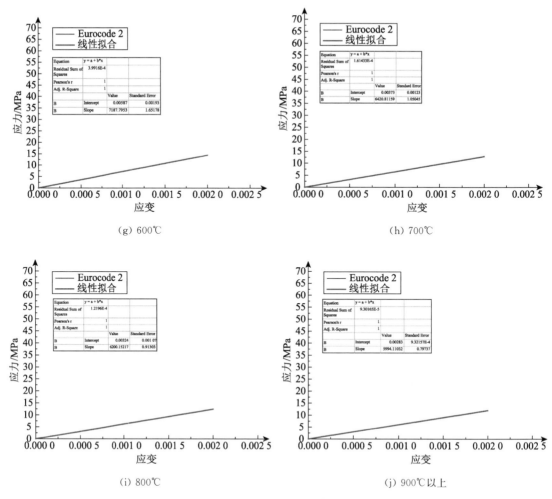

图 8-9　不同温度条件下混凝土的应力-应变关系

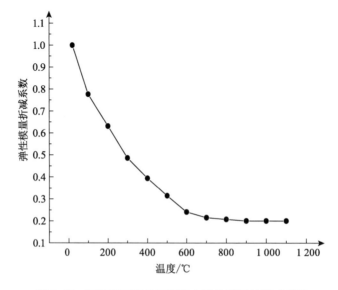

图 8-10　不同温度条件下混凝土弹性模量的折减系数

在探究了各个温度阶段对应的应力-应变关系之后,可以发现如下规律:

(1)在固定温度阶段对应的应力-应变关系,有非常明显的线性相关性。

(2)各个温度阶段对应的弹性模量-温度关系,0～300℃呈现线性变化,斜率为51 Pa/℃;300～600℃也呈现出线性变化,斜率为24 Pa/℃;600～1 100℃弹性模量则基本保持不变,如图8-10所示。

根据如上两点规律,结合相应温度阶段的弹性模量数据,本章所述模型即可以结合Eurocode 2进行防火设计计算。

8.5 补充构件计算公式

(1)参数计算。

$$\lambda = \frac{\sum\limits_{\alpha=1}^{n}\overline{(EA)_\alpha}}{\left(\sum\limits_{\alpha=1}^{n}\overline{(EA)_\alpha}\right)\left(\sum\limits_{\alpha=1}^{n}\overline{(EI)_\alpha}\right)-\left(\sum\limits_{\alpha=1}^{n}\overline{(EB)_\alpha}\right)^2} \tag{8-47}$$

$$A = M_0 + M_\Pi - \frac{\sum\limits_{\alpha=1}^{n}\overline{(EB)_\alpha}}{\sum\limits_{\alpha=1}^{n}\overline{(EA)_\alpha}}N_\Pi + H_0R\cos\left(\frac{\Theta}{2}\right) + V_0R\sin\left(\frac{\Theta}{2}\right) \tag{8-48}$$

$$B = -H_0R\left(R + \frac{\sum\limits_{\alpha=1}^{n}\overline{(EB)_\alpha}}{\sum\limits_{\alpha=1}^{n}\overline{(EA)_\alpha}}\right) \tag{8-49}$$

$$C = V_0R\left(-R + \frac{\sum\limits_{\alpha=1}^{n}\overline{(EB)_\alpha}}{\sum\limits_{\alpha=1}^{n}\overline{(EA)_\alpha}}\right) \tag{8-50}$$

$$A' = M_0 + M_\Pi - \frac{\sum\limits_{\alpha=1}^{n}\overline{(EB)_\alpha}}{\sum\limits_{\alpha=1}^{n}\overline{(EA)_\alpha}}N_\Pi + H_0R\cos\left(\frac{\Theta}{2}\right) + V_0R\sin\left(\frac{\Theta}{2}\right) - FR\sin\left(\frac{\Theta}{2}\right) - F\left(l - \frac{L}{2}\right)$$

$$\tag{8-51}$$

$$C' = (V_0 - F)R\left(-R + \frac{\sum\limits_{\alpha=1}^{n}\overline{(EB)_\alpha}}{\sum\limits_{\alpha=1}^{n}\overline{(EA)_\alpha}}\right) \tag{8-52}$$

$$A'' = M_0 + M_{\Pi} - \frac{\sum\limits_{\alpha=1}^{n} \overline{(EB)_{\alpha}}}{\sum\limits_{\alpha=1}^{n} \overline{(EA)_{\alpha}}} N_{\Pi} + H_0 R \cos\left(\frac{\Theta}{2}\right) + V_0 R \sin\left(\frac{\Theta}{2}\right) - 2Fl \tag{8-53}$$

$$C'' = R\left[-V_0 R + \frac{\sum\limits_{\alpha=1}^{n} \overline{(EB)_{\alpha}}}{\sum\limits_{\alpha=1}^{n} \overline{(EA)_{\alpha}}}(V_0 - 2F)\right] \tag{8-54}$$

（2）转角与位移。

$$\theta = \lambda\left\{M_0 s + M_{\Pi} s - \frac{\sum\limits_{\alpha=1}^{n} \overline{(EB)_{\alpha}}}{\sum\limits_{\alpha=1}^{n} \overline{(EA)_{\alpha}}} N_{\Pi} s - H_0\left[\left[R + \frac{\sum\limits_{\alpha=1}^{n} \overline{(EB)_{\alpha}}}{\sum\limits_{\alpha=1}^{n} \overline{(EA)_{\alpha}}}\right] R \sin\varphi - Rs \cos\left(\frac{\Theta}{2}\right)\right]\right.$$

$$\left.+ V_0 R\left[s\sin\left(\frac{\Theta}{2}\right) + \left(\frac{\sum\limits_{\alpha=1}^{n} \overline{(EB)_{\alpha}}}{\sum\limits_{\alpha=1}^{n} \overline{(EA)_{\alpha}}} - R\right)\cos\varphi\right]\right\} + C_{11} \tag{8-55}$$

$$v = \lambda\left\{\frac{M_0 s^2}{2} + \frac{M_{\Pi} s^2}{2} - \frac{\sum\limits_{\alpha=1}^{n} \overline{(EB)_{\alpha}}}{\sum\limits_{\alpha=1}^{n} \overline{(EA)_{\alpha}}} \frac{N_{\Pi} s^2}{2} + H_0 R\left[\left[R + \frac{\sum\limits_{\alpha=1}^{n} \overline{(EB)_{\alpha}}}{\sum\limits_{\alpha=1}^{n} \overline{(EA)_{\alpha}}}\right] R\cos\varphi \right.\right.$$

$$\left.+ \frac{s^2}{2}\cos\left(\frac{\Theta}{2}\right)\right]$$

$$\left.+ V_0 R\left[\frac{s^2}{2}\sin\left(\frac{\Theta}{2}\right) + R\left(\frac{\sum\limits_{\alpha=1}^{n} \overline{(EB)_{\alpha}}}{\sum\limits_{\alpha=1}^{n} \overline{(EA)_{\alpha}}} - R\right)\sin\varphi\right]\right\} + C_{11}s + C_{12} \tag{8-56}$$

当 $\dfrac{L}{2} - l < z^* \leqslant \dfrac{L}{2} + l$ 时，则有

$$\theta = \lambda\left\{M_0 s + M_{\Pi} s - \frac{\sum\limits_{\alpha=1}^{n} \overline{(EB)_{\alpha}}}{\sum\limits_{\alpha=1}^{n} \overline{(EA)_{\alpha}}} N_{\Pi} s - H_0\left[\left[R + \frac{\sum\limits_{\alpha=1}^{n} \overline{(EB)_{\alpha}}}{\sum\limits_{\alpha=1}^{n} \overline{(EA)_{\alpha}}}\right] R \sin\varphi - Rs \cos\left(\frac{\Theta}{2}\right)\right]\right.$$

$$\left.+ V_0 R\left[s\sin\left(\frac{\Theta}{2}\right) + \left(\frac{\sum\limits_{\alpha=1}^{n} \overline{(EB)_{\alpha}}}{\sum\limits_{\alpha=1}^{n} \overline{(EA)_{\alpha}}} - R\right)\cos\varphi\right] - F\left(l - \frac{L}{2}\right)s\right.$$

$$-FR\left[s\sin\left(\frac{\Theta}{2}\right)+\left(\frac{\sum\limits_{\alpha=1}^{n}\overline{(EB)_{\alpha}}}{\sum\limits_{\alpha=1}^{n}\overline{(EA)_{\alpha}}}-R\right)\cos\varphi\right]\right\}+C_{21} \tag{8-57}$$

$$v=\lambda\left\{-\frac{\sum\limits_{\alpha=1}^{n}\overline{(EB)_{\alpha}}}{\sum\limits_{\alpha=1}^{n}\overline{(EA)_{\alpha}}}\frac{N_{\Pi}s^2}{2}+H_0R\left[\left(R+\frac{\sum\limits_{\alpha=1}^{n}\overline{(EB)_{\alpha}}}{\sum\limits_{\alpha=1}^{n}\overline{(EA)_{\alpha}}}\right)R\cos\varphi+\frac{s^2}{2}\cos\left(\frac{\Theta}{2}\right)\right]\right.$$

$$\frac{M_0s^2}{2}+\frac{M_{\Pi}s^2}{2}+V_0R\left[\frac{s^2}{2}\sin\left(\frac{\Theta}{2}\right)+R\left(\frac{\sum\limits_{\alpha=1}^{n}\overline{(EB)_{\alpha}}}{\sum\limits_{\alpha=1}^{n}\overline{(EA)_{\alpha}}}-R\right)\sin\varphi\right]$$

$$\left.-FR\left[\frac{s^2}{2}\sin\left(\frac{\Theta}{2}\right)+R\left(\frac{\sum\limits_{\alpha=1}^{n}\overline{(EB)_{\alpha}}}{\sum\limits_{\alpha=1}^{n}\overline{(EA)_{\alpha}}}-R\right)\sin\varphi\right]-F\frac{s^2}{2}\left(l-\frac{L}{2}\right)\right\}+C_{21}s+C_{22} \tag{8-58}$$

当 $z^* > \dfrac{L}{2}+l$ 时,则有

$$\theta=\lambda\left\{M_0s+M_{\Pi}s-\frac{\sum\limits_{\alpha=1}^{n}\overline{(EB)_{\alpha}}}{\sum\limits_{\alpha=1}^{n}\overline{(EA)_{\alpha}}}N_{\Pi}s-H_0\left[\left(R+\frac{\sum\limits_{\alpha=1}^{n}\overline{(EB)_{\alpha}}}{\sum\limits_{\alpha=1}^{n}\overline{(EA)_{\alpha}}}\right)R\sin\varphi-Rs\cos\left(\frac{\Theta}{2}\right)\right]\right.$$

$$\left.+V_0R\left[s\sin\left(\frac{\Theta}{2}\right)+\left(\frac{\sum\limits_{\alpha=1}^{n}\overline{EB_{\alpha}}}{\sum\limits_{\alpha=1}^{n}\overline{EA_{\alpha}}}-R\right)\cos\varphi\right]-2F\left(ls+R\frac{\sum\limits_{\alpha=1}^{n}\overline{(EB)_{\alpha}}}{\sum\limits_{\alpha=1}^{n}\overline{(EA)_{\alpha}}}\cos\varphi\right)\right\}+C_{31} \tag{8-59}$$

$$v=\lambda\left\{\frac{M_0s^2}{2}+\frac{M_{\Pi}s^2}{2}-\frac{\sum\limits_{\alpha=1}^{n}\overline{(EB)_{\alpha}}}{\sum\limits_{\alpha=1}^{n}\overline{(EA)_{\alpha}}}\frac{N_{\Pi}s^2}{2}-2F\left(\frac{1}{2}ls^2+R^2\frac{\sum\limits_{\alpha=1}^{n}\overline{(EB)_{\alpha}}}{\sum\limits_{\alpha=1}^{n}\overline{(EA)_{\alpha}}}\sin\varphi\right)\right.$$

$$+H_0R\left[\left(R+\frac{\sum\limits_{\alpha=1}^{n}\overline{(EB)_{\alpha}}}{\sum\limits_{\alpha=1}^{n}\overline{(EA)_{\alpha}}}\right)R\cos\varphi+\frac{s^2}{2}\cos\left(\frac{\Theta}{2}\right)\right]$$

$$+V_0R\left[\frac{s^2}{2}\sin\left(\frac{\Theta}{2}\right)+R\left(\frac{\sum\limits_{\alpha=1}^{n}\overline{(EB)_\alpha}}{\sum\limits_{\alpha=1}^{n}\overline{(EA)_\alpha}}-R\right)\sin\varphi\right]\right\}+C_{31}s+C_{32} \tag{8-60}$$

（3）切向位移。

当 $z^*\leqslant\dfrac{L}{2}-l$，$N_{\mathrm{int}}=H_0\cos\varphi+V_0\sin\varphi$ 时，则有

$$u(s)=\frac{H_0R\sin\varphi-V_0R\cos\varphi+N_{\mathrm{II}}s}{\sum\limits_{\alpha=1}^{n}\overline{EA_\alpha}}-\frac{\sum\limits_{\alpha=1}^{n}\overline{(EB)_\alpha}}{\sum\limits_{\alpha=1}^{n}\overline{(EA)_\alpha}}\theta+\int\frac{v}{R}\mathrm{d}s-\int\frac{1}{2}\left(\frac{\mathrm{d}v}{\mathrm{d}s}\right)^2\mathrm{d}s+C_{13} \tag{8-61}$$

$\displaystyle\int\frac{v}{R}\mathrm{d}s$ 可被改写为

$$\int\frac{v}{R}ds=\frac{\lambda\left(\dfrac{As^3}{6}-BR\sin\varphi-CR\cos\varphi\right)+\dfrac{1}{2}C_{11}s^2+C_{12}s}{R} \tag{8-62}$$

$$\int\frac{1}{2}\left(\frac{\mathrm{d}v}{\mathrm{d}s}\right)^2\mathrm{d}s=\lambda^2\left[\frac{1}{6}A^2s^3+\left(\frac{1}{4}B^2-ABR\cos\varphi+\frac{1}{4}C^2+ACR\sin\varphi\right)s+ACR^2\cos\varphi\right.$$

$$\left.-\frac{1}{4}BCR^2\cos2\varphi-\frac{1}{8}(B^2-C^2)R\sin2\varphi+ABR^2\sin\varphi\right]$$

$$+\lambda C_{11}\left(\frac{As^2}{2}+C\sin\varphi-B\cos\varphi\right)+\frac{C_{11}^2s}{2} \tag{8-63}$$

当 $z^*\leqslant\dfrac{L}{2}-l$ 时，则有

$$u(s)=\frac{H_0R\sin\varphi-V_0R\cos\varphi+N_{\mathrm{II}}s}{\sum\limits_{\alpha=1}^{n}\overline{(EA)_\alpha}}-\frac{\sum\limits_{\alpha=1}^{n}\overline{(EB)_\alpha}}{\sum\limits_{\alpha=1}^{n}\overline{(EA)_\alpha}}\theta+\int\frac{v}{R}\mathrm{d}s-\int\frac{1}{2}\left(\frac{\mathrm{d}v}{\mathrm{d}s}\right)^2\mathrm{d}s+C_{13}$$

$$\tag{8-64}$$

当 $\dfrac{L}{2}-l<z^*\leqslant\dfrac{L}{2}+l$ 时，则有

$$u(s)=\frac{H_0R\sin\varphi-V_0R\cos\varphi+FR\cos\varphi+N_{\mathrm{II}}s}{\sum\limits_{\alpha=1}^{n}\overline{(EA)_\alpha}}-\frac{\sum\limits_{\alpha=1}^{n}\overline{(EB)_\alpha}}{\sum\limits_{\alpha=1}^{n}\overline{(EA)_\alpha}}\theta$$

$$+\int\frac{v}{R}\mathrm{d}s-\int\frac{1}{2}\left(\frac{\mathrm{d}v}{\mathrm{d}s}\right)^2\mathrm{d}s+C_{23} \tag{8-65}$$

$$\int\frac{v}{R}\mathrm{d}s=\frac{\lambda\left(\dfrac{A's^3}{6}-BR\sin\varphi-C'R\cos\varphi\right)+\dfrac{1}{2}C_{21}s^2+C_{22}s}{R} \tag{8-66}$$

$$\int\frac{1}{2}\left(\frac{\mathrm{d}v}{\mathrm{d}s}\right)^2\mathrm{d}s=\lambda^2\Big[A'C'R^2\cos\varphi+\left(\frac{1}{4}B^2-A'BR\cos\varphi+\frac{1}{4}C'^2+A'C'R\sin\varphi\right)s$$
$$+\frac{1}{6}A'^2s^3-\frac{1}{4}BC'R^2\cos2\varphi-\frac{1}{8}(B^2-C'^2)R\sin2\varphi+A'BR^2\sin\varphi\Big]$$
$$+\lambda C_{21}\left(\frac{As^2}{2}+C'\sin\varphi-B\cos\varphi\right)+\frac{C_{21}^2s}{2} \tag{8-67}$$

当 $z^*>\dfrac{L}{2}+l$ 时,则有

$$u(s)=\frac{H_0R\sin\varphi-V_0R\cos\varphi+2FR\cos\varphi+N_{\mathrm{II}}s}{\displaystyle\sum_{\alpha=1}^{n}\overline{(EA)_\alpha}}-\frac{\displaystyle\sum_{\alpha=1}^{n}\overline{(EB)_\alpha}}{\displaystyle\sum_{\alpha=1}^{n}\overline{(EA)_\alpha}}\theta$$
$$+\int\frac{v}{R}\mathrm{d}s-\int\frac{1}{2}\left(\frac{\mathrm{d}v}{\mathrm{d}s}\right)^2\mathrm{d}s+C_{33} \tag{8-68}$$

$$\int\frac{v}{R}\mathrm{d}s=\frac{\lambda\left(\dfrac{A''s^3}{6}-BR\sin\varphi-C''R\cos\varphi\right)+\dfrac{1}{2}C_{31}s^2+C_{32}s}{R} \tag{8-69}$$

$$\int\frac{1}{2}\left(\frac{\mathrm{d}v}{\mathrm{d}s}\right)^2\mathrm{d}s=\lambda^2\Big[\frac{1}{6}A''^2s^3+\left(\frac{1}{4}B^2-A''BR\cos\varphi+\frac{1}{4}C''^2+A''C''R\sin\varphi\right)s$$
$$+A''C''R^2\cos\varphi-\frac{1}{4}BC''R^2\cos2\varphi-\frac{1}{8}(B^2-C''^2)R\sin2\varphi+A''BR^2\sin\varphi\Big]$$
$$+\lambda C_{31}\left(\frac{As^2}{2}+C'\sin\varphi-B\cos\varphi\right)+\frac{C_{31}^2s}{2} \tag{8-70}$$

式中,A,B,C,A',C',A'',C''分别用式(8-48)—式(8-54)表达。

9　隧道结构接头火灾高温力学行为计算方法

本章通过试验研究和理论分析等手段描述并讨论了衬砌接头的抗火性能,提出了考虑接头温度调整参数 η 及 ζ 的接头刚度计算模型。

9.1 模型假设

本模型基于常温下不考虑弹性衬垫的平板式接头(黄钟晖,2003),如图 9-1 所示。该模型下接头截面的变形主要体现在接头混凝土压区变形以及螺栓的变形上,通过力的平衡关系和几何关系进行求解。图 9-1,中 H 为管片衬砌厚度,h_c 为接头截面受压区高度,δ_c 为接头截面受压侧边缘混凝土压缩变形量,δ 为接头截面受压侧边缘混凝土总压缩变形量,θ 为接头张角。

由于接头张角的量值很小,故接头张角 θ 有如式(9-1)所示的表达式。K_j 为接头的抗弯刚度,即接头所受弯矩与接头张角之比,如式(9-2)所示。

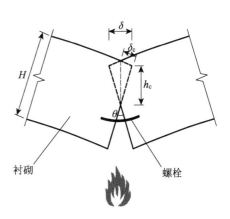

图 9-1 平板式接头模型示意图

$$\theta = \frac{2\delta_c}{h_c} \tag{9-1}$$

$$K_j = \frac{M}{\theta} \tag{9-2}$$

该模型的建立基于如下假设:

(1) 当接头尚未张开时,接头截面为全截面受压,整个接头面保持为平面;当接头张开后,接头截面压缩区与脱离区各自保持为平面。

(2) 认为接头处混凝土处于弹性工作状态,应力-应变成线性关系,混凝土受压区应力分布形式为线性分布。

(3) 不考虑螺栓孔对接头端肋混凝土的削弱。且当管片端肋厚度较大时,可近似认为螺栓和端肋处的变形主要由螺栓体现,其刚度取为螺栓刚度即可,故螺栓伸长量的计算不需要考虑螺栓和端肋的连接刚度。

另外,关于压区混凝土压缩量与压区混凝土最大压应变之比 δ_c/ε_c,日本相关规范(小山幸则和西村高明,1997;JSCE,2000)规定接头全截面受压时,δ_c/ε_c 等于接头截面受压区高度 h_c,即:

$$\frac{\delta_c}{h_c \varepsilon_c} = 1 \tag{9-3}$$

常歧(2011)对 δ_c、ε_c 及 h_c 三者的关系进行了深入分析并进行了试验验证,认为在接头产生张角后（即部分截面受压状态时），与 h_c 并不是简单的倍数关系，而是如下式所示的关系：

$$\frac{\delta_c}{h_c \varepsilon_c} = k_1 e^{k_2 \frac{h_c}{H}} + k_3 \qquad (9\text{-}4)$$

式中，k_1，k_2，k_3 的取值与混凝土材料有关。

根据一维导热理论，对于一个有限厚度的物体，在所考虑的时间范围内，当渗透厚度小于本身的厚度，这时可以认为该物体是个半无限大的物体。考虑到隧道衬砌混凝土导热缓慢，在一般的火灾时间内热烟气流的影响范围不会超出衬砌的厚度范围，故可利用半无限大物体的瞬态导热理论进行求解温度场，根据经典传热学理论有如下公式（Holoman，2002）：

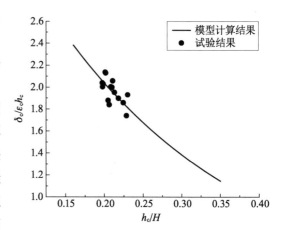

图 9-2　接头部分截面受压时的 $\delta_c/\varepsilon_c h_c$ 与 h_c/H 的关系（常岐，2011）

$$\frac{T(x,t)-T_0}{T_f-T_0} = \operatorname{erf} c\left(\frac{x}{2\sqrt{\alpha t}}\right) - \left[\exp\left(\frac{hx}{\lambda} + \frac{h^2 \alpha t}{\lambda^2}\right)\right]\left[\operatorname{erf} c\left(\frac{x}{2\sqrt{\alpha t}} + \frac{h\sqrt{\alpha t}}{\lambda}\right)\right]$$

$$(9\text{-}5)$$

式中　$\operatorname{erf} c(u)$——高斯误差补函数；

T_0——衬砌初始温度，℃；

T_f——火灾场景的热烟气流温度，℃；

h——衬砌内侧与热烟气流间的表面传热系数，W/(m² · K)；

α——衬砌混凝土的热扩散率，m²/s；

λ——热传导系数，W/(m · K)。

根据已有的试验和分析证明，混凝土结构的内力与变形状态一般不会影响结构的热传导过程和温度场的变化，而温度场的变化往往会引起结构内力变化或变形。因此，温度场的分析可以并且多数情况下应该优先于结构的力学性能分析（过镇海和时旭东，2003）。但是由于高温下接头构件在荷载和温度的作用下内侧张开，火灾热流沿缝隙侵入到接头内部，导致接头部位温度场分布出现了集中现象，导致接头截面附近混凝土温度比衬砌同等厚度处混凝土温度高，同时螺栓的温度也高于接头外侧不张开的情况。由于只要接头产生足够大的内侧张开量，都会出现类似的温度侵入现象。故本章设置参数 η 来调整接头混凝土受压区的温度，并设置参数 ζ 来调整接头螺栓温度。当接头尚未张开或在负弯矩作用下张开时，由于接头截面受火侧缝隙很小，可以忽略不计，近似认为接头截面温度与衬砌混凝土温度相同,将两参数取为 1;当接头在正弯矩作用下张开时,由于缝隙的存在导致接头附近混凝土温度偏高,此时 η 及 ζ 均大于 1。但在试验过程中由于隔热板的存在,无法实时测量升温时接头截面的温度,故只能采用数值手段来确定这两个参数,在下面的模型推导及计算中将详细对 η 及 ζ 的确定进行详细说明。

9.2 模型推导及计算

9.2.1 结构接头弯曲变形几何关系的一般形式

盾构隧道衬砌结构是由若干管片利用螺栓拼接而成的结构体系。管片间的接头是盾构隧道衬砌结构的薄弱环节,其力学性能将显著影响结构体系整体的力学响应。这其中,接头抗弯刚度(接头产生单位转角所需要的弯矩)更是盾构隧道衬砌结构计算中的关键参数之一。

为了获得接头抗弯刚度的理论计算值,国内外学者提出了各种各样的接头计算模型。如图 9-3(a)所示,第一类接头计算模型是将管片假定为不产生挠曲变形的刚性板,将螺栓以及弹性衬垫假定为弹簧,认为接头变形主要来源于螺栓和弹性衬垫的变形(刘建航和侯学渊,1991;张厚美 等,2000;朱伟 等,2006);第二类接头计算模型是将管片视为变形体,认为接头的变形主要来源于接头混凝土压区变形以及螺栓的变形[图 9-3(b)]。上述两类模型均通过建立接头的静力平衡条件和几何关系进行求解。从对接头的受力和变形特点的描述来看,第二类接头计算模型更为合理。针对上述第二类计算模型,村上博智和小泉淳(1980)通过假定受压区应力分布为矩形,且受压区合力作用点到受压区边缘的距离为截面中性轴到受压区边缘的 1/3,推出了接头抗弯刚度的计算式;Iftimie(1995)通过假定受压区混凝土应力为抛物线分布,且接头压区边缘混凝土变形量 $\delta_c = 2l\sigma_c/E_c$($E_c$ 为混凝土弹性模量;l 为压区应变影响深度,即压区边缘混凝土变形与应变之比;σ_c 为压区边缘应力;并假定接头压区高度 $h_c = l$)的基础上给出了接头刚度计算式;黄钟晖(2003)、孙文昊(2008)等人也在假设压区边缘混凝土变形与应变之比等于接头压区高度的基础上,给出了计算模型;曾东洋和何川(2004,2005)借助模型试验及数值模拟的手段得到了不同轴力、弯矩、偏心距以及螺栓预紧力等因素对管片接头抗弯刚度的影响规律,并给出接头抗弯刚度的理论计算式。

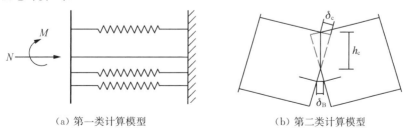

(a) 第一类计算模型　　　　　　　　(b) 第二类计算模型

图 9-3 盾构隧道管片接头理论计算模型

总结分析上述各计算模型可以看出,为了使接头计算模型可解,对接头变形的几何关系均采用了不同的假设(如假设压区边缘混凝土变形与应变之比等于接头压区高度)。针对第二类计算模型中接头变形的特点[图 9-3(b)],寻求接头变形的几何关系,实质上是寻求接头压区边缘混凝土变形 δ_c、应变 ε_c 以及压区高度 h_c 间的关系。

针对第二类计算模型,借助数值计算手段,分析了接头压区边缘混凝土变形 δ_c、应变 ε_c 以及压区高度 h_c 间的变化规律,给出了一般表达式,并通过与 1∶1 接头荷载试验对比,初步验证了该表达式的正确性。

1. 计算模型

根据第二类接头理论计算模型的特征,采用的数值计算模型如图 9-4 所示。左右侧管片通过杆单元连接,管片间考虑接触关系。通过力边界条件,为接头施加设计的弯矩及轴力。考虑到在设计使用工况下,管片混凝土及螺栓大都处于弹性范围内,故管片混凝土及螺栓均采用弹性模型,材料参数如表 9-1 所示。

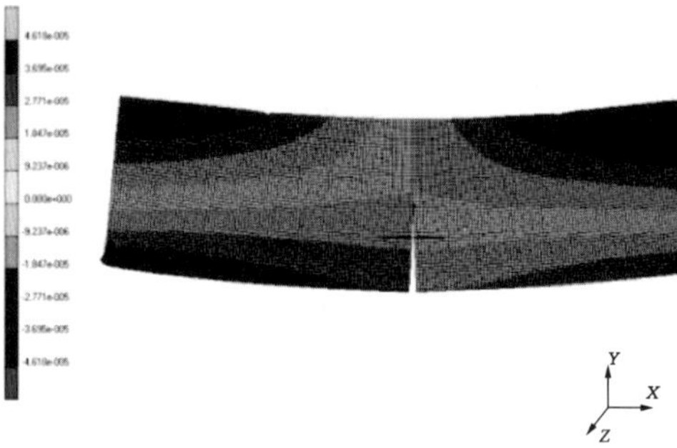

为了寻求接头压区边缘混凝土变形

图 9-4　接头数值计算模型

δ_c、应变 ε_c 以及压区高度 h_c 间的一般关系,综合考虑了接头受力状态(以弯矩、轴力组合体现),管片厚度 h 以及螺栓沿管片厚度方向的位置(以相对位置 t/h 体现,t 为螺栓距管片内侧面的距离)。其中,考虑到目前一般的城市盾构隧道的埋深主要在 10~20 m 的范围,计算中衬砌环轴力、弯矩变化的范围分别为 300~900 kN 和 60~120 kN·m。管片厚度取值范围为 300~600 mm,基本覆盖了目前实际工程中盾构隧道管片的厚度取值。考虑到一般盾构隧道工程中,沿管片厚度方向上采用单排螺栓的接头形式居多,故数值计算模型中仅考虑了单排螺栓的情况,其相对位置取值范围为 0.3~0.5。计算工况如表 9-2 所示。

表 9-1　管片混凝土及螺栓材料参数

构件	弹性模量/kPa	泊松比
管片混凝土	$3.45×10^7$	0.2
螺栓	$2.1×10^8$	0.3

表 9-2　计算工况

参数	取值范围
管片厚度 h/mm	300,350,400,450,500,550,600
螺栓位置 t/h	0.3,0.4,0.5
接头轴力 N/kN	300,600,900
接头弯矩 M/(kN·m)	60,90,120

2. δ_c/ε_c 与 h_c 间的关系曲线

图 9-5 给出了管片接头压区边缘混凝土变形与应变之比 δ_c/ε_c 与接头压区高度 h_c 之间的关系曲线。可以看到,随着管片厚度的变化,压区边缘混凝土变形与应变之比 δ_c/ε_c、压区高度 h_c 之间呈现出形状相似的不同关系曲线。对应每一种管片厚度,随着压区高度

h_c 的增加,压区边缘混凝土变形与应变之比 δ_c/ε_c 经历先增加后降低的过程。且同等压区高度 h_c 的情况下,随着管片厚度的增大,压区边缘混凝土变形与应变之比 δ_c/ε_c 增大。此外,对应于每一种管片厚度,本章考虑了三种螺栓位置的情况,由图 9-5 可以看到,随着螺栓位置的变化,δ_c/ε_c 与 h_c 之间的关系曲线有一定的变化,但幅度较小,对曲线总体趋势的影响较小。同时,比较上述压区边缘混凝土变形与应变之比 δ_c/ε_c 与压区高度 h_c 的实际关系曲线

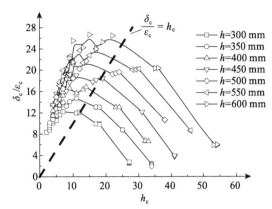

图 9-5 δ_c/ε_c 与 h_c 的关系曲线

和 $\delta_c/\varepsilon_c = h_c$(即压区边缘混凝土变形与应变之比等于接头压区高度)曲线,可以发现压区边缘混凝土变形与应变之比 δ_c/ε_c、压区高度 h_c 之间并非简单的相等关系或倍数关系,目前在建立接头理论模型中普遍采用的 $\delta_c/\varepsilon_c = h_c$ 的假设未能准确描述接头变形的几何关系。

3. δ_c, ε_c 及 h_c 间的一般关系式

鉴于普遍采用的 $\delta_c/\varepsilon_c = h_c$ 的假设未能准确描述接头变形的几何关系,因而寻求能准确描述 δ_c, ε_c 及 h_c 间的关系曲线是建立合理的接头理论计算模型的关键。

通过分析图 9-5 可以发现,δ_c/ε_c 与 h_c 之间的关系曲线对管片厚度 h 的变化非常敏感。基于此,引入管片厚度 h,并进行无量纲化处理后,建立了 δ_c, ε_c 及 h_c 之间的关系曲线(图 9-6)。可以看到,引入管片厚度 h 后,尽管部分数据有一定的波动,但 h_c/h 与 $\delta_c/(\varepsilon_c h_c)$ 之间呈现出较好的指数衰减规律。由图 9-6 可以发现,h_c/h 与 $\delta_c/(\varepsilon_c h_c)$ 之间的关系曲线对管片接头的受力状态、螺栓位置不敏感。

对图 9-6 曲线拟合后,可得到反映

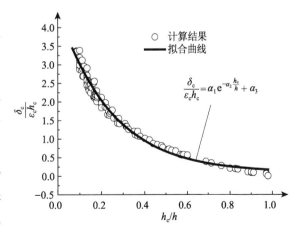

图 9-6 δ_c, ε_c, h_c 间的一般关系曲线

接头变形几何关系参数 δ_c，ε_c 及 h_c 之间的一般表达式：

$$\frac{\delta_c}{\varepsilon_c h_c} = \alpha_1 e^{-\alpha_2 \frac{h_c}{h}} + \alpha_3 \tag{9-6}$$

式中，α_1，α_2，α_3 为拟合参数，建议取值：$\alpha_1 = 4.4$，$\alpha_2 = 4$，$\alpha_3 = 0.1$。

值得注意的是，本接头变形几何关系的一般表达式仅适用于沿管片厚度方向采用单排螺栓的接头形式。

4. 试验验证

（1）试验概况。为了验证本章建立的接头变形几何关系一般形式的正确性，与上海青草沙单层输水隧道过江管段衬砌接头足尺荷载试验的成果进行了对比。

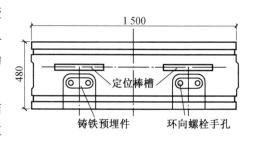

图 9-7 试验管片的接头形式

上海青草沙单层输水隧道过江管段衬砌结构接头形式如图 9-7、图 9-8 所示。管片厚 480 mm，环宽 1.5 m，管片混凝土强度等级为 C55，管片间设两个环向螺栓手孔，每个手孔通过 2 根 M36 环向螺栓连接（性能等级 8.8 级）。螺栓中心到管片外弧面的距离为 280 mm。

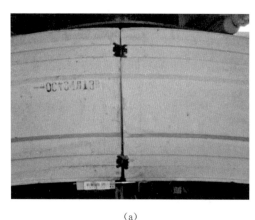

(a)

(b)

图 9-8 试验用管片

试验采用的荷载工况如表 9-3 所示，共进行了四次试验，在每次试验中均测试了管片接头张开量（张角）、管片混凝土应变、钢筋应力及螺栓应力。试验加载设备采用自主研发的可三向加载的管片接头力学性能试验系统（图 9-9），水平向最大加载能力为 4 000 kN，纵向最大加载能力为 2 500 kN，竖向最大加载能力为 3 000 kN。

表 9-3　试验工况

工况	轴力/ $(kN \cdot m^{-1})$	弯矩/ $[(kN \cdot m) \cdot m^{-1}]$
Z-1	875	-280.9
Z-2	875	-400.15
Z-3	345	280.9
Z-4	345	400.15

（2）试验结果与一般关系式的对比

图 9-10 给出了试验结果与前述 δ_c，ε_c 及 h_c 间一般表达式的对比。由于试验中轴力及弯矩是在一定的区间范围内变化（表 9-3），对于压区高度与管片厚度的比值 h_c/h 位于 0.18～0.25。可以看到，尽管试验数据有一定的波动，但总体与一般表达式（9-6）吻合较好，且随着 h_c/h 的增加，$\delta_c/(\varepsilon_c h_c)$ 也呈现指数衰减的规律。这初步验证了建立的 δ_c，ε_c 及 h_c 之间一般表达式（9-6）的正确性。

图 9-9　试验加载设备

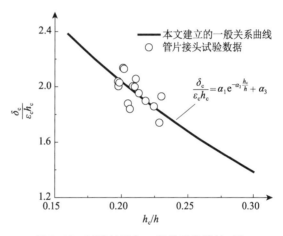

图 9-10　试验结果与一般关系曲线的对比

5. 讨论

在第二类接头计算理论模型中［图 9-3（b）］，在平截面假设的前提下，模型中的各变量最终可化解为由接头压区边缘混凝土变形 δ_c、接头压区边缘混凝土应变 ε_c 以及压区高度 h_c 三个未知量表达。根据接头截面力的平衡关系，可以获得接头轴力、弯矩的平衡关系表达式：

$$\begin{cases} \sum N = 0 \\ \sum M = 0 \end{cases} \tag{9-7}$$

由于式（9-7）中只有两个平衡方程，为了求解 δ_c，ε_c 及 h_c 三个未知数，尚需补充一个 δ_c，ε_c 及 h_c 之间的关系式（即接头变形的几何关系）。该几何关系对接头计算模型的合理性和准确性影响较大。

本章通过引入管片厚度 h，并进行无量纲化处理后建立的 δ_c，ε_c 及 h_c 之间的指数衰减关系曲线（图 9-6）较好地反映了接头变形几何关系的变化规律，其表达式（9-6）可以作为普遍的形式来描述接头变形的几何关系。在实际应用中，可以采用本章建议的系数取值,或可以结合管片接头的实际情况,通过试验或数值计算的方法对系数进行更准确的标定。此外,需要注意的是,本章给出的接头变形几何关系的一般表达式仅适用于第二类接头计算模型[图 9-3(b)]且沿管片厚度方向采用单排螺栓的接头形式。对于采用上下双排螺栓的情形,可以对螺栓的作用等效为单排后应用本几何关系。

由于实际盾构隧道管片的接头形式多种多样,且其所受荷载工况也千变万化,在下一步工作中,需进一步拓展计算荷载工况,同时考虑接头混凝土的非线弹性行为,并与接头荷载试验结合,对本章关系式的适用范围及系数取值进行深入研究。

9.2.2 平衡方程的建立及求解

接头截面受力示意图如图 9-11 所示,其中为接头截面处的轴力,M 为接头截面处的弯矩,O 点和 A 点分别为接头截面内、外侧边缘点,h_b 为螺栓到接头截面内侧边缘点的高度,H 为衬砌厚度,F_b 为螺栓所承受的拉力,C_1 为接头截面受压区的合力,M_{C1} 为该合力对 O 点的弯矩。根据力的平衡关系可得:

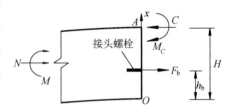

图 9-11 接头受力示意图

$$\begin{cases} N + F_b - C_1 = 0 \\ M + F_b h_b + N \dfrac{H}{2} + M_{C1} = 0 \end{cases} \quad (9\text{-}8)$$

值得说明的是,由于接头承受的弯矩方向的不同会影响接头截面产生张角的位置,故本章中弯矩以使接头截面内侧产生张角为正,使接头截面外侧产生张角为负。

1. 接头全截面受压

当接头全截面受压时,接头只产生压缩量,不产生张角,设 ε_t 和 ε_b 分别为两点处混凝土应变(设 $\varepsilon_t > \varepsilon_b$),截面的应变状态如图 9-12 所示。

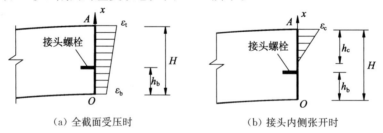

(a) 全截面受压时   (b) 接头内侧张开时

图 9-12 截面应变状态示意图

根据截面应变分布假定可得 C_1 和 M_{C1} 的表达式:

$$\begin{cases} C_1 = b \int_0^H \left[E_c(x, t) \cdot \left(\dfrac{\varepsilon_t - \varepsilon_b}{H} x + \varepsilon_t \right) \right] dx \\ M_{C1} = b \int_0^H \left[E_c(x, t) \cdot \left(\dfrac{\varepsilon_t - \varepsilon_b}{H} x + \varepsilon_t \right) x \right] dx \end{cases} \quad (9\text{-}9)$$

式中 b—— 管片环宽;

　　$E_c(x, t)$——t 时刻接头截面坐标为 x 处点的混凝土弹性模量。

将式(9-9)代入式(9-8)中,联立平衡方程式(9-8)及接头几何关系式(9-6),可即解得 F_b、ε_t 和 ε_b,此时接头无张角,最大变形量为 δ_t。

2. 接头部分截面受压

随着轴力(N)和弯矩(M)的外荷载组合的变化,接头产生张角,处于部分截面受压状态。当接头截面内侧张开,外侧压紧时,如图 9-13 所示。

其中 ε_t 为接头截面受压区边缘点处混凝土的应变,h_0 为接头截面受压区高度。

由于考虑到接头混凝土受压区温度的调整参数 η,结合所示的应变分布,C_1 和 M_{C1} 如下式所示:

$$\begin{cases} C_1 = b\int_{H-h_c}^{H}\left[E_c(x, \eta T)\cdot\dfrac{\varepsilon_c}{h_c}(x-(H-h_c))\right]\mathrm{d}x \\ M_{C1} = b\int_{H-h_c}^{H}\left[E_c(x, \eta T)\cdot\dfrac{\varepsilon_c}{h_c}(x-(H-h_c))x\right]\mathrm{d}x \end{cases} \tag{9-10}$$

再考虑接头螺栓温度的调整参数 ζ,列出接头螺栓的本构关系如下所示:

$$F_b - F_0 = E_b\left[\zeta T(h_b, t)\right]\delta_b \tag{9-11}$$

式中 F_0—— 螺栓的初始拉力;

　　δ_b—— 螺栓变形量;

　　E_b——与温度相关的螺栓弹性模量。

又根据变形各截面保持平面的几何关系假设,可得 δ_b 如式(9-12)所示:

$$\delta_b = \frac{H-h_b-h_c}{h_v}\delta_c \tag{9-12}$$

将式(9-10)—式(9-12)代入式(9-8)中,联立求解平衡方程式(9-8)及接头几何关系式(9-6),即可解得 δ_c、h_c 和 ε_c。再根据式(9-1)和式(9-2),即可求得接头张角 θ 及接头抗弯刚度 K_j。

当接头截面外侧张开,内侧压紧时,如图 9-13 所示。

此时,接头截面没有热量侵入问题,C_1 和 M_{C1} 如式(9-13)所示。

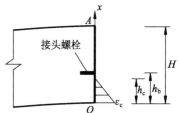

图 9-13 接头外侧张开截面
应变状态示意图

$$\begin{cases} C_1 = b\int_0^{h_c}\left[E_c(x, T)\cdot\dfrac{\varepsilon_c}{h_c}(h_c-x)\right]\mathrm{d}x \\ M_{C1} = b\int_0^{h_c}\left[E_c(x, T)\cdot\dfrac{\varepsilon_c}{h_c}(h_c-x)x\right]\mathrm{d}x \end{cases} \tag{9-13}$$

螺栓变形量 δ_b 的几何关系如式(9-14)所示。

$$\delta_b = \frac{h_b}{h_v}\delta_c \tag{9-14}$$

将式(9-13)、式(9-11)、式(9-14)代入式(9-8)中,联立求解平衡方程式(9-8)及接头几何关系式(9-6),即可解得 δ_c, h_c 和 ε_c。再根据式(9-1)和(9-2),即可求得接头张角 θ 及接头抗弯刚度 K_j。

9.2.3 温度参数 η 和 ζ 的计算

由于缺乏对温度参数 η 和 ζ 的直接验证,本节将采用数值方法对这两个参数进行确定。对于瞬态热传导问题的数值求解,可以采用有限单元法,热传导过程均可以由热力学第一定理和 Fourier 定理导出的热传导方程来描述。并进行如下基本假设:

(1) 各材料均为连续、各向同性且无内热源的材料,且不考虑温度对混凝土热工参数的影响。

(2) 各材料之间的接触均为理想接触。

(3) 热传导过程开始时刻,整个参与热传导过程的物体的温度均匀,且等于环境温度 20℃。

(4) 不考虑衬砌结构混凝土内水分蒸发对热传导过程的影响。

如图 9-14 所示,对试验中试件建立模型,升温曲线按照试验设定进行。基于试验所获得的混凝土截面温度数据,进行反复调整热工参数,将混凝土密度取为 2 400 kg/m³,比热容取为 910 J/(kg·℃),热传导系数取为 1.95 W/(m·℃)。

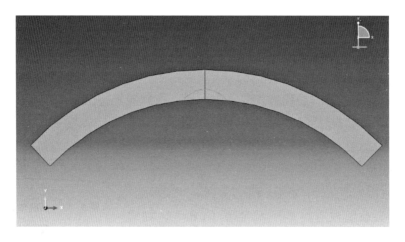

图 9-14　数值模型

为考虑热流侵入接头问题,根据试验得到的荷载数据估测混凝土受压区高度,设定接头截面内 3/4 高温范围为接头内侧张开区域。如图 9-15 所示,在设定接头内侧张开区域成为受火面之后[图 9-15(b)],接头附近的温度场与原先的带状分布相比产生了巨大变化。

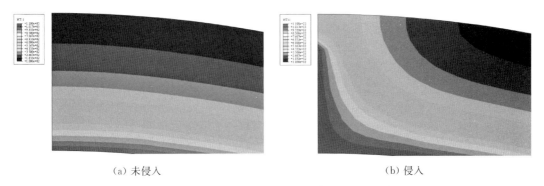

（a）未侵入　　　　　　　　　　　　　　（b）侵入

图 9-15　考虑接头热流侵入与否接头截面的温度分布云图

如图 9-16 所示,有热流侵入的接头截面受压区混凝土的温度与无热流侵入的情况相比差距很大,且随升温时间不断变化;接头螺栓也因热流侵入的原因温度上升。求对应时间点有热侵入温度值与无热侵入温度值即得到相应的温度调整系数。

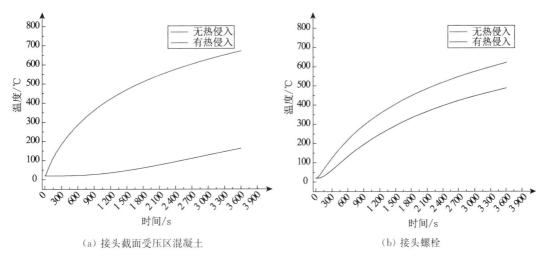

（a）接头截面受压区混凝土　　　　　　　　　（b）接头螺栓

图 9-16　考虑接头热流侵入与否接头截面受压区混凝土及接头螺栓平均温度随时间的变化

接头混凝土受压区的温度调整参数 η 及接头螺栓温度调整参数 ζ 随升温时间的变化如图 9-17 所示。可以看到两个参数随时间的变化有着相似的规律:均在升温初始阶段逐渐上升达到峰值,然后以逐渐放缓的速度下降直至近似平稳。由于 η 及 ζ 随升温时间不断变化,可根据图 9-17 在对应要计算的时间点进行取值获得该点对应温度参数,代入式(9-10)和式(9-11)中进行计算。

9.2.4　试验验证

使用考虑温度参数 η 及 ζ 的接头计算模型对试验试件 RCJ2,RCJ3 及 RCJ4 进行了张角计算,并与试验结果进行了对比,如图 9-18 所示。由于混凝土材料在高温下的参数存在随机性且试验用接头螺栓为弯螺栓,高温下变形较直螺栓复杂,故存在计算误差。计算结果与试验数据的变化规律吻合,误差很小,故该计算模型有一定的适用性。

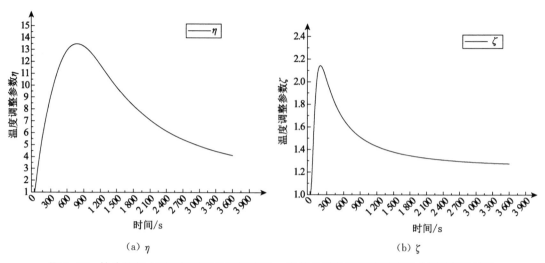

图 9-17　接头混凝土受压区的温度调整参数 η 及接头螺栓温度调整参数 ζ 随时间的变化

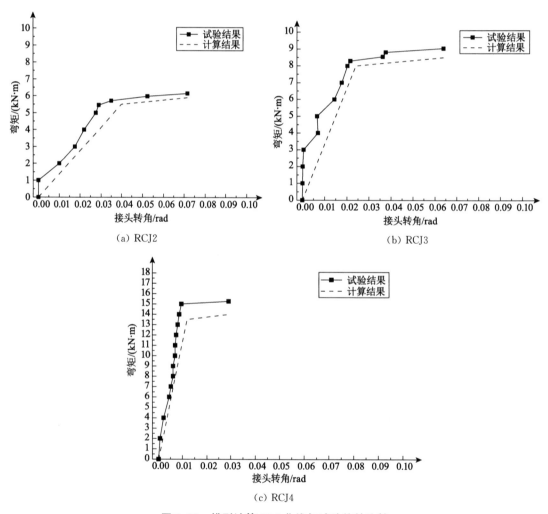

图 9-18　模型计算 $M\text{-}\theta$ 曲线与试验值的比较

9.3　火灾高温下隧道结构接头火灾高温力学特性

在火灾高温条件下,接头的变形以及刚度变化受到多种因素的影响,基于建立的理论模型,系统分析了在不同的升温条件、螺栓截面位置和预紧力、截面高度以及不同受力情况下,大直径装配式衬砌结构接头火灾高温力学性能。

9.3.1　不同升温条件下衬砌结构接头的力学行为

取管片截面高度 $h = 0.3$ m;管片环宽 $b = 1.0$ m;螺栓采用两根直径 d_B 为 0.032 m,长度 l_B 为 0.2 m,螺栓到衬砌内弧面的高度与管片截面高度的比值 $s/h = 0.4$,螺栓预紧力 F_{B0} 为 20 kN;接头截面轴力 N 为 350 kN,偏心距 e 为 0.45 m;图中 0 时刻为常温情况,本章常温取为 20℃,以下同。

如图 9-19、图 9-20 所示分别为在三种升温条件下,管片接头张角和刚度随时间的变化情况。从图中不难看出,接头张角在常温时约为 0.15°,随着加热时间的增加逐渐增大。在加热初期阶段张角增加较为缓慢,这主要是由于在初期阶段衬砌结构温度升高幅度较小,随着时间的增加衬砌截面温度不断增加,混凝土、螺栓力学性能不断下降,使得接头张角不断增大,同理接头刚度逐渐减小且减小幅度较大。其中采用 RABT 升温曲线进行加热时接头张角增大以及刚度减小的幅度要大于其他两种升温曲线的情况,主要是由于 RABT 曲线温度高于另外两种曲线。

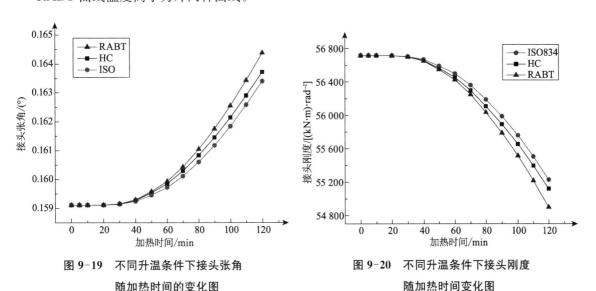

图 9-19　不同升温条件下接头张角　　　　图 9-20　不同升温条件下接头刚度
随加热时间的变化图　　　　　　　　　随加热时间变化图

9.3.2　不同螺栓位置条件下衬砌结构接头的力学行为

采用 HC 曲线加热 2 h,各项参数分别为:$h = 0.3$ m;$b = 1.0$ m;$d_B = 0.032$ m;$l_B = $

$0.2\ \mathrm{m}$；$\dfrac{s}{h}=0.3$，0.4，0.5；$F_{B0}=20\ \mathrm{kN}$；$N=350\ \mathrm{kN}$；$e=0.45\ \mathrm{m}$。

如图 9-21、图 9-22 所示分别为螺栓位置 $\dfrac{s}{h}=0.3$，0.4，0.5 时接头张角及张角增量随加热时间的变化图。可以看到，在相同的外部荷载条件下，螺栓位置越靠近接头外弧面一侧接头张角越大，其中 $\dfrac{s}{h}=0.5$ 时接头的张角最大约 $0.24°$。就每一个螺栓位置而言，随着加热时间的增加张角会不断增大，在加热初期增加速度较小，而后逐渐增大，其中螺栓位置 $\dfrac{s}{h}=0.3$ 时，虽然张角最小，但是张角增量以及增加速度最大，张角增加了约 $0.01°$，可见，螺栓位置越靠近接头内弧面一侧，接头的张角越小，但是受高温的影响程度越大。

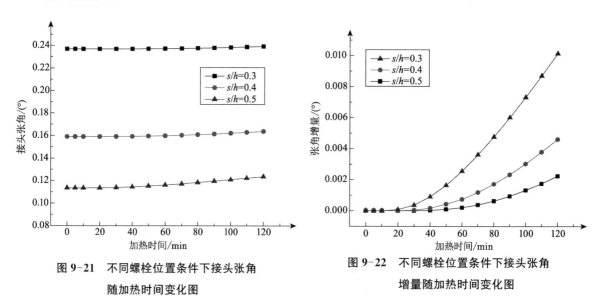

图 9-21　不同螺栓位置条件下接头张角　　　　图 9-22　不同螺栓位置条件下接头张角
　　　　　随加热时间变化图　　　　　　　　　　　　　增量随加热时间变化图

图 9-23、图 9-24 所示分别为螺栓位置 $\dfrac{s}{h}=0.3$，0.4，0.5 时接头刚度及刚度增量随加热时间的变化图。总体上，在相同的外部荷载条件下，螺栓位置越靠近接头外弧面一侧接头刚度越小，其中 $\dfrac{s}{h}=0.5$ 时接头的刚度最小约 $3.8\times10^{4}\ (\mathrm{kN\cdot m})/\mathrm{rad}$，这与接头张角情况相呼应（螺栓位于此位置时，接头张角最大）。就每一个螺栓位置而言，随着加热时间的增加接头刚度会不断减小，在加热初期减小速度较小，而后逐渐增大，和张角情况相呼应，螺栓位置 $\dfrac{s}{h}=0.3$ 时，刚度减小量值以及速度最大，刚度减小了约 $6.5\times10^{3}\ (\mathrm{kN\cdot m})/\mathrm{rad}$，可见，高温很大程度上减小了接头的刚度，此外螺栓位置越靠近接头内弧面一侧，接头的刚度越大。

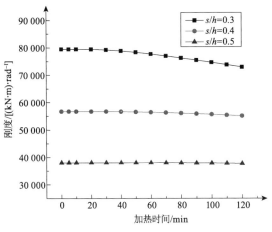

图 9-23 不同螺栓位置条件下接头刚度
随加热时间的变化图

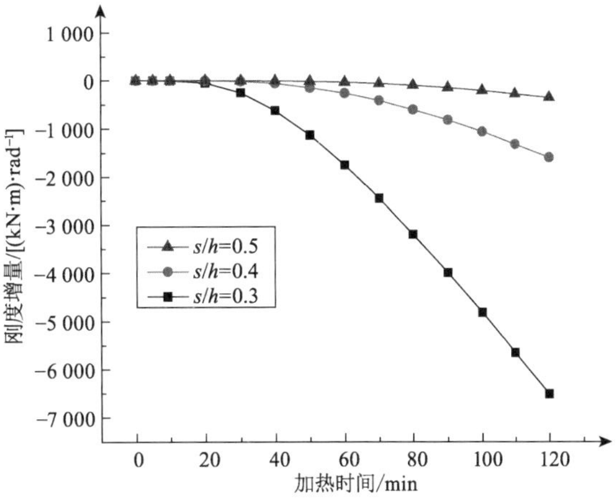

图 9-24 不同螺栓位置条件下接头刚度
增量随加热时间的变化图

9.3.3 不同螺栓预紧力条件下衬砌结构接头的力学行为

采用 HC 曲线加热 2 h，各项参数分别为：$h = 0.3$ m；$b = 1.0$ m；$d_B = 0.032$ m；$l_B = 0.2$ m；$\dfrac{s}{h} = 0.4$；$F_{B0} = 20$ kN，25 kN，30 kN，35 kN；$N = 350$ kN；$e = 0.42$ m。

如图 9-25、图 9-26 所示为螺栓预紧力分别取 $F_{B0} = 20$ kN，25 kN，30 kN，35 kN 时，接头张角及张角增量随加热时间的变化图。可以看到，在相同的外部荷载条件下，螺栓预紧力越小，接头张角越大，其中 $F_{B0} = 20$ kN 时接头的张角最大。在某一固定的螺栓预紧力情况下，接头张角随加热时间的持续而逐渐增大，从加热约 40 min 时开始，张角快速增加，最大值约 $0.004°$，但在不同的螺栓预紧力情况下，张角增量较为接近。可见，在相同的外部荷载条件下，螺栓预紧力越小，接头张角越大，但对螺栓施加不同的预紧力，高温对接头的变形影响差别不大。

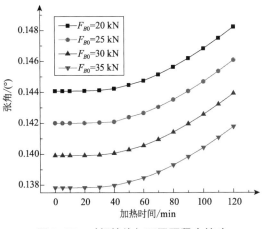

图 9-25 对螺栓施加不同预紧力接头
张角随加热时间的变化图

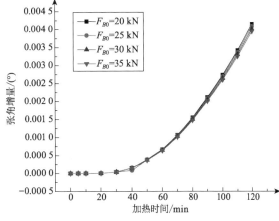

图 9-26 对螺栓施加不同预紧力接头张角
增量随加热时间的变化图

螺栓预紧力分别取 $F_{B0} = 20$，25，30，35 kN，接头刚度以及刚度增量随加热时间的变化图如图 9-27、图 9-28 所示。总体上，在相同的外部荷载条件下，螺栓预紧力越大，接头刚度越大，其值约 6.1×10^4 (kN·m)/rad，这与接头的变形特性相呼应（螺栓预紧力越大，接头张角最小）。随着加热时间的增加，接头刚度会逐渐减小，不同的螺栓预紧力情况下刚度减小差别不大，其值约 1.7×10^3 (kN·m)/rad，可见，在相同的外部荷载条件下，螺栓预紧力越大，接头刚度越大，高温会使刚度逐渐减小，但是在不同的螺栓预紧力情况下，高温对刚度的影响差别很小。

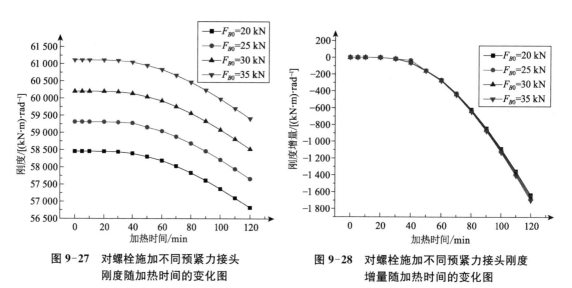

图 9-27 对螺栓施加不同预紧力接头   图 9-28 对螺栓施加不同预紧力接头刚度
刚度随加热时间的变化图   增量随加热时间的变化图

9.3.4 不同管片厚度条件下衬砌结构接头的力学行为

采用 HC 曲线加热 2 h，各项参数分别为：$h = 0.3$、0.35 m；$b = 1.0$ m；$d_B = 0.032$ m；$l_B = 0.2$ m；$\frac{s}{h} = 0.4$；$F_{B0} = 20$ kN；$N = 350$ kN；$e = 0.45$ m。

接头张角及张角增量随加热时间的变化图如图 9-29、图 9-30 所示，管片截面高度分别取 $h = 0.3$ m，0.35 m。可以看到，管片截面高度 $h = 0.3$ m 时，接头张角较大。高温使接头张角逐渐增大，从加热约 40 min 开始，两种截面高度的管片接头张角增加速度开始变大，$h = 0.3$ m 的情况下，张角增量较大，约为 0.005°。可见，在相同的外部荷载条件下，管片截面高度越大，接头张角越小，接头的变形性能受火灾高温的影响越小。

如图 9-31、图 9-32 所示为管片截面高度分别取 $h = 0.3$，0.35 m 时接头刚度及刚度增量随加热时间的变化图。不难发现，管片截面厚度 $h = 0.35$ m 时，接头刚度要大一些，总体上，两种截面高度下，接头刚度随着加热时间的增加逐渐减小，从加热约 40 min 开始，刚度减小速度开始变大，$h = 0.3$ m 的情况下，刚度减小量略大，约为 1.7×10^3 (kN·m)/rad。可见，在相同的外部荷载条件下，管片截面高度越大，接头刚度越大，接头的变形性能受火

灾高温的影响越小。

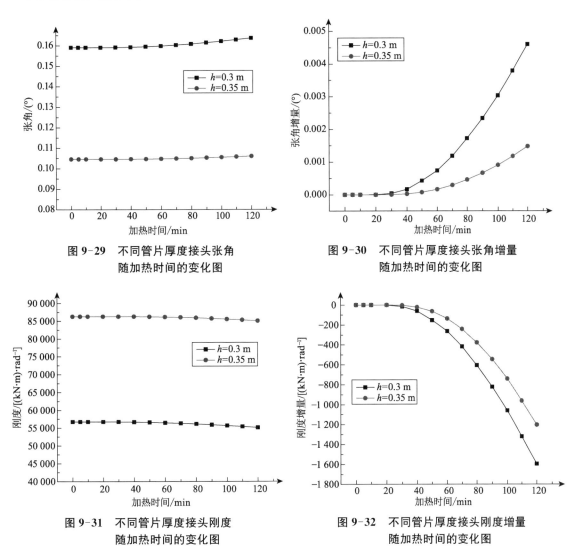

图 9-29 不同管片厚度接头张角
随加热时间的变化图

图 9-30 不同管片厚度接头张角增量
随加热时间的变化图

图 9-31 不同管片厚度接头刚度
随加热时间的变化图

图 9-32 不同管片厚度接头刚度增量
随加热时间的变化图

9.3.5 不同荷载条件下衬砌结构接头的力学行为

1. 轴力不变、偏心距变化的情况

采用 HC 曲线加热 2 小时,各项参数分别为:$h=0.3$ m;$b=1.0$ m;$d_B=0.032$ m;
$l_B=0.2$ m;$\dfrac{s}{h}=0.4$;$F_{B0}=20$ kN;$N=350$ kN;$e=0.38$ m,0.40 m,0.42 m,0.45 m。

如图 9-33、图 9-34 所示为接头偏心距分别取 $e=0.38$ m,0.40 m,0.42 m,0.45 m
时,接头张角及张角增量随加热时间的变化图。可以看到,当偏心距 $e=0.45$ m 时,接头张
角最大。总体上,在 4 种不同的偏心距情况下,接头张角随着加热时间的增加逐渐增大,
从加热约 40 min 开始,张角增大速度开始变大,在偏心距 $e=0.45$ m 的情况下,张角增加

量略大,约为 0.004 8°。可见,接头在承受相同轴力的情况下,偏心距越大,张角越大;随着高温的持续,张角会不断扩大,偏心距越大,高温导致的张角增量越大。

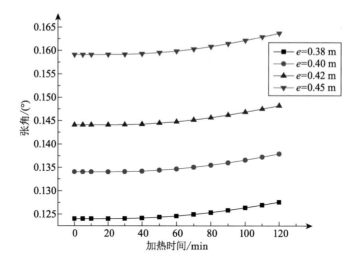

图 9-33 轴力相同、偏心距不同接头张角随加热时间的变化图

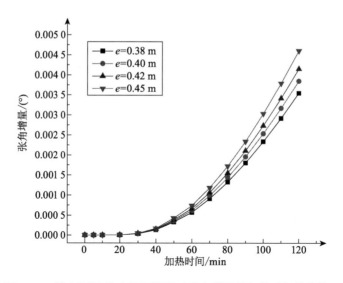

图 9-34 轴力相同、偏心距不同接头张角增量随加热时间的变化图

如图 9-35、图 9-36 所示为接头偏心距分别取 $e=0.38$ m,0.40 m,0.42 m,0.45 m 时接头刚度及刚度增量随加热时间的变化图。可以看到,当偏心距 $e=0.38$ m 时,接头刚度最大,这与接头变形特性相呼应(刚度越大,张角越小)。总体上,在 4 种不同的偏心距情况下,接头刚度随着加热时间的增加逐渐减小,减小量差别不大,约为1.7×10^3 (kN·m)/rad,从加热约 40 min 开始,刚度减小速度开始变大。可见,接头在承受相同轴力的情况下,偏心距越大,刚度越小;随着高温的持续,接头刚度会不断减小,但是不同偏心距情况下接头

刚度减小量差别较小。

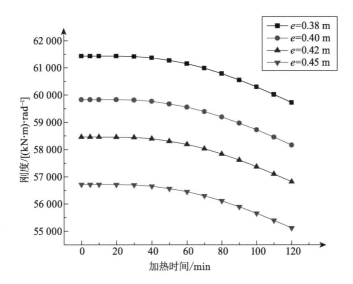

图 9-35　轴力相同、偏心距不同接头刚度随加热时间的变化图

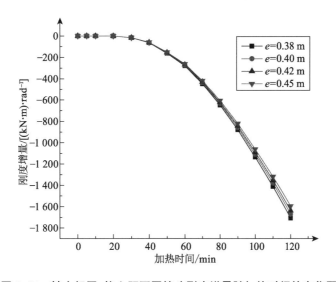

图 9-36　轴力相同、偏心距不同接头刚度增量随加热时间的变化图

2. 偏心距不变、轴力变化的情况

采用 HC 曲线加热 2 h,各项参数分别为:$h=0.3$ m;$b=1.0$ m;$d_B=0.032$ m;$l_B=0.2$ m;$\dfrac{s}{h}=0.4$;$F_{B0}=20$ kN;$N=300$ kN,350 kN,380 kN,400 kN;$e=0.40$ m。

如图 9-37、图 9-38 所示为接头轴力分别取 $N=300$ kN,350 kN,380 kN,400 kN 时接头张角及张角增量随加热时间的变化图。可以看到,当轴力 $N=400$ kN 时,接头张角最大。总体上,在 4 种不同的轴力作用下,接头张角随着加热时间的增加逐渐增大,从加热约40 min开始,张角增大速度开始变大,在轴力 $N = 400$ kN 的情况下,张角增加量略大,约为0.004 7°。可见,接头受力在相同偏心距的情况下,轴力越大,张角越大;随着高温的持续,张角会不断扩大,轴力越大高温导致的张角增量越大。

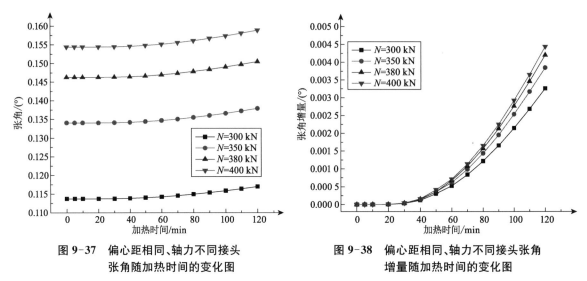

图 9-37 偏心距相同、轴力不同接头　　　　图 9-38 偏心距相同、轴力不同接头张角
张角随加热时间的变化图　　　　　　　　增量随加热时间的变化图

如图9-39、图9-40所示为接头轴力分别取 $N = 300$ kN, 350 kN, 380 kN, 400 kN 时接头刚度及刚度增量随加热时间的变化图。不难发现,当轴力 $N = 300$ kN 时,接头刚度最大,这与接头变形特性相呼应(刚度越大,张角越小)。总体上,在4种不同的轴力作用下,接头刚度随着加热时间的增加逐渐减小,减小量差别不大,约为 1.7×10^3 (kN·m)/rad,从加热约40 min开始,刚度减小速度开始变大。可见,接头受力在偏心距相同的情况下,轴力越大,刚度越小;随着高温的持续,刚度会不断减小,但是不同偏心距情况下接头刚度减小量差别较小。

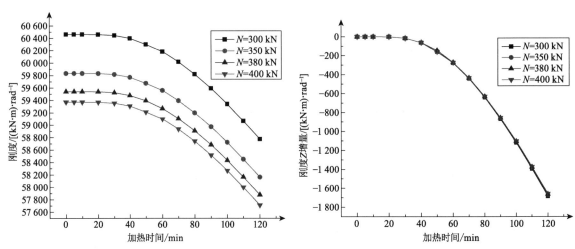

图 9-39 偏心距相同、轴力不同接头刚度　　　图 9-40 偏心距相同、轴力不同接头刚度
随加热时间的变化图　　　　　　　　　　　增量随时间的变化图

10 隧道结构抗火措施及其耐火性能试验方法

火灾是威胁隧道安全运营的主要灾害之一。由于温度高（可达 1 000 ℃以上）、升温速度快（具有热冲击的特点）、持续时间长，大火除了对隧道内的人员和设施造成巨大伤害，还会对隧道混凝土结构产生严重的损伤和破坏（混凝土高温爆裂、钢筋出露失效、混凝土耐久性降低、力学性能裂化等），严重降低衬砌结构的安全性，甚至会由于与地层水土荷载的耦合作用而造成隧道垮塌。本章分析了火灾对隧道衬砌结构的损害形式及机理，并研究了隧道衬砌结构的火灾防护方法及措施。同时，在前述各章研究成果的基础上，建立了基于隧道衬砌结构温度-荷载状况的耐火试验标准和方法。

10.1 火灾对隧道衬砌结构的损害

10.1.1 历次火灾事故对衬砌结构的损害分析

1. 某地铁盾构隧道火灾

2005 年 2 月 13 日，某市地铁某盾构法隧道施工现场，一电焊工在气割冷却塔外围水箱钢板时，引燃水箱内冷却塔中的塑料散热片引起火灾，火灾持续了约 10 min 后被扑灭。起火后，由于冷却塔的烟囱效应，再加上本身为塑料材料，燃烧速度很快，产生了大量的浓烟，使得火源两侧 170～260 m 范围隧道衬砌管片表面被熏黑（图 10-1）。同时，火灾高温（管片表面受火温度为 850～900 ℃）造成了 347# - 360# 衬砌环混凝土轻度到中度损伤，损伤层厚度最大值达到了 15～25 mm（图 10-1—图 10-3）。此外，对受火最严重的 354# 与 355# 环管片接头连接螺栓的试验表明：由于高温的作用，接头连接螺栓发生退火现象；在抗拉试验中，受火后接头螺栓的破坏形式表现为螺母螺牙发生变形滑移；而未受火螺栓则表现为螺杆断裂。

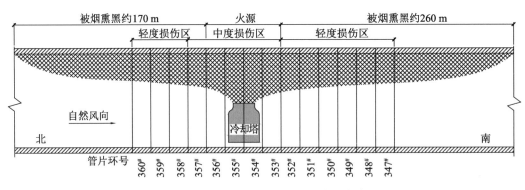

图 10-1　火灾影响范围及衬砌总体损伤情况

2. 弗雷瑞斯公路隧道火灾

2005 年 6 月 4 日，法国和意大利间的弗雷瑞斯公路隧道（13 km）火灾中，火灾高温（高达 900 ℃）对隧道衬砌结构和内部设施造成了严重的损坏（图 10-4），并造成 2 人死亡，20 多人受伤。

图 10-2 手孔的损伤情况　　　　　　图 10-3 管片表面的损伤情况

图 10-4 火灾对隧道衬砌结构的损伤(Haack,2006)

3. 猫狸岭公路隧道火灾

2002 年 1 月 10 日,中国甬台温公路猫狸岭隧道发生火灾,隧道壁瓷砖和混凝土面层 100 多米脱落破损,直接损失近 100 万元,隧道被迫关闭。

4. 圣哥达公路隧道火灾

2001 年 10 月 24 日,瑞士圣哥达公路隧道发生火灾,隧道内温度达到了 1 000 ℃,火灾高温造成出事地段隧道顶部塌陷,隧道内部分路段被烧毁。

5. 勃郎峰公路隧道火灾

1999 年 3 月 24 日,法国—意大利的勃朗峰公路隧道(11.6 km)发生火灾,最高温度达到 1 000 ℃,大火持续了 55 h,隧道结构受到严重损坏,拱顶局部沙化(图 10-5)。

6. 托恩公路隧道火灾

1999 年 5 月 29 日,奥地利托恩公路隧道发生火灾,由于热膨胀,吊顶混凝土发生开裂和严重的爆裂,保护层剥落,钢筋由于受到高温而丧失强度。

同时,在火源附近,约 100 m 长区段内,边墙混凝土也发生了严重的爆裂,爆裂深度达

（a）公路隧道火灾　　　　　　　　　　（b）火灾后的隧道损坏情况

图 10-5　勃朗峰公路隧道火灾（Haack，2002）

到 400 mm。整个隧道内由于爆裂产生的混凝土碎片达到了 600 m³（图 10-6）。

此外，大火还使得路面上约 10 m 长电缆沟盖板由于热膨胀而拱起（图 10-6）。

（a）隧道内爆裂的混凝土碎片　　　　　　　（b）电缆沟盖板拱起

图 10-6　托恩公路隧道火灾（Leitner，2001）

7. 盘陀岭第二公路隧道火灾

1998 年 7 月 7 日，中国盘陀岭第二公路隧道（$L=950$ m）发生火灾，大火使得 50 m 范围（K392+720—K392+770）的拱部和边墙二衬受到严重破坏，混凝土大面积剥落或者掉块，深度达到 10~18 cm（二衬原厚 40 cm），衬砌出现纵向和环向裂缝，并大面积漏水，防水层（EVA+PE 塑料防水层）遭到完全破坏。此外，大火造成约 85 m（K392+770—K392+850）衬砌施工缝全部裂开，并出现渗漏水（马天文，2002）。

8. 大贝尔特公路隧道火灾（Haack，2004b；Khoury，2000）

1994 年，丹麦大贝尔特隧道施工时，由于机械起火引发火灾。火灾时隧道内最高温度达到了 800~1 000 ℃，火灾持续了 7 h。火灾造成 16 环管片（环宽 1.65 m）顶部受损，10 块管片表层混凝土（76 MPa，龄期 28 d）爆裂，爆裂深度达到了 27 cm（管片原厚 40 cm，受损深度达 68%），如图 10-7 所示。

图 10-7　大贝尔特隧道衬砌管片的爆裂（Haack,2004b;Khoury,2000）

9. 莫尔费雷特（Moorfleet）公路隧道火灾

1968 年,德国汉堡莫尔费雷特（Moorfleet Tunnel）公路隧道发生火灾,大火使得隧道拱部和边墙混凝土发生了严重的爆裂(图 10-8)。

图 10-8　莫尔费雷特公路隧道火灾（Haack,2002）

10. 大邱地铁火灾（Park 等,2006）

2003 年 2 月 18 日,韩国大邱地铁火灾中,着火车辆附近约 22 m 范围的混凝土发生了严重爆裂(剥离),爆裂深度 10～99 mm,而在爆裂范围外混凝土发生了严重的热致开裂。此外,在爆裂区域约 6 m 范围的钢筋出露(图 10-9)。灾后通过钻芯取样发现:在受火最严重的区域,混凝土的单轴抗压强度由原来的 24 MPa 下降到了 11～15 MPa。

11. 霍华德（Howard）城市铁路隧道火灾

2001 年 7 月 18 日,美国霍华德城市铁路隧道发生火灾,隧道结构被严重破坏,火灾造成横贯隧道顶部直径 1 m 的铸铁水管破裂(火灾后 3 h),如图 10-10 所示。

(a) 网状裂缝 (b) 混凝土顶板爆裂

图 10-9 大邱地铁火灾(Park 等,2006)

(a) 火灾高温对隧道衬砌结构的损坏 (b) 火灾造成隧道上方的铸铁水管破裂

图 10-10 隧道火灾后的破坏情况(www.RailServer.com)

12. 英法海峡隧道火灾 (Kirkland, 2002；Khoury, 2000；Ulm 等, 1999；戴国平, 2001)

1996 年 11 月 18 日,英法海峡隧道(50.45 km)由于列车尾部运载的重型卡车起火而引发大火,火灾持续了约 9 h,最高温度达到了 1 000 ℃。火灾使得隧道内 3~5 km 范围的衬砌管片受到高温浓烟的污染。同时,约 500 m 范围的衬砌管片受到中度损伤,表面部分混凝土剥落;约 280 m 范围的衬砌管片受到严重破坏;而约 46 m 范围的衬砌遭到完全破坏,原本 45 cm 厚的衬砌管片(环宽 1.5 m,混凝土等级 110 MPa)爆裂深度达到了 30~40 cm,如图 10-11 所示。

13. 晋济高速公路岩后隧道火灾

2014 年 3 月 1 日 14 时 52 分,两辆危化品运输罐车在晋煤外运大通道、山西晋城

图 10-11 英法海峡隧道火灾对衬砌管片的损坏

至河南济源的晋济高速公路岩后隧道发生追尾相撞,导致前车甲醇泄漏,在司机处置过程中甲醇起火燃烧,隧道内车辆及煤炭等货物被引燃引爆,造成隧道内 42 辆汽车、1 500 多吨煤炭燃烧,并引发液态天然气车辆爆炸,大火烧了 73 h 才被扑灭,隧道受损严重,如图 10-12 所示。

14. 我国发生的几起铁路隧道火灾

我国发生了几起油罐车及货物列车火灾(涂文轩,1993,1996;柴永模,2002;陈宜

图 10-12 晋济高速公路晋城段隧道爆炸
(http://www.122.cn/pacx/zdsg/jjgsbsg.shtml)

吉,1997;郑天中,1995;张平,1995;刘志汉,1992;梅志荣和韩跃,1999),由于火灾持续时间长,最高温度高,都对隧道衬砌结构造成了严重的损坏。破坏形式主要表现为衬砌结构严重变形、开裂、衬砌混凝土爆裂剥落,衬砌混凝土强度降低,衬砌结构的整体性受到破坏等。例如:

(1) 1976 年 10 月 18 日白水江铁路隧道发生火灾(燃烧了 2 d 以上),30 m 范围的隧道衬砌坍塌;此外,隧道拱圈表面混凝土全部剥落,剥落深度平均 5～10 cm(衬砌原厚50 cm),最深达到 25 cm,总的烧损面积达到了 8 793.5 m²。

(2) 1987 年 8 月 23 日十里山二号隧道发生火灾,179.4 m 范围的隧道衬砌被烧损,深度达 10 cm。

(3) 1990 年 7 月 3 日梨子园隧道发生火灾,靠近北洞口 135 m 范围的拱顶衬砌全部被烧坏,深度 10～20 cm;此外,左、右侧边墙 131～147 m 范围衬砌全部被烧坏,烧损深度10～20 cm。

(4) 1993 年 6 月 12 日蔺家川隧道发生火灾,280 m 范围的隧道衬砌坍塌,塌方高度达1.5 m;此外,拱部混凝土已烧成白色,表面出现玻璃状物质。

10.1.2　火灾对隧道衬砌结构的损害形式及机理

1. 混凝土爆裂

火灾高温会导致混凝土发生爆裂,这一现象在前述的各次火灾案例中表现得最突出。混凝土爆裂的机理如图 10-13 所示,包括蒸汽压理论及热应力理论。根据蒸汽压理论,混凝土高温爆裂的机理是:混凝土表面受热后,表层混凝土内的水分形成蒸汽,并向温度较低的混凝土内层流动,进入内层孔隙。这种水分和蒸汽的迁移速度决定于内层混凝土孔隙结构和加热升温速度。一旦温度迅速升高,外层的饱和蒸汽不能及时地进入内层孔隙结构,就会使蒸汽压力急速增大,在混凝土内部产生拉应力,如果混凝土的抗拉强度不足以抵抗蒸汽产生的拉压力,混凝土表层的薄层就会突然脱落,形成爆裂,同时新裸露的混凝土又暴露于高温之中,从而引发进一步的爆裂(Kowbel 等,2001;Andrew,2004)。爆裂一般发生在起火后的 20 min 内(Hertz,2003),同时,受升温速度、混凝土自身特性的影响,发生的温度大致在 250～420 ℃(Khoury,2000)。混凝土爆裂是一个普遍现象,不论是普通混凝土还是高强混凝土都可能发生,特别是越密实的混凝土越容易发生爆裂(ITA,2005)。

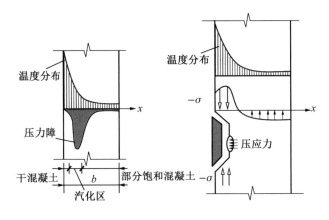

(a) 蒸汽压理论　　　　(b) 热应力理论(Ulm 等,1999a)

图 10-13　混凝土高温爆裂的机理

混凝土爆裂是一个随机过程,目前还无法准确预测混凝土爆裂的发生以及可能的混凝土爆裂深度(ITA,2005)。这方面,森田武等(1996)通过对水灰比 0.275～0.644,抗压强度 21～92 MPa,含水率 4%～6% 的混凝土构件的试验,给出了混凝土构件表面爆裂深度、发生爆裂的面积比与水灰比的关系,可供参考:

(1) 构件表面的混凝土爆裂深度 D_{spalling}

$$D_{\text{spalling}} = 67.33 - 1.28R_{\text{w/c}} \tag{10-1}$$

(2) 构件表面混凝土爆裂面积的百分比 R_{face}

$$R_{\text{face}} = 185.97 - 3.24R_{\text{w/c}} \tag{10-2}$$

式中 $D_{spalling}$——构件表面的混凝土爆裂深度,mm;

         R_{face}——构件表面混凝土爆裂面积的百分比,%;

         $R_{w/c}$——水灰比,%。

大量试验研究表明,影响混凝土爆裂的主要因素为(Khoury,2000;ITA,2005;Both等,2003c):①升温速度,特别是当升温速度大于 3 ℃/min 时。升温速度越快,越容易发生爆裂。②混凝土的密实性。混凝土越密实,越容易发生爆裂。③混凝土的含湿度。混凝土含水量越高,越容易发生爆裂。④外加荷载的大小。外加荷载是影响爆裂的一个重要因素,管片火灾试验表明:预加 20%~30%抗压强度压应力的混凝土爆裂程度明显增加。

混凝土爆裂是火灾高温对隧道衬砌结构的主要损害形式(图 10-14),这是由于:①隧道火灾升温速度快,最高温度高,使得衬砌结构非常易于爆裂,且衬砌结构内的温度梯度非常大;②隧道衬砌结构混凝土一般等级较高、密实性好,特别是对于盾构隧道衬砌;③隧道衬砌结构往往主要承受压应力,特别是对于盾构隧道衬砌;④衬砌结构体系为超静定结构,火灾时会在衬砌结构内产生巨大的热应力。此外,由于隧道火灾持续时间较长,不断发生的混凝土爆裂

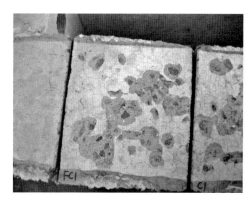

图 10-14   混凝土板表面的爆裂

还会使内侧受力钢筋暴露于火灾高温中,严重降低衬砌结构的承载力和可靠性,甚至导致隧道衬砌结构坍塌。

2. 混凝土耐久性降低

在火灾高温的作用下,混凝土的孔隙结构将变得非常粗糙,孔隙率和孔隙尺寸变大,使得透气性明显增加(郭鹏等,2000)。而由于透气性的增加,使得混凝土的抗渗耐久性急剧降低,特别是对于高性能混凝土,降低的程度更为严重。

3. 混凝土力学性能劣化

当混凝土的受火温度达到 300 ℃以上时,水泥凝胶开始脱水,水泥砂浆收缩而骨料受热膨胀,二者的变形不协调使得混凝土微裂缝产生和扩展,且随着温度的不断升高,这种不协调在增加,使得水泥骨架破裂;当温度升高到 500 ℃以上时,混凝土骨料中的石英晶体晶型转变,体积膨胀,使得微裂缝迅速扩展并贯通(过镇海和时旭东,2003;董香军等,2005)。由于火灾高温导致微裂缝的发展、水泥凝胶的劣化及骨料的破裂,使得混凝土高温时、高温后的力学性能明显下降。

图 10-15—图 10-17 给出了材料性能试验(详见第 3 章:材料性能试验)中普通混凝土、钢纤维混凝土及掺聚丙烯纤维混凝土经历不同高温后单轴抗压强度、峰值应变及弹性模量的变化规律。

如图 10-15 所示,总体上,高温后普通混凝土、钢纤维混凝土及掺聚丙烯纤维混凝土的单轴抗压强度均随受火温度的升高而降低,且温度越高,下降的幅度越大。当经历 900 ℃ 高温后,三种混凝土平均单轴抗压强度的降幅分别达到了 88.9%,91.3%,92.0%。对钢纤维混凝土而言,由于钢纤维约束了微裂缝的产生和发展,表现为高温后钢纤维混凝土的单轴抗压强度要高于普通混凝土和掺聚丙烯纤维混凝土(Chan 等,2000)。而当经历温度超过了 500 ℃ 后,由于

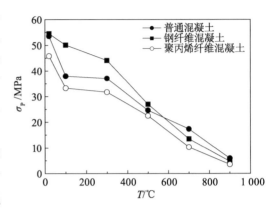

图 10-15 高温后三种混凝土平均单轴抗压强度随受火温度的变化

钢纤维与水泥浆体的界面黏结强度逐渐减弱,再加上钢纤维本身强度下降、性能劣化,使得钢纤维对混凝土的增强作用逐渐弱化,直至基本丧失,表现为三种混凝土的单轴抗压强度基本一致。对于聚丙烯纤维混凝土而言,试验结果表明掺聚丙烯纤维后,混凝土的单轴抗压强度与未掺时相比,有一定程度的降低,但是降低的幅度较小,这与 Chan 等(2000)的结论一致:聚丙烯纤维熔化后留下的孔隙没有明显影响混凝土的力学性能。

如图 10-16 所示,高温后三种混凝土的峰值应变(应力-应变曲线上与峰值应力对应的应变)与常温相比都发生了明显的变化,均随着经历温度的升高而增大,且增长的速度在加快。例如,当经历 900 ℃ 高温后,普通混凝土、钢纤维混凝土和聚丙烯纤维混凝土的峰值应变分别增大到常温时的 4.3 倍,3.8 倍和 13.1 倍。峰值应变明显增加,显示了高温后混凝土刚度的降低。

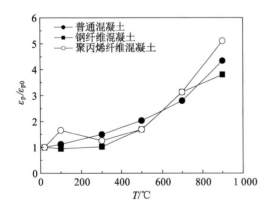

图 10-16 高温后三种混凝土平均相对峰值应变随受火温度的变化

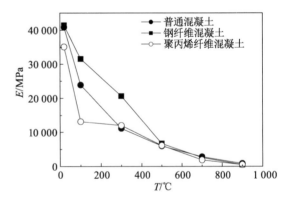

图 10-17 高温后三种混凝土平均弹性模量随受火温度的变化

以应力-应变曲线上 0.4 倍峰值应力处的割线模量作为弹性模量,则三种混凝土高温

后弹性模量的变化规律如图 10-17 所示。可以看到,随着经历温度的升高,普通混凝土、钢纤维混凝土及聚丙烯纤维混凝土的弹性模量都呈降低趋势。且与其他力学参数相比,弹性模量受经历温度的影响最明显,下降的幅度非常大,例如,当经历 500 ℃高温后,三种混凝土的弹性模量降到了初始弹性模量的 15% 左右,而当经历温度达到 900 ℃后,弹性模量几乎损失殆尽,只有初始弹性模量的 1%~2%。同时,与单轴抗压强度的原因一致,当温度 $T_{fmax}<500$ ℃时,钢纤维混凝土的弹性模量明显高于其他两种混凝土。

由于隧道火灾温度一般较高,且持续时间长(如某隧道火灾持续 55 h),在这样长时间的高温作用下,衬砌混凝土(包括钢筋)的力学性能的降低将非常严重。而混凝土、钢筋力学性能的降低,会导致衬砌结构的承载力降低,可能引起隧道衬砌结构体系的坍塌。

4. 火灾高温导致衬砌结构体系内力变化及承载力降低

火灾高温对衬砌结构体系内力分布的影响表现在:

(1) 火灾时,高温导致衬砌结构体系产生不均匀热应力。

(2) 火灾时,由于混凝土为热惰性材料,导致衬砌结构内温度分布不均匀,引起各点材料的劣化程度不同,引起内力重分布。

(3) 衬砌结构体系为超静定体系,遭受高温的混凝土变形会受到周围地层及相邻构件的约束,产生激烈的内力重分布,最终导致出现与常温时不同的破坏形态。

5. 火灾高温导致衬砌结构体系的变形

(1) 火灾高温引起的衬砌结构体系的变形,一方面引起内力重分布,另一方面,对于装配式衬砌结构体系,如盾构隧道、沉管隧道等,还会导致接头等薄弱部位的性能下降,引起隧道漏水甚至坍塌。

(2) 火灾高温导致的衬砌结构体系的残余变形,会改变隧道原有的内部空间形式,可能影响隧道内部的正常运行环境。

(3) 隧道衬砌结构在火灾高温下的变形会影响到地面建筑物及临近地层中其他建筑物的安全,特别是在城区修建的隧道。典型的案例是 2001 年美国霍华德城市隧道火灾,大火造成隧道上部地层中直径 1 m 的铸铁水管破裂,如图 10-10 所示。

10.2 提高隧道衬砌结构耐火性能的方法

10.2.1 板耐火试验简介

如图 10-18—图 10-21 所示,试验所用板的尺寸为 350 mm×300 mm×100 mm,混凝土等级为 C50。试验测点布置如图 10-23 所示,共在距受火面 25 mm、50 mm 和背火面布置 3 个温度测点。同时,为了研究隧道衬砌外侧包裹的土体对衬砌构件温度分布的影响,试验时,在板背火面覆盖了 100 mm 厚的泥土(淤泥质黏土)(图 10-19)。

试验共考虑了六种耐火措施(表 10-1),对 12 块板进行了试验。

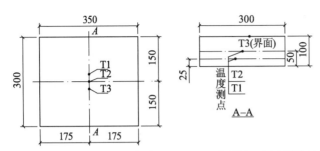
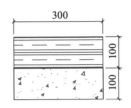

说明：温度测点布置于距底面25 mm，50 mm位置处（对应于管片受力主筋位置）。

图 10-18　板内温度测点布置　　　　　　　　　　图 10-19　板背火面覆土

试验升温曲线选用 HC 曲线（最高温度 T_{fmax} ＝1 100 ℃）（图 10-27）。不同耐火措施及火灾场景的组合如表 10-2 所示。

图 10-20　浇筑完成后的板　　　　　　　　　　图 10-21　试验现场布置

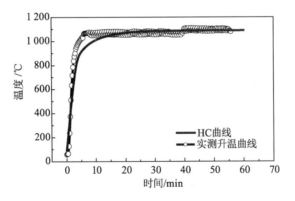

图 10-22　试验升温曲线

表 10-1 采用的耐火措施概况

序号	构件类型	编号
1	普通混凝土	C1,C2
2	普通混凝土(受火面布钢丝网)	CM1,CM2
3	普通混凝土(掺钢纤维 60 kg/m³)	FC1,FC2
4	普通混凝土(掺钢纤维 60 kg/m³＋聚丙烯纤维 2 kg/m³)	FPC1,FPC2
5	普通混凝土(靠受火一侧 3 cm 厚掺聚丙烯纤维 2 kg/m³)	P3C1,P3C2
6	普通混凝土(通体掺聚丙烯纤维 2 kg/m³)	PC1,PC2

表 10-2 试验组合

序号	板类型			火灾场景	受火时间/ h	备注
1	C1	CM1	FC1	HC 曲线	0.5	PC1 上覆土,PC2 上无覆土
2	C2	CM2	FC2	HC 曲线	1	
3	FPC1	P3C1	—	HC 曲线	0.5	
4	FPC2	P3C2	—	HC 曲线	1	
5	PC1	PC2	—	HC 曲线	1	

10.2.2 表面隔热降温防护的方法

1. 表面隔热防护的方法

利用防火屏障隔断或者减弱衬砌表面热荷载,施作防火板、防火喷涂料等隔热屏障是应用最广泛的方法,可有效降低混凝土表面温度、避免爆裂(Yasuda 等,2004;兰彬,2005;Sakkas 等,2014)。表面隔热防护的方法根据隔热材料布置的不同,可以有多种形式。这是目前国内外隧道工程中应用最普遍的方法。以国内为例,上海市延安东路越江隧道首次大面积使用了防火隔热涂料(拱顶全部喷涂了 2.5 cm 厚的防火涂料),此后,考虑到喷涂层在隧道这种恶劣环境下容易失效,为了获得更好的耐久性,在新建的几条隧道采用了防火板(林桂祥,1989;虞利强,2002)。

单就对衬砌结构的保护而言,防火板、防火喷涂料是非常有效的方法,当达到合适的厚度后,不仅可以降低混凝土表面的温度、避免爆裂,同时也可以有效地保护接头等隧道衬砌的薄弱环节。

在表面隔热防护方面,作为形式上的变化,德国地下交通设施研究学会(STUVA)开发了一种新的隔热方法:在衬砌表面铺设梯形波纹钢板(用锚杆紧固),在钢板与衬砌之间填充无机矿物绝热层,并通过火灾试验证实这种方法效果良好(涂文轩,1993;王海莹,2003)。

此外,为了克服防火板、防火喷涂料等会遮盖衬砌表面,难以对隧道衬砌渗漏情况及表面状况进行检查的困难,一种带孔的防火板"Perfotekt"应运而生。这种防火板由中间的带孔钢板和两侧的隔热层组成,总厚度为 1.5～2 mm。这种防火板的优点是:安装后隧道衬砌混凝土仍然可见,不影响对隧道衬砌的检查;另外,即使隧道有渗漏,渗漏的水也可以通过孔排出,不会集聚到防火板、喷涂料后方。

为了加快现场施工速度,Bjegovic 等(2003)开发了一种带耐火措施的预制隧道二衬。该二衬由四层材料构成:二层耐火层(防火板+微粒混凝土)、结构混凝土层和防水层。

根据基于 RWS 曲线进行的火灾试验,表明该二衬(1 cm 厚防火板,3.5 cm 厚微粒混凝土,25.5 cm 厚的 C25 结构混凝土)表面爆裂较小(普通混凝土达到了 7 cm),能够满足 RWS 曲线的耐火要求(混凝土表面温度小于 380 ℃,钢筋处温度小于 250 ℃)。此外,通过钻芯取样,发现该二衬能够使混凝土超过 65%的残余抗压强度保留了下来,比普通混凝土受到的损伤要小。但是,该方法的缺点是:二衬安装时容易损坏防火层,为了保护防火层,则会降低安装效率。

需要注意的是,表面隔热防护的方法虽然可以降低火灾向混凝土传递热量,降低混凝土和钢筋的温度到一个容许的值,但是由于隧道衬砌结构体系是一个超静定体系,升温引起的温度应力以及附加变形仍然很严重,会对结构体系产生不利影响。

此外,尽管防火板、防火喷涂料等隔热防护方法对隧道衬砌结构的防护效果非常明显,并在隧道工程中得到了广泛的应用,但是总体上仍存在如下的缺点和不足(Haack,2004b;Ono,2006;ITA,2005):

(1) 安装了防火板和防火喷涂料后,无法及时发现隧道衬砌表面的渗漏、裂缝的出现及位置,也无法对隧道衬砌表面的状况进行直观检查。

(2) 为了安装防火板和防火喷涂料,需要扩大隧道开挖断面,增加了工程造价和工程量。据 Haack(2004b)估算,安装防火板、防火涂料会使隧道直径增加 8～10 cm,相应增加开挖工作量 1.5%～2%。

(3) 防火板和防火喷涂料的运输、安装(喷涂)增加了工程施工时间,特别是防火喷涂料由于要求对隧道衬砌壁面进行打毛处理,技术要求高,工作量大。

(4) 使用防火板和防火喷涂料时会影响隧道内风机、信号设施、交通灯、监控设备等的安装。

(5) 由于技术水平的限制,现有的防火板和防火喷涂料尚难以满足工程全生命的要求(如 100 年),一般需要在工程的全寿命期中更新 2～3 次,增加了维护成本。

(6) 防火板和防火喷涂料不能保护隧道衬砌结构在施工时的火灾安全。如某市地铁盾构隧道火灾和丹麦大贝尔特隧道火灾均是施工时由于设备操作失误起火,对隧道衬砌造成了严重的破坏。

(7) 防火板和防火喷涂料的组成材料在火灾时会产生有毒气体,影响人员的逃生和火灾救援。

（8）在隧道环境下，车辆排出的废气、活塞风、车辆（地铁列车等）振动及电腐蚀等会导致防火板和防火喷涂料不能有效发挥功用；此外，在进行隧道清洗时，防火板和防火喷涂料可能会由于高压水、清洗剂等作用而失效。

（9）从全局的观点看，尽管防火板和防火喷涂料有效地减弱（隔断）了热量向隧道衬砌结构的传递，但是却使大量的热集聚在隧道内，使得隧道内温度迅速升高，火灾规模进一步扩大，恶化了隧道内人员逃生和火灾消防救援的条件。

2. 水喷淋（雾）降温的方法

为了初期控制火势和降温，可以采用在隧道内安设水喷淋的方法来保护隧道衬砌结构和隧道内的附属设备。这种防火措施在日本使用的比较广泛，如连接本州和北海道的青函隧道（53 km）及日本坂隧道都安装了水喷淋灭火系统。此外，如挪威安装了自动喷水灭火系统以保护添加了聚亚氨脂的隧道内衬（倪照鹏和陈海云，2003）。国内使用的案例有上海外环沉管隧道等。在上海外环沉管隧道，为了保护736 m长的沉管段和浦西100 m长的暗埋段的结构安全（此范围内的结构一旦被破坏将难以修复）和冷却降温，设置了开式水喷雾自动灭火系统，共 102 组，水喷雾系统的用水量为 37 L/s，喷雾强度≥6 L/(min·m²)（蔡莉萍和徐浩良，2004）。

此外，Roelands（2003）提出了采用后喷射水喷淋来保护隧道衬砌的方法（图 10-23），并进行了试验验证。试验中火源采用燃烧丙烷来模拟，水喷淋流量设计为10 L/(min·m²)。试验结果表明：

（1）隧道衬砌混凝土没有发生爆裂，且衬砌内温度（距表面 2 mm）低于 100 ℃。

（2）水喷淋的流量需要精确控制：当流量下调 0.5 L/(min·m²)时，混凝土温度迅速升高到 100 ℃，混凝土开始发生爆裂；而当水量恢复到 10 L/(min·m²)时，爆裂又立即停止了。这表明如果水量充足，则后喷射式水喷淋能够保护混凝土衬砌。

（3）由于水喷淋的降温效果，试验炉内温度从 1 100 ℃降到了 850 ℃。

这表明，采用后喷射式水喷淋系统能够有效降低隧道衬砌表面的温度，防止混凝土的爆裂（无须安装防火保护层）。

尽管水喷淋（雾）这种降温防护措施对于隧道早期灭火和隧道内降温效果较好，但是其功能的发挥需要有可靠、充足的水源作为保证，此外，造价及维护费用也相当高，限制了其使用范围，目前主要在经济较发达的日本使用。其次，水喷淋（雾）防护措施的致命缺陷在于会破坏隧道内的逃生环境（Haack，2002；王振信，2003），表现在：

（1）水喷淋的降温作用使得隧道内烟气下

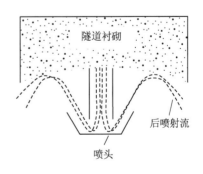

图 10-23　后喷射式水喷淋示意图

沉,降低能见度,影响人员的逃生和消防救援。

(2) 喷射出的水遇热形成蒸汽会损害隧道内的人员和设备。

(3) 对于隧道内常见的油类火灾而言,水喷淋喷射出的大量水不仅会导致油的蔓延和火势扩大,同时可能会引起爆炸。

鉴于上述原因,目前对于是否使用水喷淋防护措施仍然是一个有争议的问题,大多数国家一般都不推荐在公路隧道内使用水喷淋系统(ITA,2005)。

10.2.3 减弱(消除)混凝土爆裂的方法

1. 掺加聚丙烯纤维的方法

除了对隧道衬砌结构施加隔热防护措施外,从混凝土自身出发,提高其抗火性能也是一个重要的研究方向。为了减弱(消除)混凝土的高温爆裂,国内外学者从掺加纤维、改变混凝土配合比、钢筋布置等各个方面进行了研究。通过掺加单种纤维(主要是基于聚丙烯纤维)或混杂纤维(钢纤维+聚丙烯纤维等)避免混凝土高温爆裂(Khoury,2003;Hertz,2005;Zeiml,2006;穆松,2007;Rodgers 和 Horiguchi,2011；Heo 等,2012)及改善混凝土性能劣化(鞠丽艳和张雄,2006;程龙,2007;刘沐宇等,2008;徐晓勇等,2009;Behnood 和 Ghandehari,2009;Pliya 等,2011)。掺入聚丙烯纤维抗爆裂的机理是:当混凝土遭受高温时,一旦温度超过了聚丙烯纤维的熔点 160 ℃,混凝土内高度分散的聚丙烯纤维就会熔化逸出,在混凝土中留下相当于纤维所占体积的相互连通的孔隙,使得混凝土内部的渗透性显著增大,减缓了内部蒸汽压的积聚,从而避免了管片的爆裂(Both 等,2003c;Andrew,2004;Kowbel 等,2001;Varley,2004)。如图 10-24 所示,与普通混凝土、钢纤维混凝土相比,当受火温度低于聚丙烯纤维的熔点(试验所用聚丙烯纤维熔点为 160 ℃)时,三种混凝土的渗透性基本接近,甚至聚丙烯纤维混凝土的渗透性偏小。而当受火温度超过了聚丙烯纤维的熔点后,聚丙烯纤维混凝土的渗透性急剧增大,分别增大为普通混凝土、钢纤维混凝土的 15.1 倍和1.8 倍。这表明,聚丙烯纤维的熔融温度是决定其抗爆裂性能的关键因素。因此,降低纤维的熔点可以增强其抗爆裂的能力。

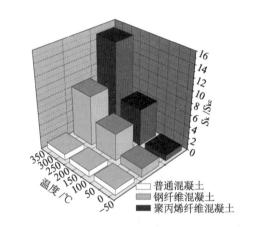

图 10-24 高温后钢纤维混凝土、聚丙烯纤维混凝土相对渗透系数与普通混凝土的比值 S_{ki}/S_{kc}

此外,国内外的研究表明,聚丙烯纤维的含量越高,混凝土的抗爆裂性能越好;同时,由于聚丙烯纤维抗爆裂的性能依赖于纤维熔化后形成的孔隙的连通性,因此,纤维越长,越能够产生更多的相互连通的孔隙,抗爆裂性能也越好(Suhaendi,2004)。

由于聚丙烯纤维优良的抗爆裂性能,目前在国外的一些隧道工程中进行了应用:

(1) 英国 CTRL(Channel Tunnel Rail Link L=38.5 km)工程(Andrew,2004;Anon,2004)

CTRL 是英国新建的高速铁路线,连接海峡隧道 Channel Tunnel 和伦敦 St Pancras 站,采用盾构法施工(管片环宽 1.5 m,厚 35 cm),管片混凝土等级为 C60。由于混凝土等级较高且较密实,为了降低火灾危险性,在管片中通体掺加了 ADFIL 公司(Anglo Danish Fiber Industries Ltd)生产的 IGNIS 分散状单丝纤维(d=5—30 μm),纤维用量为 1 kg/m³,总用量达到了 281 t。

此外,在正式使用前,对管片进行了火灾试验,研究爆裂发生的条件以及合理的聚丙烯纤维用量。试验最高温度为 1 100~1 200 ℃,管片预加压应力为 2.5 MPa。试验结果表明:添加聚丙烯纤维能够显著改善混凝土管片的抗爆裂性能,特别是掺加分散状单丝纤维的混凝土没有发生爆裂。

(2) 英国 Heathrow 机场隧道工程(Andrew,2004;Anon,2004)。为了提高隧道衬砌的火灾安全性,英国 Heathrow 机场隧道中使用了 85 t ADFIL 公司生产的 IGNIS 分散状单丝纤维。

(3) 耐火混凝土管片火灾试验及工程应用(Dorgarten 等,2004;Haack,2004b)

德国 HOCHTIEF 开发了一种耐火混凝土 System HOCHTIEF(2~3 kg/m³ 聚丙烯纤维和特殊骨料组成)。在德国 TU Braunschweig 对该种耐火混凝土浇筑的管片进行的火灾试验表明:在 1 200 ℃高温,持续 90 min 的情况下管片表面几乎没有爆裂(爆裂深度小于 10 mm)。目前,用该耐火混凝土制造的管片在 CTRL 穿越泰晤士河的隧道工程中进行了应用。

虽然在混凝土中掺加聚丙烯能够有效地避免混凝土的高温爆裂,但是同时也严重降低了混凝土高温后的抗渗耐久性(图 10-14、图 10-24);此外,聚丙烯纤维的造价相对较高,大量使用聚丙烯纤维会较多地增加工程造价。考虑到这一点,本章提出了在隧道衬砌内侧一定厚度掺加聚丙烯纤维的方法,并进行了火灾试验。

图 10-25、图 10-26 给出了受火侧聚丙烯纤维层厚 3 cm(P3C1,P3C2)时板内的温度分布。图 10-27 给出了通体掺聚丙烯纤维时板内的温度分布。图 10-28、图 10-29 给出了高温后板表面的爆裂情况。可以看到,只在受火面一侧 3 cm 厚混凝土内掺聚丙烯纤维(P3C1,P3C2)的方法与通体掺聚丙烯纤维(PC1,PC2)相比,二者都没有发生爆裂,都有效地防止了混凝土表面的爆裂。同时,对应于钢筋的位置(T2),只在受火面一侧 30 mm 厚混凝土掺丙烯纤维的最高温度低于 300 ℃,这对保护钢筋也是有利的。

值得注意的是,在同样的火灾场景(HC 曲线,持续 1 h)下,PC1 各点的温度都低于 PC2,特别是背火面处,二者的差别最明显。产生这种差别的原因是试验时,PC1 背火面覆盖有一定厚度的饱和泥土,而 PC2 背火面裸露在空气中。

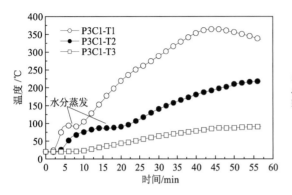

图 10-25　HC 曲线($T_{fmax}=1\ 100\ ℃$),持续 0.5 h,
板 P3C1 内的温度分布

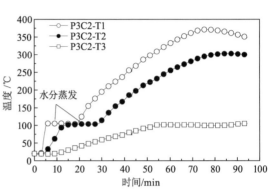

图 10-26　HC 曲线($T_{fmax}=1\ 100\ ℃$),持续 1 h,
板 P3C2 内的温度分布

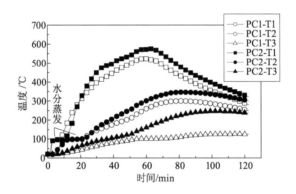

图 10-27　HC 曲线($T_{fmax}=1\ 100\ ℃$),持续 1 h,板 PC1、板 PC2 内的温度分布

图 10-28　HC 曲线($T_{fmax}=1\ 100\ ℃$),持续 0.5 h 或 1 h,板 P3C1、板 P3C2 表面的爆裂情况

图 10-29 HC 曲线($T_{fmax}=1\ 100\ ℃$)，持续 1 h，板 PC1、板 PC2 表面的爆裂情况

2. 掺加钢纤维（钢纤维＋聚丙烯纤维）的方法

与聚丙烯纤维不同，对于钢纤维抗爆裂的效果，人们的看法并不一致。有的学者认为钢纤维可以有效地抑制混凝土爆裂的发生（Both 等，2003c；郑吉诚，1986；董香军等，2005），其理由是：①钢纤维的掺入可以抑制混凝土内由于快速温度变化而产生的体积变化，从而减少了材料内部微裂缝的产生及发展，特别是长径比大、钢纤维的含量高的混凝土，不仅阻止裂缝发展的范围及能力强，而且能明显增加混凝土的抗拉能力，因此可以有效抑制爆裂的发生。②钢纤维具有良好的热传导性，其热传导系数是混凝土的 20～30 倍，因此在混凝土内分散分布的钢纤维能够减少混凝土内部由于不均匀温度而产生的热应力，减弱了混凝土的内部损伤。而有的学者则认为，由于钢纤维储存的额外应变能，会加重混凝土的爆裂（Ulm 等，1999a，b；Khoury，2003b）。

如图 10-30、图 10-31 所示，在试验中，同样是 60 kg/m³ 掺量的钢纤维混凝土板，在 HC 曲线（$T_{fmax}=1\ 100℃$）作用下，FC1 发生了严重的爆裂，爆裂深度达到了 8 mm，而 FC2 则基本没有发生爆裂。这表明，当火灾温度较高时（接近或超过钢纤维失效的温度），钢纤维抑制爆裂的性能开始变得不稳定，甚至失去了抗爆裂的能力，这主要是由于：①钢纤维-水泥胶体界面的黏结强度基本丧失。②钢纤维自身的强度丧失（图 10-32），因此，失去了抗拉及抑制裂缝发展的能力。

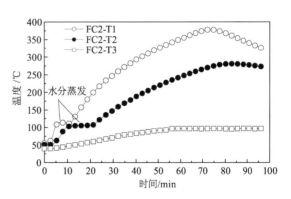

图 10-30 HC 曲线($T_{fmax}=1\ 100\ ℃$)，持续 1 h，板 FC2 内的温度分布

图 10-33—图 10-35 给出了掺钢纤维($60~\text{kg/m}^3$)和聚丙烯纤维($2~\text{kg/m}^3$)的复合纤维混凝土板在 HC 曲线($T_{\text{fmax}} = 1~100~℃$)作用下板内的温度变化及表面的爆裂情况。

图 10-31　HC 曲线($T_{\text{fmax}} = 1~100~℃$)，持续 0.5 h 或 1 h，板 FC1、板 FC2 表面的爆裂情况

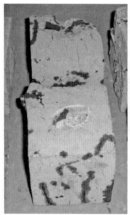

图 10-32　$T_{\text{fmax}} = 1~100~℃$ 高温后，混凝土中钢纤维融细、失效

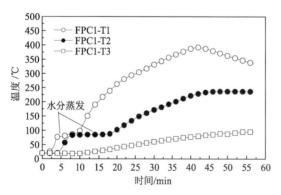
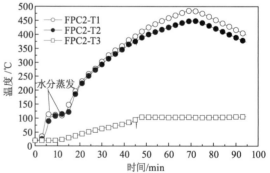

图 10-33　HC 曲线($1~100~℃$)，持续 0.5 h，板 FPC1 内的温度分布

图 10-34　HC 曲线($T_{\text{fmax}} = 1~100~℃$)，持续 1 h，板 FPC2 内的温度分布

图 10-35　HC 曲线(T_{fmax}＝1 100 ℃),持续 0.5 h 或者 1 h,板 FPC1、板 FPC2 表面的爆裂情况

可以看到由于钢纤维良好的导热性,FPC1,FPC2 各点的温度都高于掺聚丙烯纤维的板 P3C1,P3C2。但是,复合纤维的掺加却能有效避免混凝土的爆裂,即使是在 1 100 ℃ 的高温下。因此,从抗爆裂的效果及可靠性而言,掺加复合纤维要比仅掺加钢纤维好。

3.增设钢筋（钢筋网）的方法

研究表明,在衬砌受火侧增加额外的钢筋能够限制爆裂的扩展,减轻爆裂的损伤(Khoury,2000；ITA,2005)。德国 ZTV 技术标准 part5(section 2)也建议在衬砌受火侧增加额外的钢筋,以限制混凝土爆裂,确保受力主筋的温度不超过 300 ℃(Haack,2004b)。

此外,通过在受火侧布设适当的钢筋网也可以限制爆裂的发展。为了避免由于钢筋网与混凝土间的热不相容性而导致增加混凝土的爆裂,应选用较细的钢丝网。如图10-36—图 10-38 所示,在本章试验中,当靠近受火面一侧布设了细钢丝网后,尽管受火面附近的温度由于钢丝网的影响而明显升高,但是却有效地抑制了混凝土爆裂的发生和发展。其原因是:由于钢材与混凝土间热膨胀率的不一致,使得钢丝网和混凝土的界面上

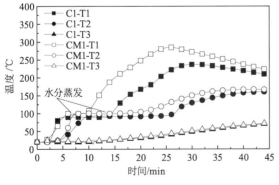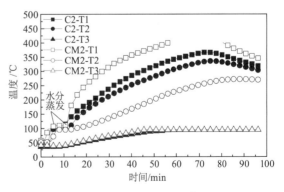

图 10-36　HC 曲线(T_{fmax}＝1 100 ℃),持续 0.5 h,　　　图 10-37　HC 曲线(T_{fmax}＝1 100 ℃),持续 1 h,
　　　　板 C1、板 CM1 内的温度分布　　　　　　　　　　　　　板 C1、板 CM1 内的温度分布

图 10-38　HC 曲线($T_{fmax}=1\,100\ ℃$),持续 0.5 h 或 1 h,板 CM1、板 CM2 表面的爆裂情况

产生裂缝,裂缝的存在有利于聚集的水汽扩散,从而可以降低混凝土内部的蒸汽压力,减弱了爆裂;此外,钢丝网的存在也在一定程度上抑制了混凝土的剥落。

4. 改善混凝土材料组成、配合比的方法

混凝土高温爆裂及力学性能的劣化除了受外部的升温速度、最高温度、荷载状况的影响,也与混凝土自身的含水量、骨料(水泥基体)特性、孔隙结构、添加料等密切相关。因此,通过优化混凝土的材料组成和配合比,能够有效地改善衬砌混凝土的抗爆裂性,并降低力学性能的劣化。

根据国内外的研究成果,能够改善混凝土抗爆裂性能及力学性能劣化的措施包括(Khoury,2000;Both 等,2003c):

1) 骨料选择方面

(1) 选用热稳定性好的骨料。相关研究成果表明,不同种类骨料的热稳定性由低到高依次为:燧石、石灰石、玄武岩、花岗岩、辉长岩。例如,花岗岩在 600 ℃时仍能够保持热稳定性。此外,轻骨料也能够改善混凝土的抗爆裂性能。

(2) 选用热膨胀小的骨料,以减弱骨料与水泥基体间的热不相容性。

(3) 选用表面粗糙、多棱角的骨料,以提高骨料与水泥基体间的结合力。

(4) 选用含活性硅的骨料,以改善骨料与水泥基体间的化学黏结力。

(5) 减小骨料的尺寸。

2) 水泥拌合料方面

因为 $Ca(OH)_2$ 在温度超过 400 ℃后会分解成 CaO 和 CO_2,而 CaO 再水化时体积会膨胀,因此应降低水泥凝胶中的 C/S(CaO/SiO_2)比,这可通过在水泥拌合料中添加炉渣、硅灰等来实现。

这些措施虽然能够避免混凝土的高温爆裂,但是无法有效隔绝(减弱)热量向隧道衬砌的传递,由于衬砌结构是一个超静定体系,不均匀温度分布导致的截面应力和内力重分布引起的附加变形仍然很严重,会对衬砌结构体系产生不利影响。

10.2.4 其他方法

除了上述各方法,也可通过增大截面尺寸(包括增加钢筋保护层厚度、施加二衬等)的方法来提高隧道衬砌结构的耐火能力(包括抗爆裂及承载力)。

根据对梁、柱的研究成果:当温度达到 400 ℃ 以后,保护层厚度较大(≥20 mm)的试件变形明显小于保护层厚度较小(10 mm)的试件,因此,适当加大保护层厚度可以提高钢筋混凝土梁的耐火性能(时旭东和过镇海,1996)。查晓雄和钟善桐(2002)通过对不同保护层厚度、不同截面尺寸柱的数值计算表明:增加截面尺寸和保护层厚度能够有效提高钢筋混凝土柱的防火承载力。

但是,需要注意的是,上述结论是在不考虑混凝土爆裂的情况下得出的。实际上,由于爆裂会不断地持续下去,因此在设计时并不能预测到实际的爆裂深度。这样,即使加大了截面尺寸或者增加了保护层的厚度,由于混凝土不断爆裂仍可能会使钢筋暴露在火灾高温中,导致结构失效。

10.3 抗爆裂复合耐火管片设计

通过对各种耐火方法的研究分析和试验,可以认为对于隧道衬砌结构而言,实用且可靠的耐火方法主要是:①防火板、防火喷涂料等隔热防护的方法;②掺加聚丙烯纤维抗爆裂的方法。为了能够克服防火板、防火喷涂料的不足,同时避免通体掺加聚丙烯纤维而带来的造价上的较多增加和对抗渗耐久性的明显劣化,根据板耐火试验的成果,针对盾构隧道,提出了一种具有较高耐火性能且经济的隧道管片,称为抗爆裂复合耐火管片,该管片的特点是只在受火侧一定厚度内掺加聚丙烯纤维。

10.3.1 抗爆裂复合耐火管片的构成及抗爆裂机理

如图 10-39—图 10-40 所示,抗爆裂复合耐火管片(以下简称"耐火管片")总体上由内层的聚丙烯纤维混凝土层(以下简称"PC 层")和外层普通混凝土层(以下简称"RC 层")组合而成,PC 层的主要作用是保护管片避免混凝土高温爆裂,同时与 RC 层一起承受外荷载的作用。

本耐火管片的详细构造如图 10-41 所示,其各组成部分的详细情况如下所述。

1. 外层普通混凝土层(RC 层)

RC 层混凝土与普通管片相同。从提高衬砌结构的耐火性考虑,RC 层混凝土也可以选用粒径较小(≤25 mm)、表面粗糙、热膨胀率低、热稳定性好的骨料。

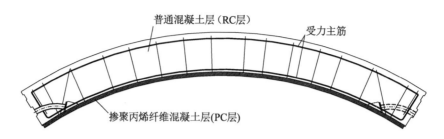

图 10-39　耐火管片总体构成示意图

2. 掺聚丙烯纤维的内层混凝土层（PC 层）

PC 层混凝土同 RC 层，区别在于：掺加了 2 kg/m³的聚丙烯纤维，骨料粒径较小（≤25 mm）。

为了增强 PC 层抗爆裂性能，所掺的聚丙烯应选用长细比大、

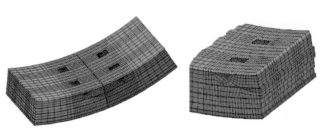

图 10-40　耐火管片效果图

长度长的分散状单丝纤维，并被搅拌均匀，使纤维均匀分散在混凝土中。

同时，为了确保 RC 层与 PC 层的结合紧密，在 PC 层设置了由较细（直径 1.5 mm）的镀锌钢丝（或不锈钢丝）构成的钢丝网（SM），并在钢丝网上设置了弯钩钢丝，如图 10-41 所示。钢丝网在 PC 层中的位置 d_m 根据 PC 层的厚度确定[式（10-3）]。钢丝网网格的尺寸 D_m 根据骨料的最大粒径 d_{max} 确定[式（10-4）]（ d_{max} 一般在 20～25 mm，钢丝网格尺寸可选为 50 mm×50 mm）。弯钩钢丝的长度 L_m 根据钢丝网的位置 d_m 、管片的混凝土保护层 a 和内侧受力主筋的直径 d_s 确定[式（10-5）]。

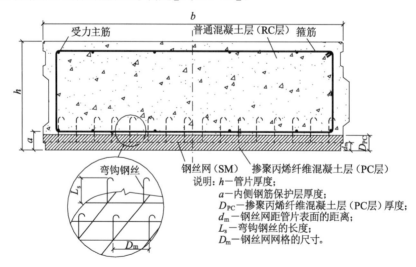

说明：h—管片厚度；
　　　a—内侧钢筋保护层厚度；
　　　D_{PC}—掺聚丙烯纤维混凝土层（PC 层）厚度；
　　　d_m—钢丝网距管片表面的距离；
　　　L_s—弯钩钢丝的长度；
　　　D_m—钢丝网网格的尺寸。

图 10-41　耐火管片详细构造

$$d_{\mathrm{m}} = D_{\mathrm{PC}}/2 \tag{10-3}$$

$$D_{\mathrm{m}} > 2d_{\max} \tag{10-4}$$

$$L_{\mathrm{s}} \geqslant (a - d_{\mathrm{m}}) + 3d_{\mathrm{s}} \tag{10-5}$$

3. 抗爆裂复合耐火管片手孔、接头的处理方法

为了提高衬砌结构的整体耐火性,本耐火管片对手孔、接头通过填充钢纤维＋聚丙烯纤维混凝土的方法来进行保护,如图 10-42 所示。

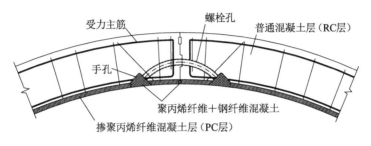

图 10-42　手孔及接头的保护方式

4. PC 层厚度的确定原则和方法

本耐火管片 PC 层的厚度 D_{PC} 根据管片内层钢筋保护层厚度 a、设计火灾场景(最高温度、持续时间)、混凝土发生爆裂的时间和温度确定:

(1) PC 层厚度 $D_{\mathrm{PC1}} < a$,避免 RC-PC 界面位于内侧受力主筋处。

(2) 研究表明,混凝土爆裂一般发生在起火后的 20 min 内,且发生的温度大致在 250～420 ℃(Hertz,2003;Khoury,2000)。因此,偏于安全考虑,PC 层的厚度 D_{PC2} 应使得 RC-PC 界面处的混凝土温度在爆裂发生的时间范围内(<30 min),小于爆裂发生的温度(250～420 ℃)。

考虑到隧道衬砌厚度一般都在 20 cm 以上,且衬砌混凝土导热缓慢,在火灾开始的 30 min 升温时间内,热烟气流的影响范围尚局限于衬砌表面,一般不会超出衬砌的厚度范围,则从传热的角度,可以将隧道衬砌视为半无限大的物体,利用半无限大物体的瞬态导热理论进行 D_{PC2} 的求解(图 10-64)。当然,如果计算结果表明热烟气流的影响范围超出了衬砌的厚度,则需要考虑衬砌周围岩土体的影响,重新计算(图 10-43)。

隧道火灾的一个显著特点是升温速度快,在较短的时间内就可以上升到最高温度,然后以最高温度持续较长的时间;此外,混凝土属于热惰性材料,升温缓慢。考虑到这两方面的原因,在升温及恒温段($0 \leqslant t \leqslant t_{\mathrm{d}}$),本章采用等效升温曲线来代替设计火灾曲

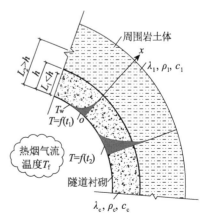

图 10-43　计算模型

线——不考虑设计曲线快速升温的过程，通过对火灾持续时间 t_d 进行折减来考虑其影响，如图 10-44 所示。根据第 2 章给出的隧道火灾场景统一公式(10-6)，则折减后的火灾持续时间 t'_d 可通过式(10-7)求得：

$$T_f = T_{0f} + k_1 k_2 k_3 A(1 - 0.325e^{\alpha t} - 0.675e^{\beta t}) \quad (0 \leqslant t \leqslant t_d) \tag{10-6}$$

$$t'_d = \frac{\int_0^{t_d} [T_{0f} + k_1 k_2 k_3 A(1 - 0.325e^{\alpha t} - 0.675e^{\beta t})]dt}{T_{0f} + k_1 k_2 k_3 A}$$

$$= t_d + \frac{0.325\beta k_1 k_2 k_3 A(1 - e^{\alpha t_d}) + 0.675\alpha k_1 k_2 k_3 A(1 - e^{\beta t_d})}{\alpha\beta(T_{0f} + k_1 k_2 k_3 A)} \tag{10-7}$$

式中各参数含义见"第 2 章 2.3 节"。

同时，根据火灾试验和数值分析表明，火灾中，隧道衬砌表面的温度随着热烟气流温度的升高而逐渐升高，但二者的差值随着时间的推移而逐渐减小，特别是达到最高温度后[图 10-30(a)]。根据这一特点，本章偏安全考虑，将衬砌表面的温度统一设定为低于热烟气流温度 50 ℃，这样将衬砌受火表面从第三类边界条件简化为了第一类边界条件。

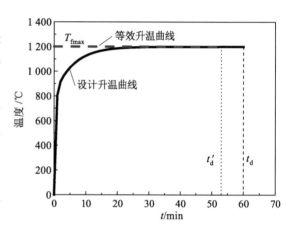

图 10-44 等效升温曲线

根据半无限大物体的瞬态导热理论（章熙民等，2001），在不考虑混凝土热工参数变化的条件下，衬砌混凝土的导热方程及单值性条件可表示为

$$\frac{\partial T}{\partial t} = \frac{\lambda}{\rho c}\frac{\partial^2 T}{\partial x^2} \tag{10-8}$$

$$\begin{cases} t = 0, \ T(x,0) = T_0 \\ x = 0, \ T(0,t) = T_w \\ x = h, \ T(h,t) = T_0 \end{cases} \tag{10-9}$$

求解式(10-8)、式(10-9)可得任意时刻衬砌内的温度分布为

$$T(x,t) = T_w - (T_w - T_0)\mathrm{erf}\left(\frac{x}{2\sqrt{\lambda t/\rho c}}\right)$$

$$= T_w - (T_w - T_0)\frac{2}{\sqrt{\pi}}\int_0^{\frac{x}{2\sqrt{\lambda t/\rho c}}} e^{-\left(\frac{x}{2\sqrt{\lambda t/\rho c}}\right)^2} \, d\left(\frac{x}{2\sqrt{\lambda t/\rho c}}\right) \tag{10-10}$$

式中　$erf\left(\dfrac{x}{2\sqrt{\lambda t/\rho c}}\right)$——高斯误差函数;

　　　T_0——衬砌初始温度,取为 20 ℃;

　　　T_w——衬砌受火表面的温度,根据设定火灾场景的热烟气流温度 T_f 确定,$T_w = T_{fmax} - 50$;

　　　h——衬砌厚度,m;

　　　$\lambda/\rho c$——衬砌混凝土的导温系数,取导热系数 λ 为 1.0 W/(m·K),比热容 c 为 1 000 J/(kg·K),密度 ρ 为 2 400 kg/m³,则导温系数为 4.2×10^{-7} m²/s。

　　根据混凝土爆裂的温度范围,表 10-3 给出了不同火灾场景(即不同 T_{fmax}),不同混凝土爆裂时间下,要求的 PC 层厚度 D_{PC2}。可见即使在 $T_{fmax} = 1\ 400$ ℃的条件下,火灾后 30 min 时热烟气流的影响范围也仅仅达到 10 cm 左右,这表明采用半无限大物体的导热理论进行分析是合理的。此外,值得注意的是,在 D_{PC2} 的确定过程中,衬砌内的温度分布没有考虑混凝土初始段由于水分蒸发而形成的温度平台,因此,通过图 10-45、图 10-46 确定的 D_{PC2} 偏大,据此而设计的管片在实际火灾场景中将偏于安全。

表 10-3　不同火灾场景、不同计算时间下 PC 层的厚度 D_{PC2}/mm

时间 /min	T_{fmax} /℃				
	600	800	1 000	1 200	1 400
15	9~22	17~28	22~32	26~35	29~38
20	10~25	19~32	25~37	30~40	33~44
25	12~28	21~36	28~41	33~46	37~49
30	12~30	24~40	31~45	36~50	40~53

注:表中 PC 层厚度小值对应于爆裂温度的上限(420 ℃);大值对应于爆裂温度的下限(250 ℃)。

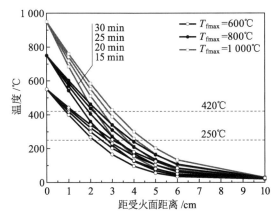

图 10-45　不同火灾场景下衬砌内的温度分布

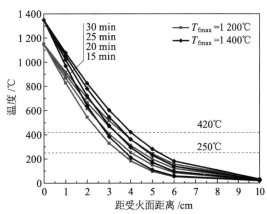

图 10-46　不同火灾场景下衬砌内的温度分布

当确定了 D_{PC1}，D_{PC2} 后，则 PC 层的厚度 D_{PC} 可根据式(10-11)最终确定：

$$D_{PC} = \min\{D_{PC1}, D_{PC2}\} \qquad (10\text{-}11)$$

5. 抗爆裂复合耐火管片耐火抗爆裂的机理

本耐火管片包含了前述几种提高衬砌混凝土耐火性能的方法，其耐火抗爆裂的机理在于：

(1) 掺入聚丙烯纤维的 PC 层和安设在 PC 层中的细钢丝网能够有效抑制混凝土的爆裂。同时，由于避免了混凝土的爆裂，间接为内侧受力主筋提供了足够的隔热层。

(2) 聚丙烯纤维的掺入对混凝土高温时(高温后)的力学性能影响相对较小(Chan 等，2000；赵莉弘等，2003)，因此，从力学性能角度考虑，PC 层与 RC 层一样都可以有效承担外荷载的作用(图 10-47)。

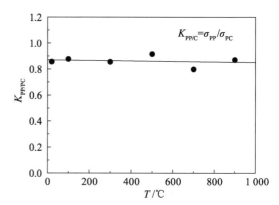

图 10-47 高温后聚丙烯纤维混凝土单轴抗压强度与普通混凝土单轴抗压强度之比

(3) 细弯钩钢丝和钢丝网一起增强了 PC 层、RC 层间的结合力。

(4) 由于只在 PC 层掺有聚丙烯纤维，因此，抗渗耐久性的降低远小于通体掺加聚丙烯纤维的方法，其降低的程度与普通混凝土管片相近。

6. 抗爆裂复合耐火管片的制作过程

本耐火管片的制作过程与常规钢筋混凝土管片基本一致，主要的不同在于：

(1) 混凝土的供料：除了需要供应普通混凝土，同时需要供应掺有聚丙烯纤维的混凝土。

(2) 当钢模表面喷刷完脱模剂后，需先将预先制作好的钢丝网(弯钩钢丝)通过隔离器(包括后续钢筋骨架的隔离器)安装于钢模内的设计位置；然后，采用相应的喷射混凝土设备将掺有聚丙烯纤维的混凝土在钢模内喷射成设计厚度的喷混凝土层。

10.3.2 抗爆裂复合耐火管片的技术经济评价及应用前景

本耐火管片与采用防火板(防火喷涂料)防护、通体掺聚丙烯纤维防护相比，具有如下优点：

(1) 常温下，由于聚丙烯纤维的掺加，提高了混凝土的密实性和抗裂能力，使得对内侧钢筋的保护作用增强。

(2) 与通体掺加聚丙烯纤维相比，本耐火管片不仅可以抑制混凝土爆裂的发生，同时，由于是局部掺加纤维,不会明显降低高温后衬砌结构的抗渗耐久性。

（3）与安装防火板和防火喷涂料相比,本耐火管片 PC 层除了作为耐火层外,同时与 RC 层一起承担外荷载,因此无需增厚衬砌,进而无需增加隧道开挖断面。

（4）防火板和防火喷涂料安装（喷涂）增加了工程施工时间,而本耐火管片的拼装与普通管片一样,无需增加额外施工时间。

（5）与安装防火板和防火喷涂料相比,本耐火管片进行风机、信号设施、交通灯、监控设备等的安装非常方便。

（6）与安装防火板和防火喷涂料相比,本耐火管片可以满足工程全生命的要求,无需中途更新。

（7）本耐火管片提供了从施工到运营全程的耐火抗爆裂能力。

（8）与安装防火板和防火喷涂料相比,本耐火管片火灾高温时不会产生大量的有毒有害气体,不会影响人员的逃生和消防灭火活动。

（9）与安装防火板和防火喷涂料相比,本耐火管片受车辆废气、活塞风、振动、清洗等的影响较小,同时,也不影响对隧道表面状况的检查和修复。

（10）与通体掺加聚丙烯纤维相比,本耐火管片由于只在 PC 层内使用聚丙烯纤维,因此用量较少,造价上不会增加太多,性价比高。

本耐火管片与普通钢筋混凝土管片相比,只是在制作程序上有所改变,而设计、拼装则与普通钢筋混凝土管片相同,因此,可以方便应用到地铁、越江隧道等盾构隧道工程中。

10.4 自抗火混凝土管片

借鉴微胶囊自修复混凝土的概念（White 等,2001;Yang 等,2011）,提出了微胶囊自抗火隧道衬砌新方法,在不增大衬砌结构厚度、不降低结构性能的条件下实现隧道衬砌结构全生命期的自主抗火。

（1）常温下,由于混杂纤维的增强作用（Chiaia 等,2009）,抵消由于掺入胶囊而引起的混凝土性能下降,使得无需增加衬砌结构厚度,内层与外层可一起承担水土压力外荷载,实现衬砌结构防火与承载功能的协同。

（2）火灾工况下,一方面,混杂纤维的掺加避免了内层混凝土爆裂和剥落,同时,融熔后的聚丙烯在内层混凝土中形成了不同尺度网状的通道;另一方面,由于高温的触发,微胶囊外壳在高温下熔化破裂,其内部填充的发泡阻燃剂膨胀发泡（吸热耗能）填充内层混凝土中的网状通道及热致裂缝,并沿其渗出在衬砌内层表面形成有封闭结构和良好的隔热性的表面泡沫隔热屏障。而内层受损但未爆裂剥落的混凝土连通填充其间的防火泡沫构成了另一道具有隔热和一定承载能力的屏障,二者的共同作用形成的复合隔热屏障,实现结构的自抗火。而外层混凝土在内层混凝土的保护下承受主要的荷载。

与现有方法相比,在不增大衬砌结构厚度、不降低结构强度和刚度的条件下,使隧道衬砌结构自动、自主抗火,隔热、耗能、防爆裂、全生命期,受损层可控。本耐火管片提供了从施工到运营全程的耐火抗爆裂能力。

10.4.1 自抗火微胶囊的制备与表征

1. 自抗火微胶囊的加工方法

自抗火微胶囊采用的膨胀型阻燃剂为三聚氰胺、聚磷酸铵和季戊四醇,将三种组分 2:2:1 的质量比例混合均匀,辅以一定量的硬脂酸作为润滑剂,并以聚乙烯作为基底成分,与膨胀型阻燃剂在高速搅拌机中混合均匀。试验中采用的聚乙烯原料为注塑级,熔融指数为 22;膨胀型阻燃剂的原材料均为工业级,纯度超过 99%,可以满足实验要求。自抗火微胶囊的成型过程是在同济大学注塑成型实验室的同向双螺杆挤出机(最大挤出压力 300 Bar,最高加热温度 300℃,)上完成的。首先设置各温度区的加工温度,再用聚乙烯洗料至挤出成分无杂质;然后在投料口加入混合好的阻燃聚合物原料,通过双螺杆挤出机进一步搅拌并熔融、挤出成丝状;最后经过冷水池成型,并用切粒机将阻燃聚合物切割成标准长度。自抗火微胶囊的加工过程如图 10-48 所示。最终加工成型的两种产状的自抗火微胶囊,其中纤维状聚合物单丝长度为 10~15 mm,横截面直径为 0.8~1.0 mm;颗粒状聚合物横截面直径为 1.0~2.0 mm。

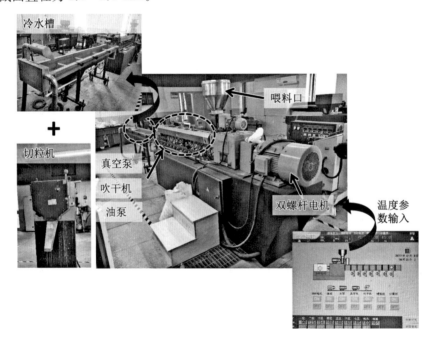

图 10-48 注塑成型法制备自抗火微胶囊的流程

2. 自抗火微胶囊的高温特性分析

为了表征自抗火微胶囊在高温下的吸放热反应特征,采用热重分析法(TG)和差示扫描量热法(DSC)进行相关的热分析测试。两种测试均在热重热焓分析仪(STA)上开展,测试的气氛为纯氮气,温度区间为 20~1 000 ℃,升温速度为 10 ℃/min,所用测试坩埚为氧化铝坩埚(最高测试温度为 1 650 ℃)。此外,为了探究聚合物材料在高温下发泡反应过程及其相关产物,还利用傅立叶变换红外吸收光谱仪(FTIR)开展了高温下红外光谱分析测试。

从热重分析曲线可以看出,随着温度的升高,自抗火微胶囊经历了两个明显的失重过程,分别发生在 150~350℃ 和 350~600℃ 这两个温度区间内,如图 10-49 和图10-50 所示。类似地,在差示扫描量热曲线中,也显示了两个典型的吸放热峰,且两个吸放热过程发生的温度区间与热重分析的结果基本重合。

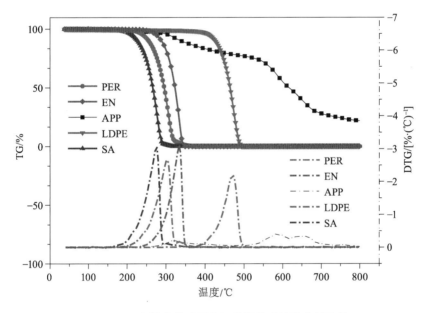

图 10-49　自抗火微胶囊各组分的热重热焓分析结果

其中,在 200 ℃附近的吸放热过程为阻燃聚合物中聚乙烯的相变过程,由于聚乙烯的熔点较低,再升温过程中首先熔化,并释放其内包裹的膨胀型阻燃剂;随着温度的进一步升高,在 400~600 ℃ 这个温度区间,由三聚氰胺、聚磷酸铵和季戊四醇组成的膨胀型阻燃剂发生一系列的链式反应,先后经历熔融、聚合和发泡等过程,体现明显的失重过程和典型的吸放热变化,并伴随着聚合物体积的膨胀;最后,当温度达到 700 ℃时,聚合物体系完全炭化,伴随着轻微的失重现象,并最终形成蜂窝状的炭化结构。

3. 自抗火微胶囊的阻燃机理

在热重热焓分析结果的基础上,通过不同温度下自抗火微胶囊的红外光谱分析,进一

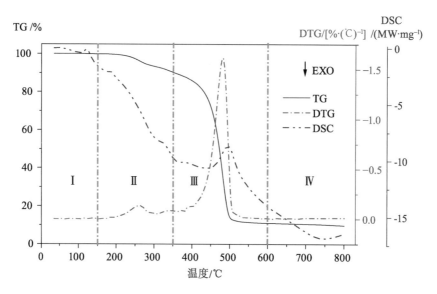

图 10-50 自抗火微胶囊的热重热焓分析结果

步表征了链式发泡反应的相关官能团和特征产物,如图 10-51 所示。在 100～400 ℃的光谱图中,频谱分布于 2 750～3 000 cm^{-1}的 C—H 吸收峰最显著,这是由于季戊四醇在聚合反应中形成的大量环状结构造成的,图 10-52 给出了膨胀型阻燃剂在发泡过程中的链式反应过程。当温度达到 800 ℃时该特征峰消失,证明聚合物已经完全炭化,C—H 键已经断裂。另一个较为显著的吸收峰群出现在频谱为 1 500 cm^{-1}附近,主要表征了 C=C 和 C=N 两个官能团,且该特征峰群在整个测试温度区间持续显现,前者主要体现的是季戊四醇及其发泡环状产物的特征官能团,后者体现了三聚氰胺发泡产物的特征官能团。

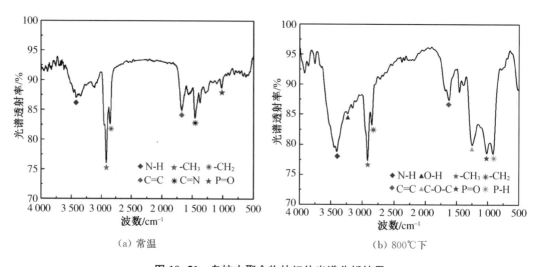

图 10-51 自抗火聚合物的红外光谱分析结果

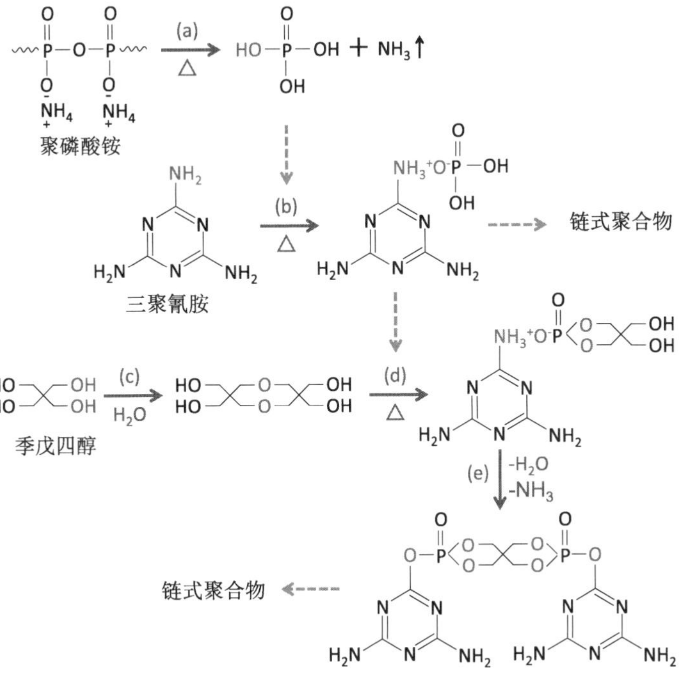

图 10-52　膨胀型阻燃剂在发泡过程中的链式反应过程示意图

此外,频谱在 3 400 cm^{-1} 的吸收峰也与三聚氰胺和聚磷酸铵共同的特征官能团 N—H 相对应,氨基数量的增加也会促进二者的聚合反应向着正向进行。特别地,在发泡反应的过程中,聚磷酸铵分解产生的磷酸是其余两种组分的聚合反应发生必要条件,且三聚氰胺自身的 C=N 环以及季戊四醇反应生成的 C=C 环都对于形成链式聚合物结构也有相互促进作用,这也会提升聚合物体系的发泡效果。

10.4.2　微胶囊自抗火混凝土的作用机理及传热特性

1. 微胶囊自抗火混凝土的作用机理

在正常工作状态下,普通混凝土层和自抗火混凝土层共同承受外部荷载和结构自重,借助高强纤维的增强作用,弥补了由于自抗火微胶囊的掺入而引起的混凝土结构性能下降,实现了结构抗火与承载的协同作用,如图 10-53 所示。

在发生火灾时,微胶囊自抗火混凝土对高温的响应可以划分为四个阶段:

(1) 自抗火微胶囊熔化(吸热)。在火灾的初期(<200 ℃),由于聚磷酸铵、三聚氰胺和季戊四醇的熔点都在 150~250 ℃,自抗火微胶囊熔化,吸收大量热量,并随着聚磷酸铵—三聚氰胺—季戊四醇组成的发泡体系发生复杂理化反应,产生一定量的氨气和二氧化碳,起到一定的阻燃效果。

(2) 纤维孔道贯通(散热)。随着自抗火微胶囊的进一步发泡和炭化,发泡产物(泡沫

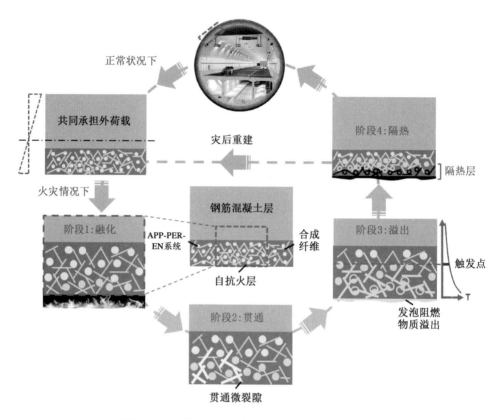

图 10-53　微胶囊自抗火混凝土的作用机理示意图

状阻燃成分和氨气等气体成分)不断堆积产生较大的驱动力,使得微胶囊在自抗火混凝土保护层中的孔道相互贯通,形成网状的纤维通路(散热路径),并产生大量的微裂隙,进一步增加自抗火混凝土保护层的导热率。

(3) 阻燃材料溢出(隔热)。当温度达到 400 ℃以上,自抗火微胶囊在高温的触发下开始剧烈的发泡,产生大量的泡沫状阻燃材料,填充由于纤维贯通形成的孔道和混凝土结构中的微小裂隙,并沿着纤维孔道溢出至自抗火混凝土层表面(受火面),起到一定的隔热效果。

(4) 隔热层的形成(隔热)。随着自抗火微胶囊发泡产生的阻燃材料不断溢出,在自抗火混凝土层表面形成具有一定厚度的隔热层,并在高温的作用下发生炭化,形成充填有阻燃物质的蜂窝状多孔介质结构,确保混凝土主体结构仍具有较好的受力性能,实现主动式抗火。

在发生火灾后,可以通过牺牲自抗火混凝土保护层的方式,将普通层外的部分去除,并重新喷射含有自抗火微胶囊和增强纤维的混凝土保护层,实现地下隧道衬砌结构火灾后的重建,有效保护了衬砌主体受力结构的受力性能,并减少了地下结构火灾后重建的成本。

2. 微胶囊自抗火混凝土的传热特性

试验中浇筑了 300 mm×200 mm×100 mm(长×宽×高)的水泥基复合板,其中普通混凝土层厚度为 70 mm,掺有阻燃聚乙烯的自抗火层厚度为 30 mm,两层的水泥基体配合比相同。其中,水泥采用标号为 32.5 的普通硅酸盐水泥;河砂的表观密度为 2.62 g/cm³,细度模数为 2.37;石子的表观密度为 2.78 g/cm³,粒径尺寸分布满足 5~26 mm 连续级配;水灰比为 0.50,每个试件的详细配合比情况如表 10-5 所示。为了探究不同产状自抗火聚合物材料的防火阻燃性能,每个试块中的阻燃聚合物掺量均为在确保水泥基材料和易性条件下的最大值(根据现场试验得出)。浇筑时采用分层浇筑的方法,先浇筑自抗火层并在震动台上振捣密实,待其初凝后再浇筑普通混凝土层,完成浇筑后 24 小时脱模,水养 28 天后开展高温试验。值得注意的是,为了便于后续单面受火试验中复合层交界面处的温度传感器的布设,浇筑普通混凝土层过程中,在试件中央预埋了直径为 6 mm 的细钢筋(埋置深度为 70 mm),并于试件脱模后移除。

表 10-5 试件基本配比参数

试件	试件尺寸(l×w×h)/(mm×mm×mm)		混凝土层配合比	自抗火层掺量/(kg·m⁻³)	
	普通混凝土层	自抗火层		纤维状	颗粒状
CC	300×200×100	无	水泥/水/砂/粗骨料 =1:0.5:2.5:2.3	无	无
FC	300×200×70	300×200×30		2.0	无
PC	300×200×70	300×200×30		无	4.0
PF	300×200×70	300×200×30		1.0	2.0

单面受火试验在燃气式高温炉(最高加热温度为 1 200℃,炉嘴尺寸为 600 mm×400 mm)上开展,试验采用明火作为火源,燃料气体为甲烷。试验时,将 4 块水泥基复合板按照 2×2 阵列布置覆盖燃气炉的炉嘴,使得自抗火层表面暴露在炉内高温环境中,而普通混凝土层暴露在室温环境下,以实现模拟实际结构火灾工况下的真实温度响应。此外,为减少加热过程中的热量损失,水泥基复合板材与炉壁之间的缝隙用耐火棉毡填实。燃气炉的升温曲线采用修正 H-C 曲线,其表达式为

$$T_{\text{standard}} = A \cdot (1 - 0.325 \, e^{\alpha t} - 0.675 \, e^{\beta t}) \tag{10-12}$$

$$T = T_{\text{standard}} + 20 \tag{10-13}$$

式中 T_{standard}——在 t 时刻基准曲线代表的温度,℃;

T——在 t 时刻可能的最高温度,℃;

A,α,β——形状参数,取值分别为 780、-0.16 和 -1.1;

t——火灾持续时间,min。

设定炉内目标温度为 800℃,升温基准时间为 100 min,最大升温速度为 227.3℃/min。

试验时,通过预留的温度测试点,用多个 K 型热电偶传感器监测试件的受火面(自抗火层表面)、两层交界面以及普通混凝土层表面的温度变化,并用 data Taker 数据采集模块记录和存储温度数据,如图 10-54 所示。此外,在热电偶传感器与温度测点之间还辅以适量的铜粉,以确保温度监测数据的可靠性。

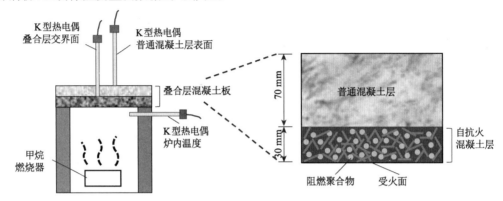

图 10-54　单面高温试验的整体布设情况示意图

图 10-55 给出了不同试件在两层交界面位置处温度变化的对比情况。由普通混凝土试件(CC)在两层交界面的升温曲线可以看出,混凝土板材在单面受火条件下的升温情况可以分为如下几个阶段:当交界面温度低于 100 ℃时,升温速度较为平稳,且呈现接近线性增长的模式;当交界面达到 100 ℃时,出现 20 min 左右的温度"平台",即温度不随时间继续增长,这种现象主要是混凝土材料空隙内部的自由水,在 100 ℃左右因气化而吸收大量热量导致的;当交界面温度继续增长后,则呈现升温速度快速上升的模式,这极易造成混凝土内部产生不均匀热应力,并造成材料内部产生裂隙或者发生爆裂性剥落。

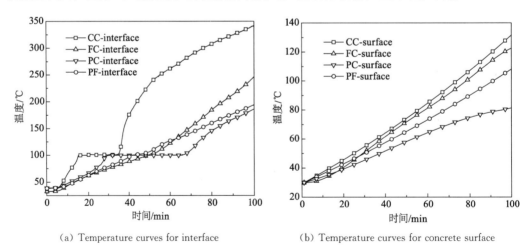

(a) Temperature curves for interface　　　(b) Temperature curves for concrete surface

图 10-55　试件不同位置的升温曲线

相比之下,掺加了自抗火微胶囊的水泥基复合板的温度场分布则有明显的改善。其中,对于仅掺加纤维状聚合物的试件来讲,虽然在其交界面升温曲线中没有明显的温度"平台",但是其升温速度却明显放缓,特别是在温度低于100℃时该现象尤为明显,且单面高温试验结束时,FC试件交界面出的温度也比CC试件降低了超过60 ℃。这一现象归因于纤维状聚合物材料在高温下的熔化,给自由水相变过程提供了新的热交换路径,使得自由水的蒸发在升温过程中以较为平稳的速度发生,同时由于自由水的相变过程吸收热量,结构的升温速度也降低。

对于仅掺加颗粒状聚合物的试件(PC)来讲,虽然在温度低于100℃时其交界面升温速度比FC试件快,但升温曲线中的温度"平台"得到显著的延长(约40 min),且试验结束时交界面处的温度也为所有试件中的最低。这种现象的发生要考虑受到颗粒状聚合物产状的影响,PC试件中的聚合物产量为多,因聚合物发泡过程相互促进,产生的蜂窝状结构展现了良好的降温阻燃效果。同时掺加了两种产状自抗火聚合物的试件(PF)则兼具二者的特点,其交界面升温曲线在保留了温度"平台"的情况下,且在温度低于100℃时依然有较低的升温速度。如图10-55(b)所示,从暴露在室温环境下的普通混凝土层表面监测的温度曲线来看,不同试件的升温模式大致相同,均为接近线性的稳定增长。但是,掺加了聚合物的试件依然体现了一定的降温效果,特别是PF试件在试验结束时混凝土表面的温度相比CC试件降低了超过40 ℃。

如图10-56和图10-57所示,受火面在高温试验后的宏观现象则更为直观地体现出阻燃聚合物材料的抗火效果。普通混凝土试件的受火面产生了大量的裂缝,且在试件局部发生了爆裂性剥落,受火面呈现灰黑色,试件的结构性能已经严重下降;而掺加了颗粒状阻燃聚合物试件的受火面,则被大量溢出的阻燃发泡材料覆盖[图10-56(b)中白色区域],覆盖面积几乎蔓延至整个受火面,且试件表面较为完整,无明显的裂缝产生,也无明显的颜色变化,试件仍具有较好的结构性能。

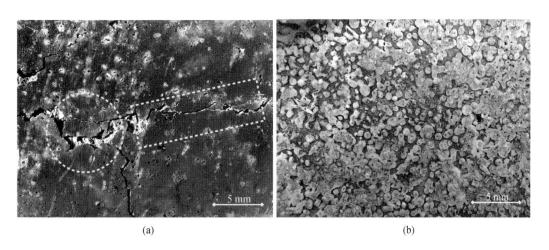

(a)　　　　　　　　　　　　　(b)

图10-56　单面高温试验后试件的受火面实物图

图 10-57　单面高温试验后试件的微观图像

　　结合以上细观的聚合物高温性能的分析以及宏观的单面受火试验分析,以同时掺有多种产状(纤维状和颗粒状)自抗火微胶囊的试件(PF)为例,对阻燃聚合物的作用机理进行阐释:当温度低于 100 ℃时,主要是水泥基材料孔隙内部的自由水和少量结合水气化,吸收一定的热量。随着温度升高,阻燃聚合物中的聚乙烯开始吸热熔化(120～140 ℃)并释放期内包裹的三聚氰胺、聚磷酸铵和季戊四醇等膨胀型阻燃剂,在吸收热量的同时,由于阻燃聚合物和水泥基材料热膨胀系数的差异,纤维状阻燃聚合物的熔化还会形成一些相互贯通的网状热交换通道。当温度进一步升高,膨胀型阻燃剂发生一系列的链式聚合反应,特别是颗粒状阻燃聚合物会产生大量的阻燃膨胀发泡产物,这些产物不断积聚可以填充水泥基材料内的孔隙,阻碍热量以热传导和热对流的方式进一步向结构内部传递。随着发泡反应的持续进行,结构内部孔隙压力不断增加,这也给发泡产物沿着网状通道溢出提供了动力。最终,阻燃发泡产物会逐渐覆盖结构受火面,并在结构表面形成蜂窝状的隔热层。

　　此外,阻燃剂聚合物改性的水泥基材料会存在一定的强度损失,但这种损失会随着温度的增加而逐渐减小。在实际应用的过程中,可以考虑将阻燃聚合物应用于混凝土结构的保护层中,或通过掺加适量的增强纤维(如:钢纤维和玄武岩纤维等)弥补强度损失,使其在正常状态下与结构主体部分共同承担外加荷载。在火灾状况下,自抗火层可以通过阻燃聚合物熔化过程的吸热、发泡产物的阻燃和炭化蜂窝状结构的隔热等多种方式的共同作用,降低火灾下主体结构性能的损失。此外,通过在膨胀阻燃剂中添加高强无机成分

（如：二氧化硅和氢氧化镁等），增加阻燃聚合物的强度，也是减小强度损失的途径之一。

10.5 隧道衬砌结构耐火性能试验方法

10.5.1 隧道衬砌结构耐火性能的含义

隧道防火是一项系统工程，其中衬砌结构防火属于被动防火的范畴。隧道衬砌结构防火的目标是：

（1）避免衬砌结构的失稳或垮塌，确保火灾时的人员逃生及救援工作能够安全开展（ITA，2005）。

（2）避免衬砌结构丧失对水压力的防渗能力。

（3）避免衬砌结构产生不可接受的临时（永久）变形，确保临近隧道的地上、地下结构物的安全。

（4）保持火灾对衬砌结构的损伤在一个可接受的范围内，以利于灾后的修复。

为了分析评价设计的衬砌结构能否满足上述防火目标，需要对衬砌结构进行耐火性能试验。而目前国内外尚没有完整进行隧道衬砌结构耐火性能试验的方法。已有的试验方法或者是仅局限于对衬砌结构抗爆裂性能的试验；或者是对防护材料进行试验（如那些基于限制混凝土表面、钢筋处温度的方法），而非对衬砌结构本身耐火性能的试验。

针对这种情况，基于性能化防火设计的思想和开展的衬砌构件、衬砌结构体系试验的实践经验，初步建立了隧道衬砌结构耐火性能的试验方法，其特点是：

（1）根据隧道实际情形确定试验使用的火灾场景，而非套用标准曲线。

（2）根据隧道火灾的特点以及衬砌结构的防火目标，定义了完整的耐火性能表征量：承载力、变形特性、爆裂损伤、抗渗耐久性及隔热性能。

（3）试验过程模拟了与隧道衬砌结构实际条件一致的热、位移、荷载边界。

（4）基于全过程的思想，耐火性能试验涵盖了火灾高温时、降温阶段以及高温后对衬砌结构耐火性能的评价。

（5）试验结果不是给出衬砌结构的耐火时间，而是对衬砌结构的耐火性能能否满足设计要求进行评判。在本试验方法中，隧道衬砌结构的耐火性能满足要求的含义是指：在设计的火灾场景下，衬砌结构能够实现预定的功能，也即表征其耐火性能的各个表征量均在设计允许的范围内。

10.5.2 隧道衬砌结构耐火性能的表征量

1. 承载力

参照英国防火规范 BS 476：Part20 对上部结构稳定性的定义（陈维，1995），隧道衬砌结构承载力应满足的要求是：

（1）升温过程中，衬砌结构能够承受试验荷载，没有发生破坏、失稳或者坍塌。

（2）降温阶段及降温后，衬砌结构能够承受试验荷载，没有发生破坏、失稳或者坍塌。

2. 变形特性

隧道衬砌结构的变形特性包括衬砌构件的变形以及衬砌接头的张开，其应满足的要求是：

（1）对于衬砌管片、中隔墙、立柱、路面板等构件，在试验全过程（包括升温、降温及降温后阶段）中，挠度小于 $L/30$，L -净跨度（陈维，1995；李引擎等，1991）。

（2）对于盾构隧道接头、沉管隧道接头等，在试验全过程（包括升温、降温及降温后阶段）中，接头张开量不超过止水材料允许的最大值，接头的止水性保持有效。

3. 爆裂损伤

隧道衬砌结构在试验全过程中没有发生爆裂。

4. 抗渗耐久性

火灾高温会造成隧道衬砌结构抗渗性能的下降，这会影响高水压条件下隧道工程的耐久性。隧道衬砌结构抗渗耐久性应满足的要求是：火灾试验后，衬砌结构应能通过与未受火衬砌构件条件一致的抗渗测试。

5. 隔热性

1）隧道衬砌结构的隔热性

隧道衬砌结构的隔热性包含两方面的含义：

（1）在试验全过程（包括升温、降温及降温后阶段）中，保证防水层、接头止水材料等不被烧损或者失效；

（2）在试验全过程中，中隔墙、路面板等能够阻止火势向相邻空间的蔓延。

2）衬砌结构应满足的隔热性要求

（1）试验全过程（包括升温、降温及降温后阶段）中，防水层（初衬、二衬间）、接头止水材料处的温度没有超过这些材料正常发挥功能的极限温度。

（2）参照上部建筑的相关规定，在试验全过程（包括升温、降温及降温后阶段）中，中隔墙、路面板等具有分隔功能的构件的背火面的温度不超过初始温度 140 ℃，或者不超过 180 ℃（陈维，1995；李引擎等，1991；霍然等，1999）。

10.5.3 隧道衬砌结构耐火性能的试验程序

1. 试件的选取

根据隧道火灾的特点，试件的选取原则是：

（1）选取关键部位或有代表性的试件，如盾构管片、盾构（沉管）隧道接头、中隔墙、双层隧道路面板等。

（2）试件含水量与预期使用时的含水量一致。

2．火灾场景的确定

根据性能化设计的思想（Pettersson，1994；Schleich，1996），火灾场景根据隧道实际情况而定，详细方法见第 2 章。

3．温度、位移、荷载边界的确定

对试件温度、位移、荷载边界的确定原则是：

（1）升温部位、升温模式与试件在实际火灾中的情形保持一致。

（2）位移边界与试件在实际使用时的情形保持一致。

（3）荷载位置、大小、方向与试件实际使用时的情形保持一致。

（4）试件热边界（如周围地层）与实际使用时的情形保持一致。

4．试验步骤

（1）根据隧道衬砌结构的特点，选取需要进行试验的试件。

（2）试件耐火性能表征量的选定和量化。

（3）根据实际情形，确定试验用火灾场景。

（4）根据实际情形，对试件施加对应的温度、位移、荷载边界条件。

（5）观察、记录各表征量的变化。如在试验全过程（包括升温、降温及降温后阶段）中，各表征量均在允许的范围内，则试件的耐火性能满足要求。

10.5.4　表面防护材料耐火性能的试验方法

作为对比，本节同时列出了 ITA（2005）建议的隧道衬砌表面防护材料的试验方法。

1．试板的尺寸

采用板来试验防护材料的耐火性能，试板的尺寸至少应为 1 400 mm×1 400 mm，厚度至少应为 150 mm，受火面尺寸应为 1 200 mm×1 200 mm。

2．防护材料的安设方法

（1）防护材料应采用在实际隧道中使用的方法（锚钉、钢丝网等）固定在试板上。

（2）对于防火板，需要在试板上至少形成一个接缝，以检验防火板接缝处的热密封性。

（3）对于喷涂型的防火材料，用量应保持与在实际隧道中使用的量一致。

3．防护材料耐火性能的表征量

（1）混凝土表面与防护材料界面处的温度。

（2）钢筋处的温度。

（3）试板背火面的温度。

4．防护材料的其他表征量

根据隧道的特点，还需考虑：

（1）防护材料与隧道衬砌的结合程度，是否会脱落等。

（2）防护材料本身是否会释放出有毒、有害气体。

5. 防护材料表征量相关取值的确定

关于防护材料耐火性能的表征量，不同的研究者、不同的试验曲线具有不同的取值：

（1）Both 等（2003b），Lönnermark（2005）给出了荷兰 RWS 曲线的取值：对于沉管隧道，混凝土表面温度应小于 380 ℃；保护层为 25 mm 的受力钢筋温度应小于 250 ℃；此外，在 2 h 的持续时间内，防护材料的固定装置不能失效，混凝土不会发生爆裂。

（2）HC 曲线的取值：混凝土表面温度不超过 380 ℃；距混凝土底面 25 mm 处钢筋的温度不超过 250 ℃（王海莹，2003）。

（3）RABT 曲线的取值：混凝土表面温度不超过 380 ℃；距混凝土底面 25 mm 处钢筋的温度不超过 300 ℃（王海莹，2003）。

（4）对于没有衬砌的岩石隧道，岩石结构表面的温度应小于 250 ℃（ITA，2005）。

（5）上海延安东路隧道对防火涂料的试验中，火灾升温曲线为最高火灾温度 1 200 ℃，其中 10 min 升到 1 000 ℃，30 min 升到 1 200 ℃，火灾持续 90 min，要求混凝土表面温度小于 380 ℃，距表面 1.5 cm 处的钢筋温度小于 250 ℃（林桂祥，1989）。

参 考 文 献
REFERENCES

白静，孟庆春，张行，2003.复合材料层合曲梁分层问题的解析解法[J]. 复合材料学报，(5):142-146.

边松华，朋改非，赵章力，等，2005.含湿量和纤维对高性能混凝土高温性能的影响[J]. 建筑材料学报，8
　　(3)：321-327.

蔡莉萍，徐浩良，2004. 浅谈城市隧道结构防火[J]. 消防科学与技术，23(1):58-59.

曾东洋，何川，2004 年. 地铁盾构隧道管片接头抗弯刚度的数值计算[J]. 西南交通大学学报，39(6)：
　　744-748.

曾东洋，何川，2005. 地铁盾构隧道管片接头刚度影响因素研究[J]. 铁道学报，27(4):90-95.

曾令军，2006. 高温对钢筋混凝土性能及管片承载能力的影响研究[D]. 上海:同济大学.

曾巧玲，赵成刚，梅志荣，1997. 隧道火灾温度场数值模拟和试验研究[J]. 铁道学报，19(3):92-98.

查晓雄，钟善桐，2002. 钢筋混凝土受压构件防火性能的非线性分析[J].哈尔滨工业大学学报，(3)：
　　289-293.

柴永模，2002. 隧道内发生火灾时的温度分布规律初探[J]. 消防技术与产品信息，(3):16-23.

常岐，闫治国，朱合华，等，2010. 火灾下隧道衬砌结构力学行为的热力耦合分析[J]. 地下空间与工程学
　　报，S1:1425-1428,1447.

常岐，2011. 火灾高温下盾构隧道管片接头力学特性及计算模型研究[D]. 上海:同济大学.

陈立道，王锦，吴晓宇，2003. 道路隧道火灾预防与控制研究[J]. 地下空间，23(1):72-74,78.

陈适才，陆新征，任爱珠，等，2009. 火灾下混凝土结构破坏模拟的纤维梁单元模型[J]. 计算力学学报，
　　(1):72-79.

陈适才，任爱珠，2011. 火灾下基于纤维梁和分层壳模型的结构破坏机制分析[J]. 应用基础与工程科学
　　学报，(2):260-270.

陈维，1995. 英国建筑材料和构件的燃烧试验标准(BS476)[J]. 消防技术与产品信息，(2):44-53.

陈宜吉，1997. 隧道列车火灾案例及预防[M]. 北京:中国铁道出版社.

程龙，2007. 混杂纤维混凝土高温后力学性能试验研究[D]. 武汉:武汉理工大学.

程远平，John R，2002. 小汽车火灾试验研究[J]. 中国矿业大学学报，6(31):557-560.

村上博智，小泉淳，1980. シールド工事用ゼダメントのゼダメントの継手の挙動について[C]. 土木学
　　会论文报告集，(296)：73-86.

戴国平，2001. 英法海峡隧道火灾事故剖析及其启示[J]. 铁道建筑，(3):6-9.

邓应详，1998.英法海峡隧道火灾的原因、损失及修复[J]. 隧道及地下工程，(3):33-38.

董香军，丁一宁，王岳华，2005. 高温条件下混凝土的力学性能与抗爆裂[J]. 工业建筑，35：703-707.

段文玺，1985. 建筑结构的火灾分析和处理(二)-火灾温度场计算之一[J]. 工业建筑，15(8):51-54.

付祥钊，高志明，1994. 地下水电站主变压器室排烟计算[J]. 暖通空调，(4):19-22.

傅宇方，黄玉龙，潘智生，等，2006. 高温条件下混凝土爆裂机理研究进展[J]. 建筑材料学报，9(3):323-329.

高岳毅，2014. 水泥基材料微结构及其弹性性能的多尺度研究[D]. 南京:东南大学.

顾祥林，2004. 混凝土结构基本原理[M]. 上海:同济大学出版社.

郭鹏，张洪源，董毓利，等，2000 年. 高温加热循环下混凝土强度变化的机理[J]. 青岛建筑工程学院学报，21(4):80-86.

郭盛，2013. 新七道梁隧道衬砌结构火灾损伤特征及灾后安全性研究[D]. 西安:长安大学.

过镇海，时旭东，2003 年. 钢筋混凝土的高温性能及其计算[M]. 北京:清华大学出版社.

韩东，2017 年. 高温下超韧纤维混凝土结构温度场及力学性能研究 [D].沈阳建筑大学.

韩海涛，张铮，卢子兴，2010 年. 含分层复合材料层合梁弯曲问题的一般解法[J]. 应用数学和力学，(07):843-852.

何英杰，袁江，2001. 影响盾构隧道衬砌接头刚度的因素[J]. 长江科学院院报，18(1):20-22.

贺丽娟，2007. 混杂纤维混凝土的耐火性能研究及其在隧道工程中的应用[D]. 成都:西南交通大学.

胡海涛，董毓利，2002. 高温时高强混凝土强度和变形的试验研究[J]. 土木工程学报，35(6):44-47.

黄钟晖，2003. 盾构法隧道错缝拼装衬砌受力机理的研究[D]. 上海:同济大学.

霍然，胡源，李元洲，1999. 建筑火灾安全工程导论[M]. 合肥:中国科学技术大学出版社.

江见鲸，陆新征，2013. 混凝土结构有限元分析[M]. 北京:清华大学出版社.

蒋洪胜，侯学渊，2004. 盾构法隧道管片接头转动刚度的理论研究[J]. 岩石力学与工程学报，23(9):1574-1577.

鞠丽艳，张雄，2006. 混杂纤维对高性能混凝土高温性能的影响[J]. 同济大学学报，34(1):89-92,101.

兰彬，2005. 新型隧道防火涂料的研究[D].重庆:重庆大学.

李敏，钱春香，孙伟，2002. 高强混凝土火灾后性能变化规律研究[J]. 工业建筑，32(10):34-36.

李世荣，周凤玺，2008. 弹性曲梁在机械和热载荷共同作用下的几何非线性模型及其数值解[J]. 计算力学学报，(1):25-28.

李卫，过镇海，1993. 高温中混凝土的强度和变形性能试验研究[J]. 建筑结构学报，14(1):8-16.

李引擎，马道贞，徐坚，1991. 建筑结构防火设计计算和构造处理[M]. 北京:中国建筑工业出版社.

李昀晖，2007. 钢筋混凝土梁高温极限承载力计算及抗火设计方法研究[D]. 长沙:中南大学.

梁利，2012. 火灾高温下大直径盾构隧道衬砌结构体系力学特性及破坏机理研究[D]. 上海:同济大学.

廖杰洪，陆洲导，苏磊，2013. 火灾后混凝土梁抗剪承载力试验与有限元分析[J]. 同济大学学报:自然科学版，41(6):806-812.

廖仕超，2011. 隧道火灾下衬砌结构承载力研究[D]. 长沙:中南大学.

林桂祥，1989. SJ-1 型高温防火隔热涂料在延安东路越江隧道中的应用[J]. 上海建设科技，(2):47-48,18.

刘红彬，李康乐，2009. 高强高性能混凝土的高温力学性能和爆裂机理研究[J]. 混凝土，7:11-14.

刘建航，侯学渊，1991. 盾构法隧道[M]. 北京:中国铁道出版社.

刘利先,时旭东,过镇海,2004. 增大截面法加固高温损伤钢筋混凝土柱极限承载力的简化计算[J]. 建筑结构,(10):71-74.

刘沐宇,程龙,丁庆军,等,2008. 不同混杂纤维掺量混凝土高温后的力学性能[J]. 华中科技大学学报(自然科学版),36(4):123-125.

刘滔,2012. 火灾高温条件下软土隧道外荷载变化规律研究[D]. 上海:同济大学.

刘志汉,1992. 十里山二号隧道火灾后的抢修[J]. 铁道标准设计,(8):31-33.

陆洲导,朱伯龙,1997. 一种预测钢筋混凝土梁耐火时间的方法[J]. 建筑结构学报,18(1):41-48.

陆洲导,1989. 钢筋混凝土梁对火灾反应的分析[R]. 同济大学工程结构研究所.

路春森,屈立军,薛武平,1995. 建筑结构耐火设计[M]. 北京:中国建材工业出版社.

吕彤光,时旭东,过镇海,1996. 高温下Ⅰ~Ⅴ级钢筋的强度和变形试验研究[J]. 福州大学学报(自然科学版),S1:13-19.

马建新,李永林,谢红强,等,2003. 高寒地区隧道保温隔热层设防厚度的研究[J]. 铁道建筑技术,(6):20-22.

马天文,2002. 盘陀岭第二公路隧道烧损衬砌的整治技术[J]. 铁路标准设计,(8):36-37.

麦继婷,陈春光,1998. 秦岭特长隧道内温度预测[J]. 西南交通大学学报,33(2):153-157.

梅志荣,韩跃,1999. 隧道结构火灾损伤评定与修复加固措施的研究[J]. 世界隧道,(4):9-14.

穆松,2007. 长江隧道管片混凝土高温特性研究[D]. 武汉:武汉理工大学.

南建林,过镇海,时旭东,1997. 混凝土温度-应力耦合本构关系[J]. 清华大学学报,37(6):87-90.

倪照鹏,陈海云,2003. 国内外隧道防火技术现状及发展趋势[J]. 交通世界,(2):28-31.

钮宏,陆洲导,陈磊,1990. 高温下钢筋与混凝土本构关系的试验研究[J]. 同济大学学报,18(3):287-297.

欧孝夺,2004. 城市环境下粘性土细观结构的热力学行为研究[D]. 广西:广西大学.

朋改非,陈延年,Anson M,1999. 高性能硅灰混凝土的高温爆裂与抗火性[J]. 建筑材料学报,2(3):193-198.

彭立敏,刘小兵,杜思村,1997. 不同燃烧温度量级对隧道衬砌强度损伤程度的试验研究[J]. 铁道学报,19(5):87-94.

彭立敏,刘小兵,韩玉华,1998. 隧道火灾后衬砌承载能力的可靠度评估方法[J]. 中国铁道科学,19(4):88-94.

彭伟,霍然,胡隆华,等,2006. 隧道火灾的全尺寸试验研究[J]. 火灾科学,15(4):212-218.

钱在兹,谢狄敏,金贤玉,1997. 混凝土受明火高温作用后的抗拉强度与黏结强度的试验研究[J]. 工程力学(增刊):1-5.

强健,2007. 地铁隧道衬砌结构火灾损伤与灾后评估方法研究[D]. 上海:同济大学.

瞿立,2004. 隧道火灾与烟雾控制[J]. 地下工程与隧道,(1):52-54.

森田武,山崎庸行,西田朗,1996. 高强度コンワリート部材の耐火性に関する研究[A].その2 爆裂深さを考慮した部材の耐火性能に関する解析の検討-日本建築学会大会学術演讲概集近畿,231-232.

沈奕,2015. 火灾高温条件下盾构隧道衬砌结构热力耦合行为研究[D]. 上海:同济大学.

石芳,2003. 城市隧道火灾消防对策初探[J]. 消防技术与产品信息,(11):9-12.

时旭东，过镇海，2000. 高温下钢筋混凝土受力性能的试验研究[J]. 土木工程学报，33(6):6-16.

时旭东，过镇海，1997. 适用于结构高温分析的砼和钢筋应力-应变关系[J]. 工程力学，14(2):28-35.

时旭东，过镇海，1996. 不同混凝土保护层厚度钢筋混凝土梁的耐火性能[J].工业建筑,(9): 11-13.

时旭东，1992. 高温下钢筋混凝土杆系结构试验研究和非线性有限元分析[D]. 北京:清华大学.

苏钟琴，2010. 非等温条件下饱和粉质粘土热固结特性试验研究[D].北京:北京交通大学.

孙文昊，焦齐柱，薛光桥，等，2008. 盾构隧道管片无衬砌接头抗弯刚度研究[J]. 地下空间与工程学报，4(5):973-978.

唐群艳，2005. 花岗岩残积红土结构强度的温度效应研究[D]. 长春：吉林大学.

唐正伟，2013. RC及HFRC盾构隧道管片接头高温力学性能试验及理论模型研究[D]. 上海:同济大学.

田世雄，唐学军，王永刚，等，2013. 新七道梁隧道大型火灾损毁调查及处治方案[J]. 现代隧道技术，50(2):181-186.

涂文轩，1993. 火灾对隧道结构的烧损及其灾后加固[J]. 铁道建筑,(4):24-25.

涂文轩，1996. 我国铁路隧道列车火灾简介[J]. 消防技术与产品信息,(1):26-27.

涂文轩，1997. 铁路隧道火灾的试验研究[J]. 消防技术与产品,(10):32-36.

汪洋，2008. 隧道火灾下衬砌结构安全性能研究[D]. 长沙：中南大学.

王彬，1994. 隔热隧道中的防火试验[J]. 隧道译丛,(2):18-20.

王海莹，袁苏跃，喻萍，2003. 公路隧道结构抗火设计初探[J]. 昆明大学学报,(1):43-46.

王孔藩，许清风，刘挺林，2005. 高温下及高温冷却后混凝土力学性能的试验研究[J]. 施工技术,8:1-3.

王明年，杨其新，袁雪戡，等，2003. 公路隧道火灾温度场的分布规律研究[J]. 地下空间，23(3):317-322.

王奇志，孟庆春，张行，1998. 复合材料层合梁分层问题解析解法[J]. 北京航空航天大学学报,(3):71-74.

王廷伯，2004. 应对交通隧道火灾预防措施[J]. 现代隧道技术,(增刊):192-193.

王振信，2003. 公路隧道安全问题初探[J]. 地下工程与隧道,(1):2-5.

吴波，马忠诚，欧进萍，1999. 高温后混凝土变形特性及本构关系的试验试验[J]. 建筑结构学报，20(5):42-49.

吴波，袁杰，王光远，2000. 高温后高强混凝土力学性能试验研究[J]. 土木工程学报，33(2):8-12.

吴波，2003. 火灾后钢筋混凝土结构的力学性能[M]. 北京:科学出版社.

吴鸣泉，2004. 钢纤维混凝土盾构管片在地铁隧道工程的应用研究[J]. 广东建材,3:6-8.

伍容兵，2014. 火灾下盾构隧道管片构件的可靠度研究[D]. 长沙:中南大学.

小泉淳，2012 年. 盾构隧道管片设计——从容许应力设计法到极限状态设计法[M]. 北京:中国建筑工业出版社.

小山幸则，西村高明，1997. 铁道用ヒクメントの新设计标准[S]. トソネルと地下,28(8):57-63.

肖建庄，李杰，孙振平，2001. 高性能混凝土结构抗火研究最新进展[J]. 工业建筑，31(6):53-56.

肖建庄，王平，朱伯龙，2003. 我国钢筋混凝土材料抗火性能研究回顾与分析[J]. 建筑材料学报，6(2):182-189.

肖静，2004. 钢筋混凝土结构火灾后损伤诊断分析[J]. 中外建筑,(3):141-143.

谢狄敏，钱在兹，1998.高温作用后混凝土抗拉强度与黏结强度的试验研究[J].浙江大学学报，32(5)：597-602.

熊珍珍，2014.隧道火灾衬砌结构热力受损规律研究[D].北京：中国矿业大学.

徐婕，朱合华，闫治国，2012.淤泥质黏土火灾高温下导热系数的试验研究[J].岩土工程学报，34(11)：2108-2113.

徐晓勇，马彦飞，石国柱，2009.聚丙烯纤维对改善高强混凝土高温作用后劣化性能的研究[J].吉林建筑工程学院学报，26(1):5-8.

闫治国，杨其新，朱合华，2006.火灾时隧道内烟流流动状态试验研究[J].土木工程学报，39(4)：94-98.

闫治国，杨其新，朱合华，2005.秦岭特长公路隧道火灾试验研究[J].土木工程学报，38(11):96-101.

闫治国，朱合华，何利英，2004.欧洲隧道防火计划（UPTUN）介绍及启示[J].地下空间，24(2)：212-219.

闫治国.2007.隧道衬砌结构火灾高温力学行为及耐火方法研究[D].上海：同济大学.

晏浩，朱合华，傅德明，2001.钢纤维混凝土在盾构隧道衬砌管片中应用的可行性研究[J].地下工程与隧道，(1):13-16.

杨达，胡瑞，沈贵松，1993.地下建筑物的火灾破坏与修复[J].隧道及地下工程，14(4):26-32.

虞利强，2002.城市公路隧道防火设计的探讨[J].消防技术与产品信息，(12):39-43.

张聪，2016.混杂纤维自密实混凝土梁高温作用前后的受弯性能[D].大连：大连理工大学.

张大长，吕志涛，1998.火灾对RC、PC构件材料性能的影响[J].南京建筑工程学院学报，(2):25-31.

张厚美，叶均良，过迟，2002.盾构隧道管片接头抗弯刚度的经验公式[J].现代隧道技术，39(2):12-16,52.

张厚美，张正林，王建华，2003.盾构隧道装配式管片接头三维有限元分析[J].上海交通大学学报，37(4):566-569.

张孟喜，黄瑾，贺小强，2007.火荷载下沉管隧道结构的热-力耦合分析[J].土木工程学报，40(3)：84-87.

张平，1995.我国铁路隧道消防现状与对策[J].消防技术与产品信息，(6):28-30.

张先来，1998.英吉利海峡隧道火灾[J].消防技术与产品信息，(1):39-42.

张彦春，胡晓波，白成彬，2001.钢纤维混凝土高温后力学强度研究[J].混凝土，(9)：50-53.

张焱，2010.特长公路隧道排烟道顶隔板结构抗火性能试验研究[D].长沙：中南大学.

张祉道，2003.公路隧道的火灾事故通风[J].现代隧道技术，40(1):34-43,49.

章熙民，任泽霈，梅飞鸣，2001.传热学[M].北京：中国建筑工业出版社.

赵莉弘，朋改非，祁国梁，等，2003.高温对纤维增韧高性能混凝土残余力学性能影响的试验研究[J].混凝土，(12):8-11.

赵少伟，郭蓉，阎西康，等，2006.火灾后钢筋混凝土结构破损评估研究与应用[J].河北工业大学学报，35(2):48-51.

赵志斌，2006.火灾作用下长江隧道衬砌结构温度场和温度应力研究[D].武汉：武汉理工大学.

郑吉诚，1986.高温下高流动性钢纤维混凝土爆裂现象研究[D].台湾：台湾大学.

郑天中，1995. 铁路隧道消防技术和烧损衬砌加固措施的研究[J]. 隧道及地下工程，16(1):14-19.

中华人民共和国铁道部，2000. 铁路工程设计防火规范:TB10063-99[S]. 北京:中国铁道出版社.

周静贤，译，1996. 铁路和公路隧洞的防火:火灾时混凝土性状-研究、试验及解决方法[J]. 水电技术信息，z01:50-57.

周湘川，2011. 特长公路隧道现场火灾试验与衬砌结构抗火性能研究[D]. 长沙:中南大学.

周新刚，吴江龙，1995. 高温后混凝土与钢筋黏结性能的试验研究[J]. 工业建筑，25(5):37-40.

周竹虚，1999. 国内外地下空间火灾实例[J]. 消防技术与产品信息，(5):36-40.

朱伯龙，陆洲导，胡克旭，1990. 高温(火灾)下混凝土与钢筋的本构关系[J]. 四川建筑科学研究(01):37-43.

朱合华，沈奕，闫治国，2012. 火灾下大直径盾构隧道结构力学特性有限元分析[J]. 地下空间与工程学报，8(S1):1609-1614.

朱合华，闫治国，邓涛，等，2006. 3种岩石高温后力学性质的试验研究[J]. 岩石力学与工程学报，10:1945-1950.

朱伟，黄正荣，梁精华，2006 年.盾构衬砌管片的壳-弹簧设计模型研究[J].岩土工程学报，28(8):940-947.

朱政，2004. 城市地下公路隧道工程消防设计探讨[J]. 消防科学与技术，23(6):543-544.

Abdallah S，Fan M，Cashell K A，2017a. Bond-slip behaviour of steel fibres in concrete after exposure to elevated temperatures[J]. Construction and Building Materials，140: 542-551.

Abdallah S，Fan M，Rees D W A，2017b. Effect of elevated temperature on pull-out behaviour of 4DH/5DH hooked end steel fibres[J]. Composite Structures，165: 180-191.

Abdallah S，Fan M，Rees D W A，2018a. Bonding mechanisms and strength of steel fiber-reinforced cementitious composites: Overview[J]. Journal of Materials in Civil Engineering，30(3): 04018001.

Abdallah S，Fan M，Rees D W A，2018b. Predicting pull-out behaviour of 4D/5D hooked end fibres embedded in normal-high strength concrete[J]. Engineering Structures，172: 967-980.

Abdallah S，Rees D W A，2019. Comparisons Between Pull-Out Behaviour of Various Hooked-End Fibres in Normal-High Strength Concretes[J]. International Journal of Concrete Structures and Materials，13(1): 1-15.

Alwan J M，Naaman A E，Guerrero P. 1999. Effect of mechanical clamping on the pull-out response of hooked steel fibers embedded in cementitious matrices[J]. Concrete Science and Engineering，1(1): 15-25.

Andrew K，2004. Improving Concrete Performance in Fires [J]. Concrete，38(8):40-41.

Annerel E，Taerwe L，2013. Assessment Techniques for the Evaluation of Concrete Structures After Fire [J]. Journal of Strctural Fire Engineering，4(2): 123-130.

Anon，2004. Fibres Add Protection to Prestigious Tunnelling Projects [J]. Concrete Engineering International，8(2):51-53.

Anon，2002. Passive Protection against Fire[J]. Tunnels And Tunnelling International，34(11): 40-42.

ASTM International，2001. ASTM E119: Standard methods of fire tests of building construction and materials[S].

Australasian Fire Authorities Council (AFAC), 2001. Fire Safety Guidelines for Road Tunnels[R]. Issue 1.

Balázs G L, Lublóy É, 2012. Post-heating strength of fiber-reinforced concretes[J]. Fire Safety Journal, 49: 100-106.

Baumelou X, 2003. The A86 Underground West Loop-Safety In The Tunnel Reserved For Light Vehicles [A]. Proceedings of ITA World Tunnel Congress 2003[C]. Amsterdam:93-97.

Beard A. and Carvel R, 2005. The handbook of tunnel fire safety[M]. Thomas Telford.

Beglarigale A, Yazıcı H, 2015. Pull-out behavior of steel fiber embedded in flowable RPC and ordinary mortar[J]. Construction and Building Materials, 75: 255-265.

Behnood A, Ghandehari M, 2009. Comparison of compressive and splitting tensile strength of high-strength concrete with and without polypropylene fibers heated to high temperatures[J]. Fire Safety Journal, 44:1015-1022.

Bendelius A G, 2002. Tunnel Fire And Life Safety Within The World Road Association (PIARC)[J]. Tunnelling And Underground Space Technology, 17(2):159-161.

Beneš M, Mayer P, 2008. Coupled model of hygro-thermal behavior of concrete during fire[J]. Journal of Computational and Applied Mathematics, 218:12-20.

Bentz D P, 2000. Fibers, percolation, and spalling of high performance concrete[J]. ACI Materials Journal: 97(3): 351-359.

Bilodeau A, Malhotra V M, Hoff G C, 1998. Hydrocarbon fire resistance of high strength normal weight and light weight concrete incorporating polypropylene fibers[A]. International Symposium on high performance and reactive powder concrete[C].271-296.

Bisby L, Gales J, Maluk C, 2013. A contemporary review of large-scale non-standard structural fire testing[J]. Fire Science Reviews, 2(1): 1-27.

Bjegovic D, Stipanovic I, Carevic M, 2003. Fire Testing of Precast Tunnel Elements[A]. Proceedings of ITA World Tunnel Congress 2003, Amsterdam:251-254.

Bonnaud, P A, Ji, Q, Vliet K J V, 2013. Effects of elevated temperature on the structure and properties of calcium-silicate-hydrate gels: The role of confined water [J]. Soft Matter, 9(28): 6418-6429.

Boström L, Larsen C K, 2006. Concrete for tunnel linings exposed to severe fire exposure[J]. Fire technology, 42(4): 351-362.

Both C, Haack A, Lacroix D, 2003a. Upgrading The Fire Safety of Existing Tunnels In Europe: A 13 M EUR European Research Project[C]. Proceedings of ITA World Tunnel Congress 2003, Amsterdam: 239-244.

Both C, Haar P W, Wolsink G M, 2003b. Evaluation of Passive Fire Protection Measures for Concrete Tunnel Linings[R]. TNO Report.

Both C, Wolsink G M, Breunese A J, 2003c. Spalling of concrete tunnel linings in fire [C]. In: Proceedings of ITA-AITES 2003 World Tunnel Congress, Netherland: Amsterdam: 227-231.

Both C, 2003d. Tunnel Fire Safety[J]. Heron, 48(1): 3-16.

Bradford M A, 2006a. Elastic Analysis of Straight Members at Elevated Temperatures[J]. Advances in Structural Engineering, 9(5): 611-618.

Bradford M A, 2006b. In-plane nonlinear behaviour of circular pinned arches with elastic restraints under thermal loading[J]. International Journal of Structural Stability and Dynamics, 6(2): 163-177.

Bradford M A, 2011. Long-span shallow steel arches subjected to fire loading[J]. Advances in Structural Engineering, 13(3): 501-511.

Cai J, Xu Y, Feng J, et al, 2010. Effects of Temperature Variations on the In-Plane Stability of Steel Arch Bridges[J]. Journal of Bridge Engineering, 17(2): 232-240.

Cai J, Xu Y, Feng J, et al, 2012. In-Plane Elastic Buckling of Shallow Parabolic Arches under an External Load and Temperature Changes[J]. Journal of Structural Engineering, 138(11): 1300-1309.

Caner A, Zlatanic S, Munfah N, 2005. Structural fire performance of concrete and shotcrete tunnel liners [J]. Journal of structural engineering, 131(12): 1920-1925.

Caner A, Böncü A, 2009. Structural fire safety of circular concrete railroad tunnel linings[J]. Journal of structural engineering, 135(9): 1081-1092.

Carlos C, Durrani A J, 1990. Effect of Transient High Temperature on High-Strength Concrete[J]. ACI Materials Journal, 87(1):47-53.

Carvel R O, Beard A N, Jowitt P W, Drysdale D D, 2001b. Variation of Heat Release Rate with Forced Longitudinal Ventilation for Vehicle Fires in Tunnels[J]. Fire Safety Journal, 36(1):569-596.

Carvel R O, Beard A N, Jowitt P W, 2001a. The Influence of Longitudinal Ventilation Systems on Fires in Tunnels[J]. Tunnelling and Underground Space Technology, 16(1):3-21.

Castillo C, Durrani, A. J, 1990. Effect of transient high temperature on high-strength concrete[J]. ACI Material Journal, 87 (1):47-53.

Chan Y N, Peng G F, Anson M, 1999. Residual Strength and Pore Structure of High-strength Concrete and Normal Strength Concrete after Exposure to High Temperatures [J]. Cement and Concrete Composites, 21:23-27.

Chan Y N, Luo X, Sun W, 2000. Effect of High Temperature and Cooling Regimes on the Compressive Strength and Pore Properties of High Performance Concrete[J]. Construction and Building Materials, 14:261-266.

Chang S H, Choi S W, Bae G J, 2006. Assessment of fire-induced damage on concrete segment of shield TBM tunnel[C]//Key Engineering Materials. Trans Tech Publications Ltd, 321: 322-327.

Chen B, Liu J, 2004. Residual strength of hybrid-fiber-reinforced high-strength concrete after exposure to high temperatures[J]. Cement and Concrete Research, 34(6): 1065-1069.

Chen S C, Ren A Z, 2011. Structural failure mode analysis based on the fiber beam model and layered shell model[J]. Journal of applied foundation and engineering science, 19(2), 260-270.

Chen Q, Nezhad, M M, Fisher Q, et al, 2016. Multi-scale approach for modeling the transversely isotropic elastic properties of shale considering multi-inclusions and interfacial transition zone [J].

International Journal of Rock Mechanics and Mining Sciences，84：95-104.

Chen Q，Zhu H，Yan Z，et al，2016. A multiphase micromechanical model for hybrid fiber reinforced concrete considering the aggregate and ITZ effects［J］. Construction and Building Materials，114：839-850.

Chen Y，Chang Y，Yao G C，et al，2009,. Experimental research on post-fire behaviour of reinforced concrete columns［J］. Fire Safety Journal，44(5)：741-748.

Cheng F P，Kodur V K R，Wang T C，2004. Stress-strain curves for high strength concrete at elevated temperatures［J］. Journal of Materials in Civil Engineering，16(1)：84-90.

Chiaia B，Fantilli A P，Vallini P，2009. Combining fiber-reinforced concrete with traditional reinforcement in tunnel linings ［J］. Engineering Structure，31：1600-1606.

Chiang C H，Tsai C L，2003. Time-temperature Analysis of Bond Strength of a Rebar after Fire Exposure ［J］. Cement and Concrete Research，33：1651-1654.

Choi S，Lee J，Chang S，2013. A holistic numerical approach to simulating the thermal and mechanical behaviour of a tunnel lining subject to fire［J］. Tunnelling and Underground Space Technology，35(0)：122-134.

Choumanidis D，Badogiannis E，Nomikos P，et al，2016. The effect of different fibres on the flexural behaviour of concrete exposed to normal and elevated temperatures［J］. Construction and Building Materials，129：266-277.

Christke S，Gibson A G，Grigoriou K，et al，2016. Multi-layer polymer metal laminates for the fire protection of lightweight structures［J］. Materials & Design，97：349-356.

Chun B，Yoo D Y，2019. Hybrid effect of macro and micro steel fibers on the pullout and tensile behaviors of ultra-high-performance concrete［J］. Composites Part B：Engineering，162：344-360.

Colombo M，di Prisco M，Felicetti R，2010. Mechanical properties of steel fibre reinforced concrete exposed at high temperatures［J］. Materials and structures，43(4)：475-491.

Colombo M，Felicetti R，2007. New NDT techniques for the assessment of fire-damaged concrete structures［J］. Fire Safety Journal，42(6)：461-472.

Constantinides G，Ulm F J，2004. The effect of two types of C-S-H on the elasticity of cement-based materials：Results from nanoindentation and micromechanical modeling［J］. Cement and Concrete Research，34(1)：67-80.

Cui Y J，Ye W M，2005. On modeling of thermo-mechanical volume change behavior of saturated clays ［J］.岩石力学与工程学报，24(21)：3903-3910.

Cunha V M C F. 2010. Steel fibre reinforced self-compacting concrete：from material to mechanical behavior［D］. Braga，Portugal：University of Minho.

David B V，José A G P and Javier M A，et al，2014. Changes in water repellency，aggregation and organic matterof a mollic horizon burned in laboratory：Soil depth affected by fire ［J］. Geoderma，213：400-407.

Diederichs U，Jumppanen U M，Penttala，V，1989. Behavior of high strength concrete at high temperatures［R］. Helsinki University of Technology, Department of Structural Engineering, Report no. 92.

Dorgarten H W, Balthaus H, Dahl J, Billig B, 2004. Fire Resistant Tunnel Construction:Results of Fire Behaviour Tests and Criteria of Application［J］. Tunnelling And Underground Space Technology, 19:314.

Duan H L, Yi X, Huang Z P, et al, 2007. A unified scheme for prediction of effective moduli of multiphase composites with interface effects. Part I: Theoretical framework［J］. Mechanics of Materials, 39(1): 81-93.

Duederichs. V., Schneider. V, 1981. Bond Strength at High Temperature［J］. Magazine of Concrete Research, 33(115): 75-84.

Dwaikat M B, Kodur V K R, 2008. A numerical approach for modeling the fire induced restraint effects in reinforced concrete beams［J］. Fire Safety Journal, 43(4): 291-307.

Dwaikat, M. B., Kodur, V. K. R, 2009. Fire induced spalling in high strength concrete beams ［J］. Fire Technology, 46(1): 251.

El-Arabi I A, Duddeck H, Ahrens H, 1992. Structural Analysis for Tunnels Exposed to Fire Temperatures［J］. Tunnelling And Underground Space Technology, 7(1):19-24.

El-Hawary M M, Hamoush S A, 1996. Bond Shear Modulus of Reinforced Concrete at High Temperatures［J］. Engineering Fracture Mechanics, 55(6):991-999.

El-Hawary M M, Ragab A M, El-Azim A A, Elibiari S, 1997. Effect of Fire on Shear Behaviour of R.C. Beams［J］. Computer and Structure, 65(2): 281-87.

European Committee for Standardization (CEN), 2002. Eurocode 1: Actions on structures-Part 1 - 2: General actions-Actions on structures exposed to fire: BS EN 1991-1-2:［S］.

European Committee for Standardization (CEN),2004. Eurocode 2: Design of concrete structures-Part 1-2:General rules-Structual fire design: BS EN 1992-1-2:［S］.

European Committee for Standardization (CEN), 2005. Eurocode 4 - Design of composite steel and concrete structures-Part 1-2:General rules-Structual fire design: EN 1994-1-2: (E)［S］.

Everson K, Piyanuch L, Baljinder K, 2014. Fire reaction properties of flax/epoxy laminates and their balsa-core sandwich composites with or without fire protection［J］. Composites Part B: Engineering, 56: 602-610.

Feist C, Aschaber M, Hofstetter G, 2009. Numerical simulation of the load-carrying behavior of RC tunnel structures exposed to fire［J］. Finite Elements in Analysis and Design, 45(12): 958-965.

Felicetti R, 2013. Assessment methods of fire damages in concrete tunnel linings［J］. Fire technology, 49 (2): 509-529.

Felicetti Roberto, 2006. The drilling resistance test for the assessment of fire damaged concrete ［J］. Cement & Concrete Composites, (28): 321-329.

Ferreira A P G, Farage M C R, Barbosa F S, et al, 2014. Thermo-hydric analysis of concrete-rock bilayers under fire conditions［J］. Engineering Structures, 59: 765-775.

Gao W Y, Dai J, Teng J G, et al, 2013. Finite element modeling of reinforced concrete beams exposed to fire[J]. Engineering Structures, 52: 488-501.

Gao W Y, Dai J G and Teng J G, 2014. Simple Method for Predicting Temperatures in Reinforced Concrete Beams Exposed to a Standard Fire[J]. Journal of Composites for Construction, 17(4), 573-589.

Gawin D, Pesavento F, Schrefler B A, 2004. Modelling of deformations of high strength concrete at elevated temperatures[J]. Materials and Structures, 37(4): 218-236.

Geng Y, Leung C K Y, 1994. Damage evolution of fiber/mortar interface during fiber pullout[J]. MRS Online Proceedings Library (OPL), 370.

Gentry T R, Husain M, 1999. Thermal compatibility of concrete and composite reinforcements[J]. Journal of Composites for Construction, 3(2): 82-86.

Goltermann P, 1995. Mechanical predictions of concrete deterioration: Part 2: Classification of crack patterns[J]. Materials Journal, 92(1): 58-63.

Guian S K, 2004. Fire and Life Safety Provisions for a Long Vehicular Tunnel[J]. Tunnelling and Underground Space Technology, 19:316.

Guo Q H, Zhu H H, Yan Z G, et al, 2019. Experimental studies on the gas temperature and smoke back-layering length of fires in a shallow urban road tunnel with large cross-sectional vertical shafts[J]. Tunnelling and Underground Space Technology, 83: 565-576.

Guo Q, Zhu H, Zhang Y, et al, 2020a. Smoke flow in full-scale urban road tunnel fires with large cross-sectional vertical shafts[J]. Tunnelling and Underground Space Technology, 104: 103536.

Guo Q, Zhu H, Zhang Y, et al, 2020b. Theoretical and experimental studies on the fire-induced smoke flow in naturally ventilated tunnels with large cross-sectional vertical shafts[J]. Tunnelling and Underground Space Technology, 99: 103359.

Haack A, 1992. Fire Protection in Traffic Tunnels-Initial Findings from Large-Scale Tests[J]. Tunnelling and Underground Space Technology, 7(4):363-375.

Haack A, 1998. Fire Protection in Traffic Tunnels: General Aspects and Results of the EUREKA Project [J]. Tunnelling and Underground Space Technology, 13(4): 377-381.

Haack A, 1999. Fire Protection System Made of Perforated Steel Plate Lining Coated with Insulating Material[J]. Tunnel, (7):31-37.

Haack A, 2002. Current Safety Issues in Traffic Tunnels[J]. Tunnelling and Underground Space Technology, 17:117-127.

Haack A, 2004. Latest achievement and perspectives in tunnel safety[J]. Tunnelling and Underground Space Technology, 19: 305.

Haack A, 2006. Welcome and Introduction[A]. Proceeding of Second International Symposium on Safe & Reliable Tunnels. Innovative European Achievements[C]. Lausanne:1-5.

Haddad R H, Shannis L G, 2004. Post-fire behavior of bond between high strength pozzolanic concrete and reinforcing steel[J]. Construction and Building Materials, 18(6): 425-435.

Haecker C J, Garboczi E J, Bullard J W, et al, 2005. Modeling the linear elastic properties of Portland cement paste[J]. Cement and Concrete Research, 35(10): 1948-1960.

Harada T, Takeda J, Yamane F F S. 1972. Strength, elasticity and thermal properties of concrete subjected to elevated temperatures[J]. ACI Special Publication, 34.

Harmathy T Z, 1970. Thermal properties of concrete at elevated temperatures[J]. Journal of Materials, 5 (1): 47-74.

Heidarpour A, Bradford M A, 2009. Generic nonlinear modelling of restrained steel beams at elevated temperatures[J]. Engineering Structures, 31(11): 2787-2796.

Heidarpour A, Abdullah A A, Bradford M A, 2010a. Non-linear inelastic analysis of steel arches at elevated temperatures[J]. Journal of Constructional Steel Research, 66(4): 512-519.

Heidarpour A, Azim Abdullah A, Bradford M A, 2010b. Non-linear thermoelastic analysis of steel arch members subjected to fire[J]. Fire Safety Journal, 45(3): 183-192.

Heidarpour A, Pham T H, Bradford M A. 2010c. Nonlinear thermoelastic analysis of composite steel-concrete arches including partial interaction and elevated temperature loading [J]. Engineering Structures, 32(10): 3248-3257.

Heo Y S, Sanjayan J G, Han C G, et al, 2012. Relationship between inter-aggregate spacing and the optimum fiber length for Relationship between inter-aggregate spacing and the optimum fiber length for [J]. Cement and Concrete Research, 42: 549-557.

Hertz K D, 2003. Limits of Spalling of Fire-exposed Concrete[J]. Fire Safety, 38(2):103-116.

Hertz K D, 2005. Concrete strength for fire safety design [J]. Magazine of Concrete Research, 57 (8): 445-453.

Holoman J P, 2002. Heat Transfer[M]. 9th ed. New York: McGraw-Hill Education(Asia):139-141.

Hou, D., Li, D., Zhao, T., Li, Z, 2016. Confined water dissociation in disordered silicate nanometer-channels at elevated temperatures: Mechanism, dynamics and impact on substrates [J]. Langmuir, 32 (17): 4153-4168.

Hou, X, Ren, P, Rong, Q, et al, 2019. Effect of fire insulation on fire resistance of hybrid-fiber reinforced reactive powder concrete beams [J]. Composite Structures, 209:219-232.

Hsu J H, Lin C S, 2008. Effect of fire on the residual mechanical properties and structural performance of reinforced concrete beams[J]. Journal of Fire Protection Engineering, 18(4): 245-274.

Hueckel T & Baldi G, 1990. Thermoplasticity of saturated clays: experimental constitutive study[J]. Journal of Geotechnical Engineering, 116(12):1778-1796.

Ibañez C, Romero M L, Hospitaler A, 2013. Fiber beam model for fire response simulation of axially loaded concrete filled tubular columns[J]. Engineering Structures, 56: 182-193.

Iftimie T, 1995. Prefabricated lining, conceptional analysis and comparative studies for optimal solution [C]//International Journal of Rock Mechanics and Mining Sciences and Geomechanics Abstracts. 3 (32): 136A-137A.

International Organization for Standardization (ISO), 1999. ISO 834: Fire resistancetests-elements of building construction—Part 1: General requirements[S].

International Tunnelling and Underground Space Association (ITA), 2005. Guidelines for structural fire resistance for road tunnels[S].

JSCE (Japan Society of Civil Engineers), 2000. Japanese Standard for Shield Tunnelling[S]. The third edition.

Ju J W, Zhang Y, 1998. Axisymmetric thermomechanical constitutive and damage modeling for airfield concrete pavement under transient high temperature[J]. Mechanics of materials, 29(3): 307-323.

Ju, J W, Chen T M, 1994a. Effective elastic moduli of two-phase composites containing randomly dispersed spherical inhomogeneities[J]. Acta Mechanica, 103(1): 123-144.

Ju, J W, Chen T M, 1994b. Micromechanics and effective moduli of elastic composites containing randomly dispersed ellipsoidal inhomogeneities[J]. Acta Mechanica, 103(1): 103-121.

Kale, S., Ostoja-Starzewski, M, 2017. Representing stochastic damage evolution in disordered media as a jump Markov process using the fiber bundle model [J]. International Journal of Damage Mechanics, 26 (1): 147-161.

Kalifa P, Chene G, Galle C, 2001. High-temperature behaviour of HPC with polypropylene fibres: From spalling to microstructure[J]. Cement and concrete research, 31(10): 1487-1499.

Kalifa P, Menneteau F D, Quenard D, 2000. Spalling and Pore Pressure in HPC at High Temperatures [J]. Cement and Concrete Research, 30:1915-1927.

Kalifa P, 2001. High-temperature behaviour of HPC with polypropylene fibres from spalling to microstructure[J]. Cement and Concrete Research, 31 1487-1499.

Kang S W, Hong S G, 2003. Behavior of concrete members at elevated temperatures considering inelastic deformation[J]. Fire technology, 39(1): 9-22.

Khaliq W, Kodur V, 2011. Thermal and mechanical properties of fiber reinforced high performance self-consolidating concrete at elevated temperatures [J]. Cement and Concrete Research, 41 (11): 1112-1122.

Khaliq W, Kodur V, 2018. Effectiveness of Polypropylene and Steel Fibers in Enhancing Fire Resistance of High-Strength Concrete Columns [J]. Journal of Structural Engineering, 144(3): 04017224.

Khan M S, Prasad J, Abbas H, 2010. Shear strength of RC beams subjected to cyclic thermal loading[J]. Construction and Building Materials, 24(10): 1869-1877.

Khoury G A, 2000. Effect of fire on concrete and concrete structures [J]. Progress in Structural Engineering and Materials, 2(4): 429-447.

Khoury G A, Majorana C E, Pesavento F, et al, 2002. Modelling of heated concrete[J]. Magazine of Concrete Research, 54(2): 77-101.

Khoury G A, 2003a. Passive Protection against Fire[J]. Tunnels & Tunnelling International(Chinese Version), 49-51.

Khoury G A, 2003b. Passive Fire Protection in Tunnels[J]. Concrete, 37(2):31-36.

Kim J H J, Lim Y M, Won J P, et al, 2010. Fire resistant behavior of newly developed bottom-ash-based cementitious coating applied concrete tunnel lining under RABT fire loading[J]. Construction and Building Materials, 24(10): 1984-1994.

Kim M B, Choi J S, Han Y S, Choi B I, Jang Y J, 2003. The Status of Road Tunnel Fireafety in Korea [A]. Proceedings of ITA World Tunnel Congress 2003[C]. Amsterdam: 223-226.

Kirkland C J, 2002. The Fire in the Channel Tunnel[J]. Tunnelling and Underground Space Technology, 17(2): 129-132.

Kodur V K R, McGrath R, Leroux P, et al, 2005. Experimental studies for evaluating the fire endurance of high-strength concrete columns[J]. National Research Council Canada (197).

Kodur V K R, Phan L, 2007. Critical factors governing the fire performance of high strength concrete systems[J]. Fire safety journal, 42(6-7): 482-488.

Kodur V K R, Sultan M A, 2003. Effect of Temperature on Thermal Properties of High-Strength Concrete[J]. Journal of Materials in Civil Engineering, 15(2): 101-107.

Kodur V K R, Yu B, 2012. Evaluating the fire response of concrete beams strengthened with near-surface-mounted FRP reinforcement[J]. Journal of Composites for Construction, 17(4): 517-529.

Kodur V K R, 2005. Experimental Studies for Evaluating the Fire Endurance of High-Strength Concrete Columns. NRC[R]. Research Report No.197.

Kodur V K R, Cheng Fu-Ping, Wang Tien-Chih, et al, 2003. Effect of Strength and Fiber Reinforcement on Fire Resistance of High-Strength Concrete Columns [J]. Journal of Structural Engineering, 129(2): 253-259.

Kodur V K R, Yu B. and Dwaikat M M S, 2013. A simplified approach for predicting temperature in reinforced concrete members exposed to standard fire[J]. Fire Safety Journal, 56(1), 39-51.

Kodur V, 2014. Properties of concrete at elevated temperatures[J]. ISRN Civil Engineering, 1-15.

Kodur, V. K, 2018. Innovative strategies for enhancing fire performance of high-strength concrete structures [J]. Advances in Structural Engineering, 21(11): 1723-1732.

Kowbel W, PateL K, 2001. Fire Resistant Coating For Polymericfibers[J]. International SAMPE Symposium and Exhibition, 46(2): 2577-2581.

Kumari W G P, Ranjith P G, Perera M S A, et al, 2017. Temperature-dependent mechanical behaviour of Australian strathbogie granite with different cooling treatments[J]. Engineering Geology, 229.

Lai H, Wang S, Xie Y, 2014. Experimental research on temperature field and structure performance under different lining water contents in road tunnel fire[J]. Tunnelling and Underground Space Technology, 43: 327-335.

Lamont D R, Bettis R, 2003. Smoke Build-Up Resulting from Hydraulic Oil Fires in a 5.6m^2 Tunnel[A]. Proceedings of ITA World Tunnel Congress 2003[C]. Amsterdam: 193-198.

Lau A, Anson M, 2006. Effect of high temperatures on high performance steel fibre reinforced concrete [J]. Cement and Concrete Research, 36(9): 1698-1707.

Lee J, Xi Y P, Willam K, Jung Y H, 2009. A multiscale model for modulus of elasticity of concrete at high temperatures [J]. Cement and Concrete Research, 39: 754-762.

Leitner A, 2001. The fire catastrophe in the Tauern Tunnel: experience and conclusions for the Austrian guidelines[J]. Tunnelling and Underground Space Technology, 16(1):217-223.

Li J S M, Chow W K, 2003. Numerical Studies on Performance Evaluation of Tunnel Ventilation Safety Systems[J]. Tunnelling and Underground Space Technology, 18(3):435-452.

Li W, Guo Z H, 1993. Experimental investigation on strength and deformation of concrete under high temperature[J]. China Journal of Building and Structures. 14 (1), 8-16.

Li L, Purkiss J A, 2005. Stress-strain constitutive equations of concrete material at elevated temperatures [J]. Fire Safety Journal, 40:669-686.

Li Yang, TAN Kanghai, YANG Enhua, 2018. Influence of aggregate size and inclusion of polypropylene and steel fibers on the hot permeability of ultra-high performance concrete (UHPC) at elevated temperature[J]. Construction and Building Materials, 169: 629-637.

Libre N A, Shekarchi M, Mahoutian M, et al, 2011. Mechanical properties of hybrid fiber reinforced lightweight aggregate concrete made with natural pumice[J]. Construction and Building Materials, 25 (5): 2458-2464.

Lie T T, Celikkol B, 1991. Method to Calculate the Fire Resistance of Circuler Reinforced Concrete Columns[J]. ACI Material Journal, 81(1):84-91.

Lie T T, Chabot M, 1993. Evaluation of the fire resistance of compression members using mathematical models[J]. Fire safety journal, 20(2): 135-149.

Lie T T, 1983. A procedure to calculate fire resistance of structural members[A]. International Seminar on Three Decades of Structural Fire Safety[C], Feb:139-153.

Lie T T, 1992. Structural fire protection[R]. New York: American Society of Civil Engineers.

Lilliu G, Meda A, 2013. Nonlinear Phased Analysis of Reinforced Concrete Tunnels Under Fire Exposure [J]. Journal of Structural Fire Engineering, 4(3): 131-142.

Lin P J, Ju J W, 2009. Effective elastic moduli of three-phase composites with randomly located and interacting spherical particles of distinct properties[J]. Acta Mechanica, 208(1): 11-26.

Liu S, Xu J, 2015. An experimental study on the physico-mechanical properties of two post-high-temperature rocks. Engineering Geology, 185(4), 63-70.

Lönnermark A, Ingason H, 2005(a). Gas Temperature in Heavy Goods Vehicle Fires in Tunnels[J]. Fire Safety Journal,40:506-527.

Lönnermark A, 2005b. On the Characteristics of Fires in Tunnels(Doctoral Thesis)[D]. Lund: Lund University.

Luccioni B M, Figueroa M I, Danesi R F, 2003. Thermo-mechanic model for concrete exposed to elevated temperatures[J]. Engineering Structures, 25(6): 729-742.

Lv J, Zhu W, Li Q, 2019. Damage evaluation for the dispersed microdefects with the aid of M-integral [J]. International Journal of Damage Mechanics, 28(5): 647-663.

Lv T G, 1996. Experimental investigation on strength and deformation of steel bars at elevated temperature[D]. Master thesis, Tsinghua University.

Ma Q, Guo R, Zhao Z, et al, 2015. Mechanical properties of concrete at high temperature—A review[J]. Construction and Building Materials, 93: 371-383.

Majorana CE, Pesavento F, Brunello P, 2003. Computational analysis of thermo-chemical and mechanical behaviour of tunnels during fire[J]. Structures and Materials, 12:365-375.

Mangs J, Keski-Rahkonen O, 1994. Characterisation of the Fire Behaviour of a Burning Passenger Car, Part II:Parameterisation of Measures Rate of Heat Release Curves[J]. Fire Safety Journal, 23:37-49.

Maraveas C, Vrakas A A, 2014. Design of Concrete Tunnel Linings for Fire Safety[J]. Structural Engineering International, 24(3): 319-329.

Mashimo H, 2002. State of the Road Tunnel Safety Technology in Japan [J]. Tunnelling And Underground Space Technology, 17(2): 145-152.

Matthias Z, David L, Roman L, et al, 2006. How do polypropylene fibers improve the spalling behavior of in-situ concrete[J]. Cement and Concrete Research, 36(5): 929-942.

Mindeguia J C, Pimienta P, Noumowé A, et al, 2010. Temperature, pore pressure and mass variation of concrete subjected to high temperature—experimental and numerical discussion on spalling risk[J]. Cement and Concrete Research, 40(3): 477-487.

Modic J, 2003. Fire Simulation in Road Tunnels[J]. Tunnelling And Underground Space Technology, 18(3):525-530.

Moetaz M, EI-Hawary, Sameer A, 1996. Hamoush. Bond Shear Modulus of Reinforced Concrete at High Temperatures. Engineering Fracture Mechanics, 55(6):991-999.

Naaman A E, Namur G G, Alwan J M, et al, 1991. Fiber pullout and bond slip. I: Analytical study[J]. Journal of Structural Engineering, 117(9): 2769-2790.

Nassif A Y, Rigden S, Burley E, 1999. Effects of Rapid Cooling by Water Quenching on the Stiffness Properties of Fire-damaged Concrete[J]. Magazine of Concrete Research, 51(4):255-261.

Nechnech W, Meftah F, Reynouard J M, 2002. An elasto-plastic damage model for plain concrete subjected to high temperatures[J]. Engineering structures, 24(5): 597-611.

NFPA, 1998. NFPA 502 Standard for Road Tunnels, Bridges, and Other Limited Access Highways[S]. National Fire Protection Association.

Niyazi B, 2015. An experimental evaluation to determine the required thickness of passive fire protection layer for high strength concrete tunnel segments[J]. Construction and Building Materials, 95: 279-286.

Nordmark A, 1998. Fire and life safety for underground facilities: Present status of fire and life safety principles related to underground facilities: ITA working group 4, "subsurface planning"[J]. Tunnelling and Underground Space Technology, 13(3): 217-269.

Noumowe A N, Clastres P, Debicki G, Costaz J L, 1996. Transient Heating Effect on High Strength Concrete[J]. Nuclear Engineering and Design, 166:99-108.

Noumowe A N, Clastres P, Debicki G, et al, 1996. Thermal stresses and water vapor pressure of high performance concrete at high temperature[A]. Proceedings, 4th International Symposium on Utilization of High-Strength/High-Performance Concrete[C]. Paris, France.

Noumowe A N，Siddique R，Debicki G，2009. Permeability of high-performance concretesubjected to elevated temperature（600℃）［J］. Construction and Building Materials，23：1855-1861.

Olst D V，Bosch R V D，2003. Behaviour of Electrical Cables During Fire In Tunnels［A］. Proceedings of ITA World Tunnel Congress 2003［C］. Amsterdam：991-992.

Olsen-Kettle L，2019. Bridging the macro to mesoscale：Evaluating the fourth-order anisotropic damage tensor parameters from ultrasonic measurements of an isotropic solid under triaxial stress loading［J］. International Journal of Damage Mechanics，28(2)：219-232.

Ono K，2006. Fire Design Requirements for Various Types of Tunnel［M］. Keynote Lecture of ITA WTC 2006，Seoul，Korea.

Papanikolaou V K，Kappos A J，2014. Practical nonlinear analysis of unreinforced concrete tunnel linings ［J］. Tunnelling and Underground Space Technology，40：127-140.

Park S H，Oh H H，Shin Y S，et al，2006. A case study on the fire damage of the underground box structures and its repair works［J］. Tunnelling and Underground Space Technology，21(3-4)：328.

Park，S.，Yang，B.，Kim，B.，et al，2017. Structural strengthening and damage behaviors of hybrid sprayed fiber-reinforced polymer composites containing carbon fiber cores ［J］. International Journal of Damage Mechanics，26(2)：358-376.

Pearce C J，Nielsen C V，Bićanić N，2004. Gradient enhanced thermo-mechanical damage model for concrete at high temperatures including transient thermal creep［J］. International journal for numerical and analytical methods in geomechanics，28(7-8)：715-735.

Pettersson O，1994. Rational Structural Fire Engineering Design，Based on Simulated Real Fire Exposure，Fire Safety Science［A］. Proceedings of The Fourth International Symposium［C］. 1-24.

Phan L T，Carino N J，2002. Effects of test conditions and mixture proportions on behavior of high-strength concrete exposed to high temperatures［J］. ACI Materials Journal，99(1)：54-66.

Phan L T，Carino N J，1998. Review of Mechanical Properties of HSC at Elevated Temperature［J］. Journal of Materials In Civil Engineering，10(1)：58-64.

Phan L T，2002. High-strength concrete at high temperature-An Overview［A］. Utilization of High Strength/High Perform ance Concrete，6th International Symposium. Proceedings［C］. 1：501-518.

Phan L T，2008. Pore pressure and explosive spalling in concrete［J］. Materials and Structures，4(1)：1623-1632.

Phan L T，Lawson J R，David F L，2001. Effects of elevated temperature exposure on heating characteristics，spalling，and residual properties of high performance concrete［J］. Materials and Structures，3(34)：83-91.

Pi Y L，Bradford M A，Tin-Loi F，2007. Nonlinear analysis and buckling of elastically supported circular shallow arches［J］. International Journal of Solids and Structures，44(7)：2401-2425.

Pichler B，Hellmich C，Eberhardsteiner J，2008. Spherical and acicular representation of hydrates in a micromechanical model for cement paste：Prediction of early-age elasticity and strength［J］. Acta Mechanica，203(3)：137.

Pichler B, Hellmich C, 2011. Upscaling quasi-brittle strength of cement paste and mortar: A multi-scale engineering mechanics model[J]. Cement and Concrete Research, 41(5): 467-476.

PIARC, 1999. Fire and Smoke Control in Road Tunnels, 05.05.B[R]. Paris.

PIARC, 2002. PIARC Proposal on the Design Criteria for Resistance to Fire for Road Tunnel Structures [S]. Paris.

Pichler C, Lackner R, Mang H A, 2006. Safety assessment of concrete tunnel linings under fire load[J]. Journal of structural engineering, 132(6): 961-969.

Pliya P, Beaucour A L, Noumowé A, 2011. Contribution of cocktail of polypropylene and steel fibres in improving the behaviour of high strength concrete subjected to high temperature[J]. Construction and Building Materials, 25(4): 1926-1934.

Poon C S, Azhar S, Anson M, 2003. Performance of metakaolin concrete at elevated temperature[J]. Cement and Concrete Research, 25(1): 83-89.

Qiu X Q, Li Z W, Li X H, et al, 2018. Flame retardant coatings prepared by layer by layer assembly: a review[J]. The Chemical Engineering Journal, 334: 108-122.

Rafi M M, Nadjai A, 2011. Fire Tests of Hybrid and Carbon Fiber-Reinforced Polymer Bar Reinforced Concrete Beams[J]. ACI Materials Journal, 108(3):252-260.

Richter E, 1994. Propagation and Development of Temperature from Tests with Railway and road vehicles-Comparison between Test Data and Temperature Time Curves of Regulations[A]. Proceedings of the International Conference on Fire in Tunnels[C]. Boras.

Rilem TC. 129-MHT Part 5 Modulus of elasticity for service and accident conditions[R]. Materials and Structures, 37 (266) (March 2004): 139-144.

Ring T, Zeiml M, Lackner R, 2014a. Underground concrete frame structures subjected to fire loading: Part I-large-scale fire tests[J]. Engineering Structures, 58: 175-187.

Ring T, Zeiml M, Lackner R, 2014b. Underground concrete frame structures subjected to fire loading: Part II-re-analysis of large-scale fire tests[J]. Engineering Structures, 58: 188-196.

Rodgers B M, Horiguchi T, 2011. Pore pressure development in hybrid fiber-reinforced high strength concrete at elevated temperatures [J]. Cement and Concrete Research, 41:1150-1156.

Rodrigues J P C, Laím L, Correia A M, 2010. Behaviour of fiber reinforced concrete columns in fire[J]. Composite Structures, 92(5): 1263-1268.

Roelands P A A, 2003. The Multiple Use of Sprinkler Systems in the Betuweroute Tunnels from A Civil Engineering Perspective[A]. Proceedings of ITA World Tunnel Congress 2003[C]. Amsterdam: 245-248.

Ruano, G., Isla, F., Luccioni, B., et al, 2018. Steel fibers pull-out after exposure to high temperatures and its contribution to the residual mechanical behavior of high strength concrete [J]. Construction and Building Materials, 163: 571-585.

Ružić D, Kolšek J, Planinc I, Saje M, Hozjan T, 2015. Non-linear fire analysis of restrained curved RC beams[J]. Engineering Structures, 84: 130-139.

Sadrmomtazi, A, Gashti, S H, Tahmouresi, B, 2020. Residual strength and microstructure of fiber reinforced self-compacting concrete exposed to high temperatures [J]. Construction and Building Materials, 230: 116969.

Saito M, Kawamura M, Arakawa S, 1991. Role of aggregate in the shrinkage of ordinary portland and expansive cement concrete[J]. Cement and Concrete Composites, 13(2): 115-121.

Sakkas K, Panias D, Nomikos P P, et al, 2014. Potassium based geopolymer for passive fire protection of concrete tunnels linings[J]. Tunnelling and Underground Space Technology, 43(0):148-156.

Sanjayan G, Stocks L J, 1993. Spalling of High Strength Silica Fume Concrete in Fire[J]. ACI Materials Journal, 90(2):170-173.

Savov K, Lackner R, Mang H A, 2005. Stability assessment of shallow tunnels subjected to fire load[J]. Fire safety journal, 40(8): 745-763.

Schleich J B, 1996. A Natural Fire Safety Concept for Buildings-1. Fire, Static and Dynamic Tests of Building Structures[C]. Proceedings of the Second Cardington Conference, Cardington:79-104.

Schneider U, 1986. Modelling of concrete behaviour at high temperatures[A]. In: Anchor RD, Malhotra HL, Purkiss JA. Proceeding of international conference of design of structures against fire[C]. 53-69.

Schrefler B A, Brunello P, Gawin D, et al, 2002a. Concrete at high temperature with application to tunnel fire[J]. Computational Mechanics, 29(1): 43-51.

Schrefler B A, Khoury G A, Gawin D, Majorana C E, 2002b. Thermo-Hydro-Mechanical Modeling of High Performance Concrete at High Temperatures[J]. Engineering Computations, 19(7): 787-819.

Scott T S, Ronald G B, Anthony E F, 1988. Fire Endurance of High-Strength Concrete Slabs[J]. ACI Materials Journal, 85(2):102-108.

Shi X D, Tan T H, Tan K H, et al, 2002. Concrete Constitutive Relationships Under Different Stress-Temperature Paths[J]. Journal of Structural Engineering, 128(12):1511-1518.

Shipp M, Spearpoint M, 1995. Measurements of the Severity of Fires Involving Private Motor Vehicles [J]. Fire and Materials, 19:143-151.

Short N R, Purkiss J A, Guise S E, 2001. Assessment of Fire Damaged Concrete Using Colour Image Analysis[J]. Construction and Building Materials, 15:9-15.

Solhmirzaei, R., Kodur, V. K. R, 2017. Modeling the response of ultra high performance fiber reinforced concrete beams [J]. Procedia Engineering, 210: 211-219.

SP Swedish National Testing and Research Institute. Innovative Self-compacting Concrete-Development of Test Methodology for Determination of Fire Spalling[R]. SP Report 2004:06.

Stang H, 1996. Significance of shrinkage-induced clamping pressure in fiber-matrix bonding in cementitious composite materials[J]. Advanced Cement Based Materials, 4(3-4): 106-115.

Steinert C, 1997. Fire Behaviour In Tunnel Linings Made of Shotcrete With Added Fibres[J]. MFPA Leipzig:46-66.

Suhaendi S L, 2004. Residual Strength and Permeability of Hybrid Fiber Reinforced High Strength Concrete Exposed to High Temperature[D]. Sapporo,Japan:Hokkaido University.

Suhaendi S L，Horiguchi T，2006. Effect of short fibers on residual permeability and mechanical properties of hybrid fibre reinforced high strength concrete after heat exposition［J］. Cement and Concrete Research，36(9)：1672-1678.

Sun B，Li Z，2016. Adaptive concurrent three-level multiscale simulation for trans-scale process from material mesodamage to structural failure of concrete structures［J］. International Journal of Damage Mechanics，25(5)：750-769.

Tai Y S，Pan H H，Kung Y N，2011. Mechanical properties of steel fiber reinforced reactive powder concrete following exposure to high temperature reaching 800 C［J］. Nuclear Engineering and Design，241(7)：2416-2424.

Takekuni K，Shimoda A，Yokota M，2003. The Characteristics of Fires in Large-Scale Tunnels on Fire Experiments inside the Shimizu No.3 Tunnel on the New Tomei Expressway［A］. Proceedings of ITA World Tunnel Congress 2003［C］. Amsterdam：179-184.

Tanaka N，Thomas J G，1997. Crillly Stress-strain behaviour of reconstituted illitic clay at differenttemperatures［J］. Engineering Geology，47：339-350.

Teodor Iftimie，1994. Prefabricated lining，conceptual analysis and comparative studies for optimal solution［A］. Proceedings of International Congress on Tunnelling and Ground Conditions［C］. Rotterdam：A.A. Balkema.

Thienel K C，Rostáy F S，1996. Transient Creep of Concrete Under Biaxial Stress and High Temperature ［J］. Cement and Concrete Research，26(9)：1409-1422.

Timoshenko S P，Goodier J N. Theory of elasticity［M］. New York：McGraw-Hill，1970.

U.S，1983. Department of Transportation，Federal Highway Administration（FHWA）. Prevention and Control of Highway Tunnel Fires［R］. FHWA-RD-83-032.

Ulm F J，Coussy O，Bazant Z P，1999a. The "Channel" Fire. I：Chemoplastic Softening in Rapidly Heated Concrete［J］. Journal of Engineering Mechanics，125(3)：272-282.

Ulm F，Acker P，Lévy M，1999b. The "Chunnel" fire. II：Analysis of concrete damage［J］. Journal of engineering mechanics，125(3)：283-289.

Usmani A S，Rotter J M，Lamont S，et al，2001. Fundamental principles of structural behaviour under thermal effects［J］. Fire Safety Journal，36(8)：721-744.

Vandewalle M，2005. Tunneling is an art. Zwevegem［M］. NV Bekaert SA.

Varley N J，2004. Robotic Application of High Performance Passive Fire Protective in Tunnels［J］. Tunnelling and Underground Space Technology，19：318.

Vauquelin O，Mégret O，2002. Smoke Extraction Experiments in Case of Fire in a Tunnel［J］. Fire Safety Journal，37：525-533.

Verma S 和 Jayakumar S，2012. Impact of forest fire on physical，chemical and biological properties of soil：Areview［A］. Proceedings of the International Academy of Ecology and Environmental Sciences ［C］. 2(3)：168-176.

Wald F，Simões da Silva L，Moore D B，et al，2006. Experimental behaviour of a steel structure under natural fire[J]. Fire Safety Journal, 41(7): 509-522.

Wallis S, 1995. Steel Fibre Developments in South Africa[J]. Tunnels and Tunnellng, 27(3):22-24.

Wang Z, Han E, Ke W, 2006. Effect of nanoparticles on the improvement in fire-resistant and anti-ageing properties of flame-retardant coating[J]. Surface and Coatings Technology, 200(20-21): 5706-5716.

Wang Z, Lv P, Hu Y, et al, 2009. Thermal degradation study of intumescent flame retardants by TG and FTIR: Melamine phosphate and its mixture with pentaerythritol[J]. Journal of Analytical and Applied Pyrolysis, 86(1): 207-214.

Wang X F, Li T R, Wei P, et al, 2018. Computational study of the nanoscale mechanical properties of CSH composites under different temperatures[J]. Computational Materials Science, 146: 42-53.

Wetzig V, Streuli U, 2003. Fire and Temperature Protection at The Exhaust of The Gotthard-Base-Tunnel[A]. Proceedings of ITA World Tunnel Congress 2003[C]. Amsterdam.

White S R, Sottos N R, Geubelle P H, et al, 2001. Autonomic healing of polymer composites[J]. Nature, 409(6822): 794-797.

Won J P, Lee J H, Lee S J, 2015. Predicting pull-out behaviour based on the bond mechanism of arch-type steel fibre in cementitious composite[J]. Composite Structures, 134: 633-644.

Woodrow M, Bisby L, Torero J L, 2013. A nascent educational framework for fire safety engineering[J]. Fire Safety Journal, 58: 180-194.

Wu J Y, Cervera M, 2016. A thermodynamically consistent plastic-damage framework for localized failure in quasi-brittle solids: Material model and strain localization analysis[J]. International Journal of Solids and Structures, 88-89: 227-247.

Xiao J Z, König G, 2004. Study on concrete at high temperature in China an overview[J]. Fire Safety Journal, 39:89-103.

Xiao J, Xie Q, Xie W, 2018. Study on high-performance concrete at high temperatures in China (2004—2016)-An updated overview[J]. Fire safety journal, 95: 11-24.

Xu L, Deng F, Chi Y, 2017. Nano-mechanical behavior of the interfacial transition zone between steel-polypropylene fiber and cement paste[J]. Construction and Building Materials, 145: 619-638.

Yabuki M, Abo El-Wafa Ahmed M, Ayano T, Sakata K, 2002. Fire Resistance of Polypropylene Fiber Reinforce Concrete[J]. Journal of the Society of Materials Science, 51(10):1123-1128.

Yan Z G, Guo Q H, Zhu H H, 2017. Full-scale experiments on fire characteristics of road tunnel at high altitude[J]. Tunnelling and Underground Space Technology, 66:134-146.

Yan Z G, Yang Q X, Zhu H H, 2006. Large-scaled Fire Testing for Long-sized Road Tunnel[J]. Tunnelling and Underground Space Technology, 21:282.

Yan Z G, Zhu H H, 2007. Experimental study on mechanical behaviors of tunnel lining under and after fire scenarios [A]. Proceedings of the 33rd ITA-AITES World Tunnel Congress [C], Prague: 1805-1809.

Yan Z G, Zhu H H, 2010. Study on evaluation method of fire safety of tunnel lining structure[A]. ASCE Geotechnical Special Publication[C]. ASCE, 288-293.

Yan Z, Zhu H H, Ju J W, 2013. Behavior of reinforced concrete and steel fiber reinforced concrete shield TBM tunnel linings exposed to high temperatures[J]. Construction and Building Materials, 38: 610-618.

Yan Z, Zhu H H, Woody Ju J, et al, 2012. Full-scale fire tests of RC metro shield TBM tunnel linings [J]. Construction and Building Materials, 36: 484-494.

Yan Zhiguo, Shen Yi, Zhu Hehua, et al, 2015. Experimental investigation of reinforced concrete and hybrid fiber reinforced concrete shield tunnel segments subjected to elevated temperature[J]. Fire Safety Journal, 71(3): 86-99.

Yan, Z. G., Shen, Y., Zhu, H., et al, 2016. Experimental study of tunnel segmental joints subjected to elevated temperature [J]. Tunnelling and Underground Space Technology, 53: 46-60.

Yanase K, Ju J W, 2012. Effective elastic moduli of spherical particle reinforced composites containing imperfect interfaces[J]. International Journal of Damage Mechanics, 21(1): 97-127.

Yang Z X, Hollar J, He X D, Shi X M, 2011. A self-healing cementitious composite using oil core/Silica gel shell microcapsules[J]. Cement and Concrete Composites, 33: 506-512.

Yasuda F, Ono K, Otsuka T, 2004. Fire protection for TBM shield tunnel lining[J]. Tunnelling and Underground Space Technology, 19: 317.

Yin Y Z, Wang Y C, 2004. A numerical study of large deflection behaviour of restrained steel beams at elevated temperatures[J]. Journal of Constructional Steel Research, 60(7): 1029-1047.

Yin Y Z, Wang Y C, 2005a. Analysis of catenary action in steel beams using a simplified hand calculation method, Part 1: theory and validation for uniform temperature distribution [J]. Journal of Constructional Steel Research, 61(2): 183-211.

Yin Y Z, Wang Y C, 2005b. Analysis of catenary action in steel beams using a simplified hand calculation method, Part 2: validation for non-uniform temperature distribution[J]. Journal of Constructional Steel Research, 61(2): 213-234.

Youssef M A, Moftah M, 2007. General stress-strain relationship for concrete at elevated temperatures [J]. Engineering Structures, 29(10):2618-2634.

Yurkevich P, 1995. Development in Segmental Concrete Lining for Subway Tunnel in Belarus[J]. Tunnelling and Underground Space Technology, 10(3):353-365.

Zeiml M, Leithner D, Lackner R, et al, 2006. How do polypropylene fibers improve the spalling behavior of in-situ concrete? [J]. Cement and concrete research, 36(5): 929-942.

Zeiml M, Lackner R, Mang H A, 2008a. Experimental insight into spalling behavior of concrete tunnel linings under fire loading[J]. Acta Geotechnica, 3(4): 295-308.

Zeiml M, Lackner R, Pesavento F, et al, 2008b. Thermo-hydro-chemical couplings considered in safety assessment of shallow tunnels subjected to fire load[J]. Fire safety journal, 43(2): 83-95.

Zeng Q L, Zhao C G, Gao F P, 1996. Application of A Semi-Analysis Element Method For Analyzing Transient Three-Dimensional Temperature Field In Tunnel After Fire[A]. Proceeding of the Fourth International Symposium on Structural Engineering For Young Experts[C]. Beijing.

Zhang Dong, Dasari Aravind, Tan Kanghai, 2018. On the mechanism of prevention of explosive spalling in ultra-high performance concrete with polymer fibers[J]. Cement and Concrete Research, 113: 169-177.

Zhang Tong, Zhang Yao, Xiao Ziqi, et al, 2019. Development of a novel bio-inspired cement-based composite material to improve the fire resistance of engineering structures[J]. Construction and Building Materials, 225: 99-111.

Zhang Y, Ju J W, Zhu H, et al, 2018. Micromechanics based multi-level model for predicting the coefficients of thermal expansion of hybrid fiber reinforced concrete[J]. Construction and Building Materials, 190: 948-963.

Zhang Y, Yan Z, Ju J W, Zhu H, Chen Q, 2017. A multi-level micromechanical model for elastic properties of hybrid fiber reinforced concrete[J]. Construction and Building Materials, 152, 804-817.

Zhao J, Zheng J J, Peng G F, Breugel K V, 2012. Prediction of thermal decomposition of hardened cement paste[J]. Journal of Materials in Civil Engineering, 24(5), 592-598.

Zhao J, Zheng J J, Peng G F, 2014. A numerical method for predicting young's modulus of heated cement paste[J]. Construction and Building Materials, 54(54), 197-201.

Zheng, W. Z., Luo, B. F., Lu, S, 2014. Compressive and tensile strengths of reactive powder concrete with hybrid fibres at elevated temperatures [J]. Romanian Journal of Materials, 44(1): 36-45.

Zhu H H, Yan Z G, Liao S M, Liu FJ, Zeng LJ, 2006. Numerical Analysis and Field Test on Performance of Steel Fibre Reinforced Concrete Segment in Subway Tunnel [A]. GEOSHANGHAI2006: ASCE Geotechnical Special Publication[C]. 248-255.

索 引